天地一体化信息网络丛书

国家出版基金项目
NATIONAL PUBLICATION FOUNDATION

Space-ground

Integrated

Information

Network

天地一体化
信息网络时间统一技术

■ 蔚保国 等 编著

人 民 邮 电 出 版 社
北 京

图书在版编目（CIP）数据

天地一体化信息网络时间统一技术 / 蔚保国等编著
. -- 北京 ：人民邮电出版社，2022.11
（天地一体化信息网络丛书）
ISBN 978-7-115-58590-5

Ⅰ．①天… Ⅱ．①蔚… Ⅲ．①通信网－研究 Ⅳ.
①TN915

中国版本图书馆CIP数据核字(2022)第018195号

内 容 提 要

　　天地一体化信息网络的建设和发展将会改变未来空间技术应用模式并深刻影响人类未来的生活。其具有高动态、多层以及异构多节点特性，统一时间基准的建立以及节点间高精度的时间同步，是实现天地一体化信息网络高效互联和协同的重要技术基础。

　　本书站在天地一体化信息网络系统工程角度，重点从天地一体化时间统一的角度进行阐述，特别是从时间基准的建立、到时间基准的维持、再到时间的广域播发和监测评估，层层递进描述网络化的时间及其传递。本书首先介绍了时间的概念以及天地一体化信息网络的定义和特征，然后介绍了天地一体化信息网络的时间基准体系框架以及时间基准的维持技术，在此基础上介绍了天地一体化信息网络多节点时间同步技术以及网络授时监测评估技术。

　　本书通过对天地一体化信息网络、时间基准、时间比对等技术的综合描述，以期对天地一体化信息网络的发展以及 PNT 技术的进步具有积极的促进作用，为天地一体化信息网络、卫星导航、高精度时间传递、测控等相关专业领域的高年级本科生、研究生和工程技术人员提供参考。

◆ 编　　著　蔚保国　等
　　责任编辑　李彩珊
　　责任印制　马振武
◆ 人民邮电出版社出版发行　　北京市丰台区成寿寺路 11 号
　　邮编　100164　　电子邮件　315@ptpress.com.cn
　　网址　https://www.ptpress.com.cn
　　三河市中晟雅豪印务有限公司印刷
◆ 开本：710×1000　1/16
　　印张：17.5　　　　　　　　　　2022 年 11 月第 1 版
　　字数：324 千字　　　　　　　　2022 年 11 月河北第 1 次印刷

定价：169.80 元
读者服务热线：**(010)81055493**　印装质量热线：**(010)81055316**
反盗版热线：**(010)81055315**
广告经营许可证：京东市监广登字 **20170147** 号

前　言

　　天地一体化信息网络是由天、空、地大量异构网络构成的复杂系统，时间统一技术是天地一体化信息网络对外提供高协同、广覆盖、大容量等综合性服务的技术基础。本书所论述的主要内容是天地一体化信息网络中的时间统一技术。作者所在团队长期从事通信网络、卫星导航、时间频率等领域的研究，本书是在团队多年科学研究成果及项目研制经验的基础上整理而成的。本书在理论层面上详细介绍了时间的基本概念、时间统一系统的基本理论、天地协同时间基准与比对维持、高精度时延标定与传递等方面的技术，同时对天地协同时间服务技术进行了描述，对天地一体化信息网络时间统一技术的未来发展进行了描述和展望。

　　本书共分为 8 章。

　　第 1 章为绪论，介绍了天地一体化信息网络时间统一技术的背景与意义，时间及时间统一技术发展历程，以及天地一体化信息网络技术与发展等方面的内容，明确了时间统一技术的作用和意义。

　　第 2 章主要介绍了时间统一系统基本理论，包括时间统一系统基本模型、时间基准基本结构、时频统一系统技术、时间同步技术、时间播发技术、时间应用技术、授时监测技术，以及时间统一系统的测量等方面。

　　第 3 章主要介绍了天地一体化信息网络时间统一体系，从天地一体化信息网络时间统一的必要性和内涵入手，引出了天地一体化信息网络时间统一面临的问题，并介绍了主要解决途径。此外还介绍了不同剖面的框架和业务流程，并在体系能力、运行维护、可靠性和可用度等方面进行了描述。

第 4 章主要介绍了天地协同时间基准建立与表达技术，从天地协同时间基准的基本概念、天地协同时间基准建立模式、天地原子钟及组网基本性能、联合守时、地面网络化时间基准、光纤远距离高稳定时频基准传递、天地协同时间基准性能测试评估方法等方面进行了详细的阐述。

第 5 章主要介绍了天地协同时间比对维持技术，从时间比对的基本概念和理论方法、双向时间比对技术、共视时间比对技术、网平差处理技术、时间同步数据处理技术、星地时间比对与溯源技术、网络化时间基准维持技术、网络化高精度时间比对性能评估技术等方面进行了详细的阐述。

第 6 章主要介绍了高精度链路时延标定与传递技术，从天地协同时间同步系统时延分类、发射时延标定技术、接收时延标定技术、转发时延标定技术、设备时延传递方法、设备时延的影响因素、时延标定方法性能比较分析等方面进行了详细的阐述。

第 7 章主要介绍了天地协同时间服务体系技术，从天地协同时间服务模型和概念、天地协同时间服务体系、授时服务原理与方法、授时监测原理与方法、天地协同时间服务模式等方面进行了详细的描述。

第 8 章主要介绍了天地一体化信息网络时间统一技术未来发展，从天地一体化信息网络时间统一技术面临的挑战、天地一体化信息网络时间统一技术的发展趋势以及天地一体化信息网络时间统一技术的应用前景等方面进行了详细的描述。

本书由蔚保国、树玉泉、戎强、鲍亚川、肖遥、付桂涛、韩华、盛传贞、刘轶龙、武子谦、杨建雷、陈永昌等撰写。蔚保国研究员、陈永昌博士、树玉泉博士负责全书的统稿和审校工作。特别感谢中国电科网络通信研究院卫星导航系统与装备技术国家重点实验室的同事为本书撰写提供的相关支持。

由于作者水平有限，书中难免存在错误和疏漏之处，恳请读者批评指正。

作 者

2022 年 7 月

目　录

天地一体化信息网络作为空间科学技术发展的重要方向之一,它的建设和发展将会改变未来空间技术的应用模式,并深刻影响人类未来的生活。天地一体化信息网络具有高动态、多层及异构多节点的特性。统一时间基准的建立及节点间高精度的时间同步,是实现天地一体化信息网络高效互联和任务协同的重要技术基础。本章主要介绍时间及时间统一技术的基本概念和发展历程,以及天地一体化信息网络的技术与发展。

1.1 背景与意义

    定位、导航和授时（Positioning，Navigation and Timing，PNT）技术从最初的"晨钟暮鼓""指南观象"，发展到今天的卫星导航，始终与人类社会的发展相随相伴。目前，人类探索和利用太空的步伐日益加快，大规模互联网星座与天地一体化信息网络的建设成为航天大国新的角力场；5G 技术与人工智能的日渐成熟推动后互联网时代的到来，万物互联与海量信息的融合应用成为新的关注热点。

    信息技术发展正在步入一个以信息网络协同整合和海量数据融合应用为突出特征的新时代，这对 PNT 系统与技术的发展提出了新的要求。电子信息系统和相关应用的迅猛发展对定位与时间同步精度的需求不断提高，大众生活、行业应用和国防安全等各方面都需要更高精度的 PNT 服务。对 PNT 服务覆盖广度和深度的需求不断提高，上至深空探索，下至深海勘探，无不需要可靠稳定的 PNT 信息支持；智能室内应用和智慧交通的发展对室内外无缝覆盖 PNT 服务提出了前所未有的迫切需求。随着 PNT 技术在国计民生中发挥着日益重要的作用，传统 PNT 系统服务的安全性和可用性的相对不足受到关注。构建具有更高精度、更大覆盖广度和深度、更强安全性和可用性的 PNT 系统体系，是我国信息技术、国民经济发展及国家安全的共同需求[1]。

    时空信息是人类赖以生存的基本信息，席卷全球的大数据时代浪潮需要时空信息的全面支撑。两者结合产生的时空大数据，决定了全球用户享受泛在位置服务的质量。构建天地一体化信息网络，意在从地下到深空形成综合 PNT 信息网络体系，使 PNT 服务泛在化、协同化、智能化，即 PNT 信息与大数据业务广泛融合，催生人工智能技术对时空大数据的深度挖掘，提供泛在智能导航与位置服务。构建天地一体化信息网络，应以提供"全球覆盖、多源融合、多网协同、智能认知"的大数据时空服务为目标，重点解决"泛在覆盖、性能提升、智能服务"三大问题，牵引国家综合 PNT 体系发展以及助力"大数据+"信息产业技术跨越演进[2]。

　　天地一体化信息网络呈现出"泛在、精准、统一、融合、智能"的特点。天地一体化信息网络建设将引领我国 PNT 技术快速发展，使得分布式、多层次天地一体的时空基准网络得以形成，并大幅提升时空基准的稳定性和安全性；"接入网络即定位"的网络协同 PNT 技术将使相对定位和群体定位能力得到显著提升；微 PNT 分布式最优节点技术，将使 PNT 服务广泛嵌入万物互联；多网融合推动的通导遥一体化及时空频统一驱动的网络协同增效和能力进化技术迅猛发展，将推动我国的人工智能导航与大数据位置服务科技达到国际领跑水平。可以预见，天地一体化信息网络的建设，将是我国实现"大数据+智能位置服务"的必由之路，"无时不有、无处不在"的 PNT 信息服务，也必将推动社会大众和国民经济迈入"无人化精准智能"的新阶段[2]。

|1.2　时间及时间统一技术发展历程|

1.2.1　时间发展历程

　　时间是物质存在和运动的基本形式之一，它客观存在，是在认识事物的实践中形成的。人们通常所谈到的时间可以被定义为：在一个具有确定原点的坐标轴上某一点的时刻及某一段的时间间隔。在日常生活中，可以将时间的这种双重含义拆开来看："时"代表时刻，即某一事件发生的瞬间；"间"代表时间间隔，即某一事件发生时间的长短。有了这一概念，人们可以根据时刻区分事件发生的先后顺序，同时根据时间间隔掌握事件发生的持续时长。

　　时间基准的前提和基础是频率基准，频率基准是时间统一系统的核心，要得到准确的时间基准必须要有稳定可靠的高精度频率基准。频率是周期的倒数，定义为在单位时间（1s）内完成周期性变化的次数，它的单位是赫兹（Hz），在国际单位制（SI）中，赫兹是时间单位秒（s）的导出单位，量纲为$[T^{-1}]$。如果在一段时间 T 内周期性变化了 N 次，则频率可以由表达式 N/T 计算得出。由于周期和频率是倒数关系，可以通过测量频率求出周期，也就是时间间隔，这是常见的计算时间的方法之一。频率基准源是指产生高稳定度、高精度标准频率信号的振荡器及其附属电路，它们对时间统一系统的性能起决定性的作用，决定着一个时间基准能否满足要求。制定时间基准和频率基准的第一步就是寻找频率极其稳定、精确的重复的周期现象。目前，相对实用的时间和频率基准主要有石英晶体振荡器和原子频标两大类。原子频标精确度高，但是成本较高，主要用于科学实验等对时间和频率精度要求较高的场合；而石英晶体振荡器性价比高，被广泛使用在对时间和频率精度要求不高的领域。

时间计量技术的发展先后经历了根据太阳运动规律计时、根据流体规律计时、机械结构计时工具、石英钟、原子钟等阶段，具体历程如下。

1. 根据地球运动规律计时

远古时代，人们通过太阳的升降判断一天的早晚。当太阳升起的时候，人们开始一天的工作，太阳下山后，人们结束一天的忙碌，开始休息。"日出而作，日落而息"这句话其实也体现了人类利用自然现象进行的最简单的计时。随着社会文明的发展和进步，人们开始探索研究利用人造的工具计时，于是日晷出现了。日晷通常由晷针（表）和晷面（带刻度的表座）组成，利用太阳的投影方向测定并划分时刻。

日晷是观测日影记时的仪器，主要是根据日影的位置，以指定当时的时辰或刻数，是我国古代较为普遍使用的记时仪器。但在史籍中却少有记载，现在史料中最早的记载是"汉书·律历志·制汉历"一节：太史令司马迁建议共议"乃定东西，主晷仪，下刻漏"。日晷的类型也有很多，分为：水平式日晷、赤道式日晷、极地晷、南向垂直日晷、东或西向垂直式日晷、侧向垂直式、投影日晷和平日晷。

2. 根据流体规律计时

漏刻是一种典型的等时计时装置，计时的准确度取决于水流的均匀程度。早期漏刻大多使用单只漏壶，滴水速度受壶中液位高度的影响，液位高，滴水速度较快，液位低，滴水速度较慢。为解决这一问题，古人进一步创制出多级漏刻装置。所谓多级漏刻，即使用多只漏壶，上下依次串联成为一组，每只漏壶都依次向其下一只漏壶中滴水。这样一来，对最下端的受水壶来说，其上方的一只泄水壶因为有同样速率的来水补充，壶内液位基本保持恒定，其自身的滴水速度也就能保持均匀。

沙漏也叫作沙钟，是一种测量时间的装置。西方沙漏由两个玻璃球和一个狭窄的连接管道组成。通过充满了沙子的玻璃球从上面穿过狭窄的管道流入底部玻璃球所需要的时间来对时间进行测量。一旦所有的沙子都已流到底部玻璃球，该沙漏就可以被颠倒以测量时间了，一般沙漏名义上的运行时间为 1min。

3. 机械结构计时工具

机械结构计时工具的出现，使得计时器摆脱了天文仪器的结构形式，人类对计时的研究得到了突破性的新发展。1090 年，北宋宰相苏颂主持建造了一台水运仪象台，该仪象台具有比较复杂的齿轮传动机构，能报时打钟，而且有擒纵器，它的结构已近似于现代机械钟表的结构，且每天的误差仅有 1s，可谓机械钟的鼻祖。

在 16 世纪的欧洲，意大利天文学家伽利略从教堂吊灯的摆动受到启发，通过多种试验发现了单摆的等时性，提出利用单摆制造钟表，同时让他的两个孩子设计制造钟表的图纸，但他们并没有制造出来。1656 年，荷兰物理学家惠更斯通过大量的理论研究与实践，应用伽利略的理论制造出了人类历史上的第一个钟摆。1675 年，他又用游丝取代了原始的钟摆，这样就形成了以发条为动力、以游丝为调速机构的小型钟，同时也为制造便于携带的钟表提供了条件。19 世纪，世界各地产生了大批钟表生产厂商，机械钟表的小型化取得了巨大的进步，携带方便的袋表和手表开始出现在人们的日常生活中。

4. 石英钟

石英钟也可叫作"石英振动式电子表"，因为它利用石英片的"发振现象"。石英接收到外部的加力电压，就会有变形及伸缩的性质，相反，压缩石英会使石英两端产生电力，这样的性质在很多结晶体上也可见到，称为"压电效应"。石英钟就是利用周期性持续"发振"的水晶，为我们带来准确的时间。1921 年，华持·加迪制造了世界上第一个石英晶体振荡器。沃伦·马利逊和霍顿于 1927 年，在加拿大的贝尔实验室使用石英晶体振荡器制造了首台石英钟，它体积很大，差不多有两个衣柜那么大，每天误差约 0.1s。20 世纪 40 年代的石英钟每天误差约百分之几秒，到了 50 年代，石英钟一昼夜的误差只有万分之一秒左右。我们手上戴的石英表和家里挂的石英钟都是石英钟的一种，但属于最低级的，因使用的石英片又小又薄，受温度变化影响，不是很准；但在短时间内非常准确，足以满足人们的日常需要，加上价格便宜，又不像机械表那样需要每天上弦，因此很受欢迎。

5. 原子钟

原子钟是一种计时装置，精度可以达到每 2000 万年才误差 1s，它最初由物理学家创造出来用于探索宇宙本质，他们从来没有想过这项技术有朝一日竟能应用于全球的导航系统。20 世纪 30 年代，美国哥伦比亚大学教授伊西多·拉比和他的学生们在实验室里研究原子和原子核的基本特性。在其研究过程中，伊西多·拉比发明了一种被称为磁共振的技术。

目前世界上最准确的计时工具就是原子钟，它是 20 世纪 50 年代出现的。原子钟是利用原子吸收或释放能量时发出的电磁波来计时的。由于这种电磁波非常稳定，再加上利用一系列精密的仪器进行控制，原子钟的计时就可以非常准确了。现在用在原子钟里的元素有氢（Hydrogen）、铯（Cesium）、铷（Rubidium）等。原子钟的精度可以达到每 2000 万年才误差 1s，这为天文、航海、宇宙航行提供了强有力的保障。

1.2.2 时间频率基本概念

1.2.2.1 时间与频率的定义

时间是一个较为抽象的概念，是物质的运动、变化的持续性、顺序性的表现。时间概念包含时刻和时段两个概念。时间是人类用以描述物质运动过程或事件发生过程的一个参数，确定时间靠不受外界影响的物质周期变化的规律，如月球公转周期、地球公转周期、地球自转周期、原子震荡周期等。

牛顿提出了绝对时间的观点："绝对的、真实的、数学的时间，就其本质而论，是自行均匀地流逝的，与任何外界的事物无关。"时间是客观世界自然存在的运动过程，运动的速度不会任意改变，也就是惯性，这就是时间。如果时间整体是同步加快或变慢，在其内部无法发现变化，所以，只能认为一切都是不变的，这就是牛顿时期科学的基础。时间和空间，是一个独立于自然界的概念，可以永久存在。

爱因斯坦在相对论中提出：不能把时间、空间、物质三者分开解释。时间与空间一起组成四维时空，构成宇宙的基本结构。时间与空间在测量上都不是绝对的，观察者在不同的相对速度或不同时空结构的测量点，所测量到的时间的流逝是不同的。广义相对论预测质量产生的重力场将造成扭曲的时空结构，并且在大质量（如黑洞）附近的时钟之时间流逝比在距离较远的地方的时钟之时间流逝要慢。现有的仪器已经证实了这些相对论关于时间的预测，并且其成果已经应用于全球定位系统。另外，在狭义相对论中有"时间膨胀"效应：在观察者看来，一个具有相对运动的时钟之时间流逝比自己参考系的（静止的）时钟之时间流逝慢。

时间基准的发展集中反映在时间单位（秒）定义的不断沿革和秒的准确度的不断提高。古希腊天文学家，包括希巴谷和托勒密，定义 1 太阳日的 1/24 为 1 小时，以六十进制细分小时，并定义 1 秒是 1 太阳日的 1/86400。此后发展出摆钟来保持平时（相对于日晷所显示的视时），使得秒成为可测量的时间单位。秒摆的摆长在 1660 年被伦敦皇家学会提出作为长度的单位，在地球表面，摆长约一米的单摆，一次摆动或半周期（没有反复的一次摆动）的时间大约是一秒。在 1956 年，秒被以特定历元下的地球公转周期来定义，因为当时天文学家知道地球在自转轴上的自转不够稳定，不足以作为时间的标准。以纽康太阳历表为基础，定义自历书时 1900 年 1 月 1 日 12 时起算的回归年的 1/31556925.9747 为一秒。该太阳历表是 19 世纪末纽康根据地球绕太阳的公转运动编制的太阳历表，至今仍是最基本的太阳历表。在 1960 年，这个定义由第十一次的国际度量衡会议通过。虽然这个定义中的回归年的长度不能进行实测，但可以经由线性关系的平回归年的算式推导，因此，有一个具体的瞬时回归年长度可以参考。因为秒是用于大半个 20 世纪太阳和月球的星历表中的独立时间变量（纽康的太阳表从 1900 年使用至 1983 年，布朗的月球表从 1920 年使用至 1983 年），因此这个秒被称为历书秒。

随着原子钟的发展，秒的定义改用原子秒作为新的定义基准，而不再采用地球公转太阳定义的历书秒。在现行国际单位制下，在 1967 年召开的第 13 届国际计量大会对秒的定义是：133Cs 原子基态的两个超精细能阶间跃迁对应辐射的 9192631770 个周期的持续时间。这个定义提到的铯原子必须在绝对零度时是静止的，而且在地面上的环境是零磁场。在这样的情况下被定义的秒，与天文学上的历书时所定义的秒是等效的。其准确度优于 10^{-13}，比以天文观测为基础的天文时的准确度高 5 个量级，是当前具有最高计量特性的时间频率基准。

频率是在单位时间内完成周期性变化的次数，是描述周期运动频繁程度的量，常用符号 f 或 u 表示，单位为秒分之一。为了纪念德国物理学家赫兹的贡献，人们把频率的单位命名为赫兹，简称"赫"。每个物体都有由它本身性质决定的、与振幅无关的频率，叫作固有频率。频率概念不仅在力学、声学中应用，也常用在电磁学和无线电技术中。作为时间频率基准，它应当具备独立评定准确度的能力。时间频率基准往下传递，可建立各级时间频率基准，其准确度是靠校准获得的。

1.2.2.2　世界时和原子时

1. 世界时（UT）

世界时，即格林尼治平太阳时，是表示地球自转速率的一种形式。由于地球自转速率曾被认为是均匀的，因此在 1960 年以前，世界时被认为是一种均匀时。世界时定义就是以此为基础的。现已证实，地球自转实际上是不均匀的，所以世界时是一种非均匀时，它与原子时或力学时都没有任何理论上的关系，只有通过观测才能对它们进行比较。这样，世界时主要应该表示它与地球自转速率的关系。

世界时是通过恒星观测，由恒星时推算的。常用的测定方法和相应仪器有：①中天法——中星仪、光电中星仪、照相天顶筒；②等高法——超人差棱镜等高仪、光电等高仪。用这些仪器观测，一个夜晚观测的均方误差约为±5ms。依据全世界一年的天文观测结果，经过综合处理所得到的世界时精度约为±1ms。因为各种因素（主要是环境因素）的影响，长期以来，世界时的测定精度没有显著的提高。如今，世界时的测量方法和技术正面临一场革新。正在试验中的新方法主要有射电干涉测量、人造卫星激光测距和月球激光测距以及人造卫星多普勒观测等。测定的精度可望有数量级的提高。

世界时是以地球自转运动为标准的时间计量系统。地球自转的角度可用地方子午线相对于地球上的基本参考点的运动来度量。1960 年以前，世界时曾作为基本时间计量系统被广泛应用。受到地球自转速度变化的影响，它不是一种均匀的时间系统。但是，因为它与地球自转的角度有关，所以即使在 1960 年作为时间计量标准的职能被历书时取代以后，世界时对于日常生活、天文导航、大地测量和宇宙飞行器跟踪等仍是必需的。同时，精确的世界时是地球自转的基本数据之一，可以为地球自转理论、地球内部结构、板块运动、地震预报以及地球、地月系、太阳系起源和演化等有关学科的研究提供必要的基本资料。

2. 国际原子时（TAI）

1967 年，国际计量委员会（CIPM）决定采用原子秒定义，即将 133Cs 原子基态的两个超精细能阶间跃迁对应辐射的 9192631770 个周期的持续时间定义为 1 秒，并规定 1958 年 1 月 1 日 0 时 0 分 0 秒为原子时的零点。之后，国际计量局通过综合处理 20 多个国家的 100 多台原子钟提供的数据，于 1972 年 1 月正式引入新的时间标准——国际原子时（International Atomic Time，TAI），并确定 1977 年 1 月 1 日 0 时

0 分 0 秒（TAI）的 ET 历元为 1977 年 1 月 1 日 0 时 0 分 32.184 秒（ET）。

国际原子时由国际无线电咨询委员会定义为地心坐标系中的时间基准，相应的 SI 秒为旋转大地水准面上的标度单位。自 1973 年起，国际计量局通过直接处理原子钟的时间比对数据得到国际原子时，并于 1988 年承担起国际原子时的计时责任（原来由国际时间局承担）。目前，分布在全世界几十个国家，80 多家守时中心约 500 多台各种类型的原子钟的时间比对数据，通过 GNSS（全球导航卫星系统）时间传递技术和卫星双向时间频率传递技术定期传送到国际计量局的时间部门。时间部门利用经典的原子时算法（ALGOS）对时间比对数据进行加权平均得到自由时间尺度（EAL），并利用分布于世界各地的十几台频率基准和次级频率基准确定大地水准面处的 SI 秒，然后对 EAL 进行频率校准得到国际原子时。为使国际原子时更贴近人类日常生活习惯的时间系统——世界时，国际计量局在考虑地球自转影响后对国际原子时进行相应修正，进而得到协调世界时（UTC）。

3. 协调世界时（UTC）

协调世界时又称世界统一时间、世界标准时间和国际协调时间，由国际电信联盟无线电通信部门（International Telecommunication Union-Radio communication Sector，ITU-R）制定，具体定义由 ITU-R TF.460-6 维护。协调世界时由英文 Coordinated Universal Time 和法文 TEMPS UNIVERSELLE COORDINEE 翻译而来，简称 UTC，是一种基于 TAI 的原子时标。

UTC 用于协调原子时和天文时，与 TAI 之间的关系为 TAI–UTC=n 秒，其中 n 为整数。为保证世界时与 UTC 时之间的差异小于 0.9s，即| UT1–UTC |<0.9s，每隔几年需要对 TAI 增加或删除整数秒（称为闰秒）。截至 2022 年，UTC 已经滞后于 TAI 37s，即 n=37。对于 UT1 与 UTC 之间更为精确的时间偏差，可利用 DUT1 进行修正，其中 DUT1=UT1–UTC，表示为 0.1s 的整数倍。UTC 中插入闰秒的时刻取决于地球自转速率的变化特征。国际地球自转服务（International Earth Rotation Service，IERS）监测地球自转速率及其他地球定向参数，包括 DUT1 的预测值，并决定是否需要调整 UTC，以及建议 BIPM 何时插入闰秒。

UTC 是基于 TAI 实现的一种后处理时间标准，具有一定的时延。GNSS 与 UTC 紧密相关，其广播和授时服务需要生成和传输实时的时间标准，因此需要一种基于 TAI 的实时 UTC。实时的 UTC 通常用 UTC(k)表示，其中 k 是时间实验室的标识，由相关 GNSS 授时中心维护。例如，UTC(USNO)是由美国海军天文台（United States

Naval Observatory，USNO）实时预测的 UTC。不包含 k 的 UTC 表示最终的综合值，由 BIPM 每月通过 T 通告发布，一般延迟 2～4 周可用，其与 UTC(k)之间存在偏差。UTC（或 TAI）相对于各天文台或实验室 UTC(k)的偏移量，表示为：UTC（或 TAI）–UTC(k)，如图 1-1 所示。

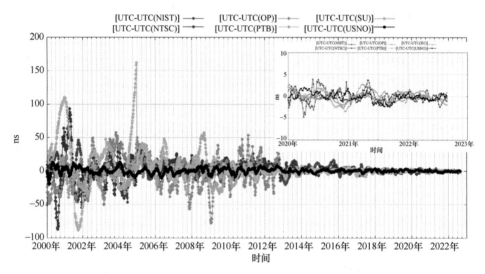

图 1-1　UTC 相对于各天文台或实验室 UTC(k)的偏移量

UTC 被公认为全球授时和电信应用的基础，是唯一能够实现和传播的时间基准。1978 年的 CCIR 和 1979 年的世界无线电管理会议（日内瓦）建议所有国际电信行业采用 UTC 时间。国际电信联盟（International Telecommunication Union，ITU）无线电条例将 UTC 定义为基于国际标准秒的时间标准，具体见 ITU-R TF.460-6 建议书，并指出 UTC 等效于格林尼治平太阳时。

4. GNSS 时间基准

卫星导航系统提供精确的定位、导航和授时服务需要统一、精确的时间基准，以保障服务不因时钟的调整而中断。GNSS 为实现时间同步，必须在全球范围内为地面段提供稳定的公共时间基准，以便为地面运控系统和众多用户提供精确的观测值。这类时间基准的实现通常由各系统自己维持。先前的方式是建立一个主时钟提供参考时间，并将主时钟的信号作为所有观测量的时间参考。对于 GNSS，通过主时钟在全球范围内实现高精度的实时时间同步是不可行的。

为解决 GNSS 全球范围实时时间同步问题，需要利用系统内的时钟建立系统时

（System Time，ST）。一种方法是，GNSS 的全球跟踪站网向相关处理中心实时提供观测数据，计算卫星星历、卫星和地面站的时钟参数以及其他导航相关信息，并综合时钟参数确定实时的系统时，如 GPS 时（GPS Time，GPST）。系统时与国际时间标准的计算过程类似，但二者之间的区别除实时方面外，系统时还必须处理不同特性的时钟。国际时间标准的确定通常基于相同或相似的时钟，而 GNSS 系统时的确定需要处理不同类型的时钟，各种特性的时钟组合处理过程更加复杂。另一种方法是，建立相关参数独立于系统的时间基准。这种方法通过卫星双向时间比对等技术直接测量每个星载或地面站的时钟，并对参与时钟进行独立于系统的监测和维护。这种双向时间比对技术通常用于通信卫星，以比较地面站点的时钟，也可用于GNSS。然而，实际应用中使用独立的时钟将忽略时钟参数与其他系统参数（如卫星星历）的相关性，进而降低 GNSS 测量的精准性。

各 GNSS 的星载时钟和地面观测站时钟共同维持各自连续的系统时间。北斗、GPS 和 Galileo（伽利略导航卫星系统）均采用不包含闰秒的系统时，分别为北斗时、GPST 和 GST，而 GLONASS（格洛纳斯导航卫星系统）采用含闰秒的 UTC（SU）偏移 3h 作为系统时间。北斗时的起点为 2006 年 1 月 1 日 UTC 0 时，并通过 UTC（NTSC）与 UTC 相关；GPST 的起点是 1980 年 1 月 6 日的 UTC 0 时；GST 的起点为 1999 年 8 月 22 日 UTC 0 时，但被设置为比 UTC 提前 13s，以便与 GPST 一致。此外，国际 GNSS 服务（IGS）也确定了一种时间基准，称为 GNSS时（IGS Time），以使各机构和站点在全球收集的测量数据具有一致性，其建立方式类似于 GPST。

在建立的时间基准内，利用观测模型、观测量和其他必要的修正模型，将GNSS 内的时钟相互关联。同时，应用误差模型和时间基准算法，估计出各时钟相对于时间基准的误差，并将每颗卫星钟相对于系统时间的偏差信息，以导航信息的形式由卫星向地面播发。北斗卫星导航系统、GPS、GLONASS 和 Galileo 等GNSS 均采用这种形式传递时间基准。此外，导航信息中还包含 GNSS 时间基准之间，以及 GNSS 时间基准与某个时间实验室维持的 UTC 时之间相关联的参数。四大 GNSS 与 UTC 之间的偏移量由整数秒和分量 C_i 组成，四大 GNSS 的系统时与 UTC 之间的偏移量见表 1-1。表 1-1 中，n=TAI-UTC 表示国际原子时和协调世界时之间的整数秒偏移量（例如，n=36s，表示 2015 年 7 月 1 日 TAI 和 UTC 之间的偏移量为 36s）。

表 1-1　四大 GNSS 的系统时与 UTC 之间的偏移量

系统名称	GNSS 时间	UTC
UTC-GPST	0h−n+19s+C0	GPS 时间（GPST）转换成 UTC（USNO），要求 C0 小于 1s，但通常都小于 20ns
UTC-GLST	−3h+0s+C1	包括闰秒在内，GLONASST（GLONASS 时间）被转换到 UTC 时间（SU），C1 必须小于 1ms。注意，GLONASST 与 UTC 的偏移为−3h，与莫斯科当地时间和格林尼治子午线的偏移相对应
UTC-GST	0h−n+19s+C2	伽利略时间（GST）是由被转换为一组欧盟 UTC(k)时间来实现的，并且 C2 名义上小于 50ns
UTC-BDT	0h−n+33s+C3	北斗时间（BDT）被转换为 UTC（NTSC），并且 C3 必须持续小于 100ns

1.2.3　时间统一技术发展历程

时间统一技术是实现高精度时间服务和维持高精度时间基准的关键。没有高精度的时间统一技术不可能实现分布在世界各地的时间实验室和不同用户的时钟之间保持高精度的时间同步，也不可能实现高精度的守时和授时。而且，原子钟的性能基本上每 7 年提高一个数量级，这就要求不断地提高时间比对的精度[3]。时间最显著的计量学特征是通过某种时间统一方法将其传递至众多节点。当前主要的时间统一技术有：搬运钟、卫星双向时间统一、GNSS 时间统一、光纤时间统一等。

1.2.3.1　搬运钟技术

搬运钟技术是最早的时间统一技术。这一技术可追溯到 1923 年，W. G. Cady 等携带简易的压电晶体振荡器与意大利、法国、英国和美国的频率标准进行比对。1958 年，在美国海军天文台与英国国家物理实验室之间，首次利用搬运原子钟技术进行频率比对实验。1959 年通过搬运原子钟，实施了一次世界范围内的时间同步实验。1967 年，首次简易铯原子钟由瑞士飞越了美国、加拿大和远东的几个时间中心进行时间比对，获得 10^{-12} 量级的一致性。我国搬运钟实验开始于 20 世纪 70 年代后期，当时采用的是铷原子钟。自 1978 年 10 月天文台系统成功地利用飞机搬运西德铷原子钟，检验短波和长波时间同步系统后，第十研究院、航天部、中国计量科学研究院、上海天文台等单位先后进行了搬运钟实验，为我国的天文、授时、航天、导航等事业做出了巨大贡献。

搬运钟方法方便快捷、可信度高，适用于中近距离的时间比对，但该方法受到时钟性能、钟参数估计方法、钟搬运条件和运输费用、钟差测量精度、环境因素等的限制，难以实现广泛应用。随着全球定位系统的兴起，飞机搬运钟比对被逐渐边缘化[4]，本书将不再对搬运钟技术进行详细介绍。

1.2.3.2　卫星双向时间统一技术

自人造卫星上天后,利用卫星传输时间频率信号进行时间比对得到了广泛重视。1960 年，首次采用 ECHO I 卫星做单向时间传递试验，因时延无法准确测定，结果较差。1962 年，美国海军天文台（USNO）和 NRL（现 NPL，National Physical Laboratory）用 TELSTAR 卫星做了跨大西洋的时间比对试验；1965 年 USNO 和 RRL（现 CRL，Communications Research Laboratory）用 RELAY II 卫星实施跨太平洋的时间比对试验，当时的比对精度为 0.1～1μs[5]。随着扩频技术和伪随机码技术的应用，时间比对精度大大提高，现在卫星双向时间比对（Two Way Satellite Time Transfer，TWSTT）的精度可达纳秒甚至优于纳秒级[6-8]。

此外，卫星双向时间比对也是国际计量局（BIPM）计算国际原子时（TAI）和协调世界时（UTC）的重要方法。本书将在第 5 章对卫星双向时间比对技术进行详细的介绍。

1.2.3.3　GNSS 时间统一技术

GNSS 的主要功能之一是提供授时服务，即根据参考时间基准对本地时钟进行校准。20 世纪 70 年代，美国和苏联相继开始研究用于全球定位、导航和授时的卫星导航系统——GPS 和 GLONASS，系统先后于 90 年代具备初步运行能力。中国和欧盟在 20 世纪 90 年代开始规划和建设自主的卫星导航系统——北斗和 Galileo，系统如今也都具备运行能力。基于 GNSS 实现时间统一的方法主要包括单向授时、共视比对授时、全视授时、精密单点定位（Precise Point Positioning，PPP）等。

GNSS 设计之初的授时方法主要为单向授时:地面接收机接收 GNSS 卫星信号，结合卫星到接收机天线相位中心的几何距离和大气延迟信息，解算本地钟和星载钟之间的钟差，进而实现对本地时钟的授时，授时精度约为 15ns。而且，单向授时的接收机成本低、信号覆盖全球，可同时为众多用户提供服务。

1980 年，Allan 和 Weiss 提出导航卫星共视时间比对授时法（Common View，CV），通过消除星载钟的影响，以及一部分卫星位置和电离层、对流层的影响，能够获得精度比 GPS 单向授时法高（几个纳秒的水平）的授时结果[9]。该方法自提出后，迅速成为主要的时间传递技术。到 20 世纪 80 年代末，国际计量局（BIPM）的时间部正式采用标准化的 GPS 共视时间比对技术，将全世界几十个守时中心的主钟联系起来，建立了准确度最高的国际原子时（TAI）和协调世界时（UTC）。本书将在第 5 章详细介绍卫星共视时间比对技术。

随着 IGS 开始提供精确的 GPS 产品，Jiang 和 Petit 于 2004 年提出全视授时法（All in View，AV）[10]。全视授时法的观测数据中增加了高度角较高的观测量，并结合高精度的 IGS 产品，能够获得较共视授时法更优的授时结果，可以保证一天内的误差小于 100ps[11-12]。时间频率咨询委员会（CCTF）于 2006 年 9 月决定采用 AV 法代替 CV 法进行 TAI 比对。

精密单点定位技术用于授时的原理与全视授时法类似。由于 GNSS 的载波相位测量值比伪距测量值精度高出两个数量级，且多径效应的影响较小，并且可以更好地估计大气延迟信息，因此，CCTF 在 2006 年 9 月举行的第 17 届会议上，通过了"关于在 TAI 中使用 GNSS 载波相位接收机进行时间与频率传递"的建议。其中要求国际计量局"应高度合作开发自主解决方案，并免费向其他实验室提供，以及加入时间比对数据库"。

1.2.3.4 光纤时间统一技术

利用光纤进行高精度时间同步是当前时间统一领域的热点。光纤具有通信容量大、温度系数小、中继距离长、损耗低、抗干扰能力强等优点，其用于时间传递的主要方法有环回法和双向时间比对法[13]。近年来，国外多家研究机构在实地光纤时间传递方面展开了研究测试：2009 年瑞典 SP 技术研究所（SP Technical Research Institute of Sweden）在 560km 的光纤链路上实现了优于 1ns 的光纤时间同步指标[14]；2010 年捷克教育科研网络（CESNET）在 744km 的光纤链路上实现了时间传递的秒级稳定度优于 100ps，时间同步不确定度为 112ps 的光纤时间传递[15]；2013 年法国巴黎天文台在 540km 的光纤链路上实现了时间偏差 20ps

的时间同步精度[16]；同年波兰克拉科夫理工大学在 420km 光纤链路上实现了时间传递，其稳定度优于 50ps[17]；2011 年，欧洲还发起了欧洲精确时频传输网络（NEAT-FT）联合研究项目，拟建设时间同步不确定度优于 100ps 的欧洲时频光纤同步网络[18-19]。

国内的多个研究机构在光纤时间同步领域也相继开展研究工作：从 2003 年开始，国家授时中心就持续开展设备研制与实验测试，现已建立了多条完整的千公里级实地光纤时间频率传递实验平台；2010 年解放军理工大学在 125km 室内光纤上的时间同步精度优于 0.5ns[20]；2014 年清华大学在实地 80km 的光纤链路上实现了 ±50ps 的时间同步指标[21]；2016 年中国科学院上海光学精密机械研究所在实地 230km（150km+80km 级联）光纤链路上的时间同步准确度为 90ps，平均时间 102～104s 的时间稳定度为 3.5ps[22]；同年，上海交通大学在约 6000km 实验室光纤链路上的光纤时间同步偏差小于 70ps[23]。

经国内外诸多机构的试验验证，光纤时间同步技术能够达到较高的精度，但仍存在一些问题，如长距离传输中需要考虑中继和信号补偿，以及无法对运动目标授时等。有关光纤时间统一技术的详细介绍，本书将在第 5 章讲述。

1.3　天地一体化信息网络

1.3.1　基本概念

天地一体化信息网络（Space Information Network, SIN）是包含空间平台（如同步卫星，中、低轨道卫星）、空中平台（平流层气球和有人、无人驾驶飞机等）、地面平台（地面站、地面通信网、地面基准站等）各类服务资源和天空地各类用户节点，并基于星间/星地/地面链路连接构建的多业务一体化信息网。该网络以广域天地空服务覆盖、信息资源高效利用、多业务高效协同为原则，基于统一的时空基准构建，具有智能化信息获取、存储、传输、处理、融合和分发能力，以及自主运行和智能管理能力[1,4,24]，其信息总体架构如图 1-2 所示。天地一体化信息网络可将目前以地面信息网络为主的网络边界大大扩张到太空、空中、海洋等自然空间，人类的网络空间将会跃升到一个新的高度。

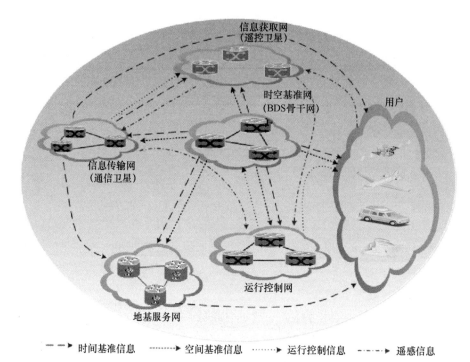

图 1-2　天地一体化信息网络信息总体架构

1.3.2　国外发展历程

天地一体化信息网络将是网络强国的重要标志，是信息时代的战略性基础设施，是"国家利益到哪里，信息网络覆盖到哪里"的战略选择。

（1）北美移动卫星通信系统（MSAT）

MSAT 是世界上第一个区域性卫星移动通信系统，可服务于公众通信，又可以服务于专用通信。MSAT 基本组成如图 1-3 所示。

1983 年，加拿大通信部和美国国家航空航天局达成协议，联合开发北美地区的卫星移动业务，由美国移动卫星通信公司（AMSC）和加拿大移动卫星通信公司（TMI）负责该系统的实施和运营。MSAT 系统使用多个高增益点波束天线，覆盖加拿大和美国本土，以及夏威夷、墨西哥及加勒比群岛。信关站通过有线环路与市话本地网相连，移动用户和固定用户通过射频信道（由网络控制中心分配）和信关站、市话本地网互连之后进行通信。系统主要提供的业务有：移动电话业务、移动无线电业务、移动数据业务、航空及航海业务和终端可搬移的业务等。

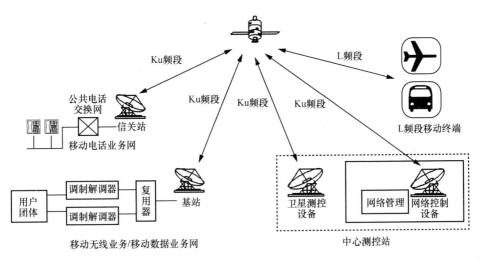

图 1-3　MSAT 基本组成

（2）最初的天地一体化信息网络是基于星间链路由通信卫星作为节点所构建的星间网络，主要解决卫星通信系统的信息多跳传输问题

美国的铱星（Iridium）系统作为典型代表，是第一种具备全球覆盖能力的低轨卫星通信系统，也是第一种大规模部署星间链路的卫星系统。低轨星座和星间链路的结合，使其通信时延大幅度降低，具备了面向全球用户提供高质量移动通信服务的能力[25-26]。经过 20 余年的运行服务后，Iridium Next 原计划于 2007 年由铱星公司提出。新一代的铱星系统采用了更高的信号带宽设计以及更为灵活的带宽分配策略，可以提供更强的通信服务能力，同时也计划提供包括导航增强（iGPS）、位置报告、全球航空/船舶安全监视等增强服务。Iridium Next 主要卫星星座参数见表 1-2[26]。首批 10 颗"Iridium Next"卫星于 2017 年 5 月成功发射并完成部署，第二批 10 颗卫星于 2017 年 6 月发射。整个"Iridium Next"卫星星座的 75 颗卫星在 2018 年年中完成部署。

表 1-2　Iridium Next 主要卫星星座参数

Iridium Next	技术参数
星座	极轨星座，6 个轨道面
卫星数量	66 颗工作星（其中 6 颗为在轨备份），9 颗地面备份
轨道高度	780km
轨道倾角	86.4°
卫星寿命	15 年
部署时间	2015—2018 年

（2）以卫星导航系统为代表的多类非卫星通信系统也采用星间链路技术

随着星间链路技术的逐渐成熟，多类非卫星通信系统包括 GPS、北斗、GRACE、"白云"系列监视卫星系统[27]等也开始采用星间链路技术实现了节点间信息的互传以及高精度测量，执行自主导航、空间物理实验以及多星协同目标监视等功能。

GPS 是最早采用星间链路的卫星导航系统，目前其在轨运行的 32 颗卫星均装备了 UHF（特高频）频段星间链路设备。最新的 GPS III 卫星采用 Ka 频段星间链路设计，进一步提高了星间链路的测量与通信能力，同时对于未来的激光星间链路也在开展相关的实验和论证。GPS 星间链路型号与功能见表 1-3。

表 1-3　GPS 星间链路型号与功能

卫星型号	天线形式	功能定位
Block IIR/Block IIR-M	UHF 宽波束天线	自主导航
Block IIF	UHF 宽波束天线	自主导航
Block III	UHF 宽波束天线	自主导航
	Ka/V 点波束天线	星地联合，实现地面对星座实时监控
	激光链路	"一点通，全网通"

（3）星间/星地/地面网络技术不断发展，天地一体化网络概念应运而生

近年来，天空地平台协同需求、星间/星地/地面网络技术的发展以及天地一体化网络概念的相继出现，促使广义的天地一体化信息网络将与空间节点进行协同工作的地面节点、临近空间以及大气层运动平台节点也纳入其中，形成涵盖天空地多类异构节点的天地一体化信息网络。

美国于 2004 年推出了转型通信卫星（TSAT）计划，目的是要建立一个类似于地面互联网的空间网络，利用卫星的广域覆盖特性，将天空地海的各个独立网络进行一体化整合，面向包括地面作战平台、大气层内飞行器以及空间武器平台提供统一且互联互通的信息支持和能力，实现美军通信能力的跨越式发展[28]。

TSAT 计划采用了"天网地网"架构，其中天基骨干网络由 5 颗 GEO 卫星构成，采用 IPv6 协议以及 X 频段和 Ku/Ka 混合频段星间链路设计，实现与宽带全球卫星通信（WGS）、先进极高频通信卫星（AEHF）和移动用户目标系统（MUOS）卫星通信星座的连通。地面网络接入全球信息栅格（Global Information Grid，GIG），依托在全球设立的卫星通信区域中枢节点（RHN）实现全球网络互联，TSAT 系统架构如图 1-4 所示。尽管该计划于 2009 年被取消，但 TSAT 计划的部分功能和设计

由 AEHF 等其他卫星通信系统接替，相关技术仍处于快速发展中。

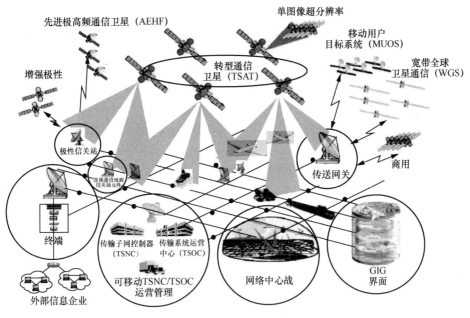

图 1-4　TSAT 系统架构方

欧盟在 2007 年年末也提出了自己的全球通信一体化空间架构（ISICOM）设计[3]。目标是建立一个基于 IP 的通信网络，结合微波和激光链路实现大容量空间信息传输，计划将包括通信卫星、伽利略导航卫星系统、对地观测卫星星座、高空平台、无人机以及地面网络融为一体[29]。ISICOM 体系如图 1-5 所示。

欧洲航天局（ESA）开展的"通信系统预先研究"项目于 2016 年发布了《5G 环境下的星地网络融合评估——新兴 5G 卫星通信商业技术白皮书》，其将卫星作为 5G 通信的一部分，提出了地面 5G 通信与空间网络互为补充，建设一个高可靠全方位覆盖星地融合 5G 网络的设想。

（4）近年来，卫星互联网概念的提出将天地一体化信息网络推入发展的快车道

截至 2016 年年底，全球范围内至少有 6 个大型低轨卫星星座项目向国际电信联盟（ITU）进行了登记。最具代表性的包括一网系统（OneWeb）、"低轨卫星"（Leosat）系统以及由 SpaceX 创始人埃隆·马斯克提出的 STEAM 互联网星座，3 个系统的主要参数见表 1-4。其中 STEAM 星座于 2017 年年底进行首次卫星网络模拟试验，并于 2019 年提供服务。

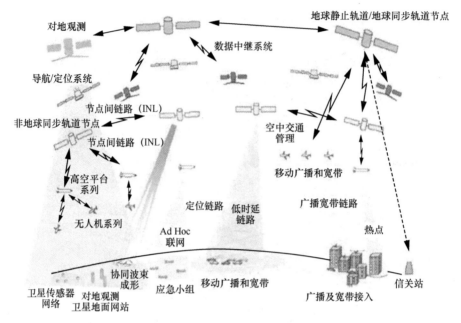

图 1-5　全球通信一体化空间架构体系

表 1-4　计划中的互联网卫星系统主要参数

星座名称	卫星数量/颗	轨道高度/km	是否星间链路	卫星质量/kg	容量/（Tbit·s^{-1}）	成本/亿美元	通信速率/（Mbit·s^{-1}）	时延/ms
OneWeb	600	1200	—	125	5～10	2～30	50	20～30
STEAM	4000	1100	是	—	8～10	100～150	—	20～30
LeoSat	80～140	1400	是	—	0.5～1	25～30	1228	50

　　"星链"计划是由美国 SpaceX 公司提出的低轨道卫星互联网星座系统。该系统由不同高度的卫星星座和若干地面站组成，系统建成后，将由 4 万多颗低轨卫星组成的星座为全球卫星覆盖区域提供高速的互联网接入服务。按最早的计划，SpaceX 将大约 1.2 万颗星链卫星发射到近地轨道，构建由 3 层卫星构成的卫星网络，这 3 层卫星分别位于距离地面 340km 和 550km 的极低地球轨道（Very Low Earth Orbit, VLEO）（9102 颗），以及 1150km 的 LEO（2825 颗）上。与地面互联网通信相比，"星链"计划通过数量庞大的低轨卫星组网，实现卫星及星间/星地无线链路为用户服务。该星座在航空、测控、远洋探测、海运等相关领域都将发挥巨大作用，未来将融入生活的方方面面。

　　截至 2022 年 4 月，SpaceX 已发射了 2441 颗星链卫星（包括已退役或发生故障的卫星），其中约 2100 颗卫星已在轨道上运行。能够对全球区域形成 96.61%～100%

连续覆盖，平均瞬时覆盖率高达 98%。而对北美地区能够形成实时的连续覆盖，且能够提供不间断的通信服务。"星链"作为天地一体化信息网络中重要的"天基网"，目前已经开始为美国和加拿大部分地区提供低成本的高速互联网接入服务。

1.3.3　国内发展历程

我国卫星互联网建设计划起步较晚，近年来先后启动了行云、虹云、鸿雁、天地一体化信息网络，以及中国卫星互联网工程等一系列星座计划，并在稳步推进中。

"行云工程"是由中国航天科工运载技术研究院旗下航天行云科技有限公司规划的，中国首个低轨窄带通信卫星星座，计划发射 80 颗行云小卫星，目的是打造一个覆盖全球的天基物联网。2017 年"行云一号"首颗技术验证卫星成功发射。2020 年 5 月，"行云二号 01 星""行云二号 02 星"在中国酒泉卫星发射中心，通过快舟一号甲运载火箭，以"一箭双星"的方式成功发射。

"虹云工程"是由中国航天科工集团有限公司牵头研制的覆盖全球的低轨宽带通信卫星系统，通过搭建由 156 颗小卫星组成的卫星互联网系统，实现全球无死角的自由接入宽带互联网。2018 年 12 月 22 日，"虹云工程"首发星即技术验证卫星被送入轨道，标志着我国低轨宽带通信卫星系统建设迈出实质性步伐。

"鸿雁"星座是由中国航天科技集团自主建设的低轨卫星通信系统，其目标也是在太空构建一条四通八达、覆盖全球的信息通路，计划用 60 颗核心骨干卫星和数百颗宽带通信卫星组成系统，实现全球任意地点的互联网接入。2018 年 12 月 29 日，"鸿雁"星座首发星也成功发射并进入预定轨道。此外，银河航天、吉利集团、华为、北京九天微星公司等商业公司也先后加入低轨通信卫星建设行列，并设计和组建低轨通信星座。

天地一体化信息网络项目由科学技术部牵头，其方案论证与实施由中国电科牵头，是科技创新 2030 的重大工程项目，被列入国家"十三五"规划纲要以及《"十三五"国家科技创新规划》。该项目通过建立天基骨干网、天基接入网和地基节点网，实现与地面互联网和移动通信网互联互通，旨在建成"全球覆盖、随遇接入、按需服务、安全可信"的天地一体化信息网络体系。天地一体化信息网络的建成，将使我国具备全球时空连续通信、高可靠安全通信、区域大容量通信和高机动全程信息传输等能力。

中国卫星互联网工程是由中国卫星网络集团有限公司牵头开展的卫星通信网络项目，旨在建成我国自主的卫星通信网络，加快解决各类星座的乱局，承担我国构建全球宽带卫星通信网络的重任。自 2021 年 4 月成立以来，中国卫星网络集团有限公司加速整合航天、通信、信息等产业优质资源，以推动中国卫星互联网建设，促进中国航天产业结构性升级，引领新一轮产业变革。以中国卫星互联网建设为支柱，紧密凝聚民营企业、高校等多方产学研主体，有望形成中国卫星互联网产业发展的新型举国体制，提升中国卫星互联网产业发展的国际核心竞争力。

一些商业航天公司也在布局卫星互联网。如吉利集团全资子公司时空道宇的"吉利未来出行星座"计划，将组建 240 颗低轨卫星的星座，构建天地一体化高精时空信息系统，并于 2022 年 6 月在西昌卫星发射中心以一箭九星方式成功发射首轨 9 星；火眼位置数智科技服务有限公司从事低地球轨道星基导航增强系统项目的建设与运营，并计划在 2023 年前后建设完成一个低成本、高精度、全球覆盖的低地球轨道导航增强卫星星座系统，实现全面、稳定、商业化的低地球轨道星基导航增强服务；氦星光联、若森智能等卫星互联网设备制造商，致力于低功耗小型化星载激光通信终端以及地面通信接收系统的研制等。

2020 年 4 月，卫星互联网被我国明确列入新型基础设施的范围，卫星互联网星座即将进入初期部署阶段。根据国际电信联盟的监管文件，我国将部署约 1.3 万颗低轨卫星，以提供覆盖全球的互联网连接。2022 年 7 月，中国卫星应用大会——"5G ＋通导遥发展高峰论坛"指出，卫星网络作为地面网络的有效补充、延伸和增强，对于打造天地一体信息网络、打造空天信息实时智能服务、打造数字经济发展新的增长极意义重大。天地一体信息网络以地面网络为依托，以卫星通信网络为拓展，由星地网络相互融合而成。作为新一代信息技术演化生成的信息基础设施，从构想到发射组网，我国天地一体化信息网络的蓝图正一步步变为现实。

1.4 天地一体化信息网络时间统一的需求与挑战

1.4.1 时间统一需求与服务

随着科学技术的进步，时间统一技术已经发展成为信息领域重要的支撑技术之一，在国防科技、国民经济建设和社会生活中具有举足轻重的作用。如今，与日常生活紧密联系的全球导航卫星系统、航空航天、通信领域、电力以及高速交通等诸多行业能够取得辉煌的成就，无一不依赖于高精度的时间统一技术[30-32]，而一些重要领域的革新对时间统一提出更高要求。

（1）时间基准的统一需求

一般而言，将所有与时空相关的活动紧密联系的前提是建立统一的时空基准，如我国的 CGCS2000 坐标系、世界各地时间实验室维持的地方协调时 UTC(k) 等。随着万物互联时代的到来，智慧城市、智能物流、智能驾驶、无人机等应用场景越来越丰富，传统的时空基准在服务覆盖范围或精度上已逐渐不能满足应用需求。如今，天地一体化信息网络作为科技创新 2030 的重大工程项目，正致力于促成天基信息网、未来互联网、移动通信网的全面融合，以全面覆盖空、天、地以及地下空间中众多场景的高精度时空应用需求。因此，必须建立精准、统一的时间、空间基准，以保障天地一体化信息网络提供统一、可靠的时空服务。

（2）时间传递的需求

天地一体化信息网络需要建立和维持统一的时间基准，另一方面还需要把统一的时间频率信号通过授时手段传递至用户，即面临时间传递（授时）需求。而且，信息在现今数字化通信的传输过程中需要进行严格的时间同步，以保证信息传输的畅通、减少错码及乱码，提高信息的正确性和有效性。天地一体化信息网络涉及与人类活动息息相关的网络与通信系统、航空航天、定位导航授时及其增强服务、遥感与地理信息服务、云计算与存储、电力系统、金融系统等，各行业应用的有效运行都依赖于高精度时间同步，因此"准确而稳定的时间基准和高精度授时系统"对于现代社会的正常运转，以及新兴技术的发展有着极其重要的作用。为满足天地一体化信息网络日益高涨的时间传递需求，各国、各界的研究人员一直在为授时技术的革新以及精度的提高而努力。

（3）时间服务的多样化

用户钟与时间基准之间进行时间比对，即可实现时间同步。随着科学技术的发展，现代授时方法日益丰富，如声音传递、电话传递、电视传递、无线电传递、卫星双向传递、卫星共视、光纤传递等。目前，卫星双向传递、卫星共视和光纤传递是长距离高精度授时的主要手段。卫星双向传递是目前国际计量局（BIPM）组织的远距离时间比对精度最高的方法，其精度可达几百皮秒；

GPS 卫星共视技术在国际原子时的国际合作中起了主要作用；光纤传递借助光纤高带宽、抗干扰和低损耗等优点，已成为超高精度时间频率信号传递的主要手段。

1.4.2 信息网络融合

近年来，我国航天器入轨数量在世界范围内名列前茅，卫星通信、卫星导航、对地观测、中继卫星通信以及空间站系统、低轨互联网卫星系统等多种不同功能种类的空间信息系统都处于快速建设和发展中[4,24]。"十四五"规划纲要中提出，我国将围绕强化数字转型、智能升级、融合创新支撑，布局建设信息基础设施、融合基础设施、创新基础设施等新型基础设施。天地一体化信息网络作为维护和拓展国家核心安全利益，实现全球互联互通的重大信息基础设施，也在向着天基信息网、未来互联网、移动通信网全面融合的方向发展。因此，打造融合通信、导航、遥感的空间信息基础设施体系，构建天地一体化信息网络是我国空间系统发展的重要战略。天地一体化信息网络的融合方式主要包括信息通信网络融合、通信与导航网络的融合，以及通信、导航和遥感网络的融合。

（1）多网融合构成空天地一体化的信息通信网络

天地一体化信息网络源于通信网。多年来，通信的定义在不断扩展，从电报、手机到网络流量，再到万物互联，通信业已成为推动我国各行各业转型升级的赋能者。2020 年 4 月，国家发展和改革委员会在新型基础设施建设（新基建）的定义中明确指出，基于新一代信息技术演化生成的 5G、物联网、工业互联网、卫星互联网等通信网络基础设施，属于信息基础设施的范畴，进一步强调了通信网络的重要性。当前，我国通信网络正向着高低轨卫星混合组网、星地融合以及规模大、应用广、成本低的方向发展，目的是构成空天地一体化的信息通信网络，覆盖陆海空天及日常生活。而且，随着我国"互联网+"战略的深入推进，通信网络也将与经济社会各领域实现跨界融合和深度应用，并催生一系列"互联网+"经济新业态，为国民经济增长注入新动能。

（2）通信与导航网络的融合，是建设综合 PNT 的关键

导航与通信的融合是通导遥融合的先行军。为实现泛在、高精度的综合 PNT 服务，关键在于将 GNSS 与通信系统进行深度融合[33-34]。2021 年，北斗导航产业

逐步进入发展、创新的快车道。对于北斗产业而言，导航与通信的融合创新发展一直以来都是极为重要的大课题。北斗系统在设计之初，就将短报文功能纳入系统服务，开启了导航与通信结合的先例。特别是对空间基础设施而言，近年来声势迅猛的低轨星座和地面蜂窝网络为导航与通信的创新融合提供了更广阔的发展前景与舞台。

值得一提的是，低轨星座和蜂窝网络在建立之初主要为解决通信问题，并非针对 PNT 应用。在将低轨星信号和蜂窝信号用于综合 PNT 服务时，除需要解决信号调制、导航框架等问题外，还需要解决高精度的时间同步问题。GNSS 卫星配备有原子钟，能够实现网络化高度同步。但低轨卫星、蜂窝电话塔配备的时钟稳定性和同步性较差，与 GNSS 融合实现分米乃至厘米级精度的综合 PNT 应用，对天地一体化信息网络中的通导融合提出不小的挑战。

（3）遥感技术走向空天地传感网络，促使天地一体化信息网络向通导遥一体化方向发展

近年来，我国的遥感技术与事业在不断发展和壮大，遥感手段早已从单一的航空遥感发展为陆地、气象和海洋等各类对地观测卫星系统。将通信网络、卫星导航网络和遥感网络融合为一体，构建定位、导航、授时、遥感和通信（PNTRC）服务，能够实现卫星遥感、卫星导航、卫星通信与地面互联网的集成服务，支持军民用户在任何地方、任何时间的信息获取，提供高精度定位导航授时和多媒体通信等服务，并且在推动我国卫星遥感、通信、导航的集成创新方面具有非常重要的意义。

当前，世界各国已将通导遥卫星的大众服务明确为一个竞争热点，但现今的遥感卫星、GNSS 卫星和通信卫星各成体系、彼此分离，存在系统孤立、信息分离以及服务滞后等问题。以美国为代表的世界强国近年来在大力开展低轨通信卫星和遥感卫星等相关项目，并开始着手建立能够实时提供地球任意位置卫星图像和视频的星座。相较而言，我国提出的 PNTRC 这一通导遥一体化天基信息实时服务系统更具有前瞻性和引领性，这对于我国形成互联网与天基信息大众化实时服务的新型产业方面，以及在发展智能的天地一体化信息网络方面是一个重大机遇。

1.4.3　面临的挑战

天地一体化信息网络的目标是建成"全球覆盖、随遇接入、按需服务、安全可

信"的天地一体化信息网络体系。时间基准作为国家安全的保障，在天地一体化信息网络中扮演至关重要的角色，如卫星运行、航空航天、高铁、电网、金融、网络通信等，都需要时间基准的支撑。

当前，人类科技的发展已经逐步进入第四次工业革命——工业 4.0 阶段，诸多行业正逐渐向更加智能、更加泛在、更加融合的方向发展。未来，融合海量信息的天地一体化信息网络势必在众多新兴领域加大布局。时间统一作为建设天地一体化信息网络的关键环节，在发挥至关重要作用的同时也将面临更多的挑战。

1.4.3.1　时间统一技术和设备趋于泛在化

信息技术的发展，如设备计算能力增强、功耗降低、体积小型化、通信技术标准化等，使得大众对信息的获取方式从传统的固定节点逐渐延伸至无处不在的终端上。时间统一技术和设备也向着支撑物与物、人与物、虚拟世界与现实世界之间进行信息无缝交互和传递的方向发展，并促进天地一体化信息网络逐渐转变为真正意义上无处不在、可随时访问的泛在信息网络。

构建泛在信息网络，统一时间技术手段和协议，提升设备通用性，对于促进社会经济向高效、优质的方向发展具有深远意义。现今，广泛应用在各行业中的授时设备，多采用 GNSS 授时原理，以及车载、船载等机架式的形式，服务对象通常有空间站、各种装备，并向多功能、高精度、高集成等方向发展。国内市场上基于导航卫星的常用授时设备主要有北斗定时型用户机、北斗数显时钟等。随着信息网络的逐步发展，这些授时设备对时间同步的泛在化提出新的挑战。

（1）授时设备的小型化、集成化。传统的授时类设备体积较大，采取分体式设计，天线与主机之间通过射频线缆连接，在使用、安装过程中需要利用专门的场所、载体（如固定机柜等）和工具进行，无法满足突发现场或快速机动环境下的授时需求。

（2）授时设备接口和协议的统一。与外部设备互联互通方式上，现有设备须采用串口通信形式，因此要求对端设备必须具备串口。这种设计降低了授时设备与其他设备进行对接交互的便利性，进而导致使用条件存在一定的局限性，不能满足在快速机动等环境中设备与卫星时间同步工作的需求。

（3）授时设备的能耗优化。现有设备的功耗较大，用户机功耗为几十瓦，需要大功率蓄电池或直流电供电，不适合为户外用户提供野外授时服务。

1.4.3.2 时间同步精度需求更高

时间是科学研究、实验和工程技术等诸多应用的基本物理量，为一切动力学系统和时序过程的测量和定量研究提供了必不可少的时基坐标。精密时间不仅在基础研究领域有重要的作用，如地球自转变化等地球动力学研究、相对论研究、脉冲星周期研究和人造卫星动力学测地等；而且在应用研究、国防和国民经济建设中也有普遍的应用，如航空航天、深空通信、卫星发射及监控、信息高速公路、地质测绘、导航通信、电力传输和科学计量等。

随着现代社会的高速发展，特别是现代数字通信网的发展、信息高速公路建设、大型科技项目合作、人工智能领域发展的壮大，各种政治、文化、科技和社会信息的协调等这类建立在严格时间同步基础上的现代化应用，尤其对时间同步的精度提出更高要求，具有代表性的应用场景如下。

（1）现代无线通信的关键技术[35]。4G 时代无线网主要采用基站安装卫星接收机的方式通过 GNSS 获取同步信号，地面同步网主要用于满足传送网、核心网、数据网等网络的同步需求。相对于 4G 时代，5G 乃至 6G 网络对同步网在空天地一体、复杂同步场景、同步网的稳定性和可靠性方面均有更高的要求。

（2）"平方公里射电望远镜阵列（SKA）"国际大型合作项目[36]。实施 SKA 有助于人类了解宇宙和人类起源的奥秘，并有望推动一些直接影响人们日常生活的新技术的诞生。超高精度时间同步是其中一项十分关键的新技术，为保证组成阵列的数千面天线之间的相位相干，短期时间同步精度需要达到 1ps 量级，同时长期稳定度要达到 10 年内时间误差不超过 10ns。

（3）汽车行业的热点方向——自动驾驶。汽车实现自动驾驶需要内部多种传感器之间进行准确、稳定的协作运行，他们的协作程度会对车辆的运行状态产生影响。这些传感器之间的准确协同运行，必须依靠准确的网络信号源同步发布指令，而时间同步作为标准网络信号源的一项核心技术，势必需要在高精度、高可靠性上满足相关要求。

1.4.3.3 时间同步的安全问题

精确、统一的时间几乎对当前人类活动所及的所有行业而言至关重要，例如，导航、取证、区块链，以及火车、飞机和汽车的准点运输等。恶意篡改时间会对社会的许多领域，如金融交易、工业设备运行、物联网生态系统等，造成不良影响。"黑帽欧洲 2021"会议中提到，时间同步功能的后台系统非常脆弱，很容易被黑客攻击，并造成巨大的破坏[37]。早在 2017 年英国曾发表过有关时间同步错误可能造成的危害的报告，当时估计每天的损失是 10 亿英镑。

在信息网络益加普及的当今世界，随着无线网络和传感网络的高速发展，海量多类数据的交换越发频繁，各种安全漏洞逐渐暴露，数字世界的安全问题不得不引起重视。时间同步过程作为其中的重要支撑环节，存在的各种安全隐患和不足更需着重对待，举例如下。

（1）GNSS 授时需解决干扰问题。基于 GNSS 系统的星载原子钟虽然可以轻松实现亚微秒乃至亚纳秒级的授时精度，但事实证明，这类授时手段的实现要求较为苛刻。如：单向授时、PPP 授时需要接收至少 4 颗卫星的信号才能通过三角测量完成接收机的定位和授时；GNSS 信号需避免障碍遮挡，所以当卫星信号不可访问（如室内）或被干扰（如在太阳耀斑期间）时，基于 GNSS 的授时技术可能无法使用[38]；此外，人为干扰 GNSS 信号仅需一些廉价的干扰器就能轻松实现，甚至还可以通过替换自身的时间和位置数据来伪造 GPS 信号。

（2）NTP 易受攻击，保障授时安全需加密算法。入侵者可以窃听和存储 NTP 的数据包，如果其生成欺骗数据包的速度快于服务器，将直接导致客户端处理这些欺骗数据包后，引发系统的崩溃或者操作的失败等。为解决利用 NTP 的传统网络和无线传感网络的时钟同步面临的安全威胁，需要引入加密算法，对服务器的身份进行认证，从而使得数字传输更加安全[39-40]。

（3）PTP 需重视时延攻击。IEEE 1588 精确时间协议（PTP）通过交换带时间戳的消息定期计算主时钟和从时钟之间的相对偏移量，其准确度从几十到几百纳秒不等[41]。然而，PTP 授时信号同样面临安全问题：报文攻击和时延攻击。对于报文攻击问题，可采用报文加密或身份验证的方式进行防控。对于时延攻击，使用一般的加密或身份验证等手段无法预防，必须研究和发掘新的安全技术或解决方案，如引入量子密钥分发技术，并利用单光子脉冲测量时间等[42]。

| 参考文献 |

[1] 李德仁, 沈欣, 龚健雅, 等. 论我国空间信息网络的构建[J]. 武汉大学学报·信息科学版, 2015, 40(6): 711-715, 766.

[2] 蔚保国. 构建天地一体化定位导航授时信息网[N]. 光明日报, 2018-5-10(13).

[3] COOK K L D. Current wideband MILSATCOM infrastructure and the future of bandwidth

availability[J]. IEEE Aerospace and Electronic Systems Magazine, 2010, 25(12): 23-28.

[4] 张乃通, 赵康健, 刘功亮. 对建设我国 "天地一体化信息网络" 的思考[J]. 中国电子科学研究院学报, 2015, 10(3): 223-230.

[5] 李志刚, 李焕信, 张虹. 卫星双向法时间比对的归算[J]. 天文学报, 2002, 43(4): 422-431.

[6] 史琛, 刘娅, 王国永, 等. 基于双移动校准站的远距离卫星双向时间比对精度分析[J]. 时间频率学报, 2016, 39(2): 87-94

[7] 王正明, 高俊法. 高精度国际时间比对的进展[J]. 天文学进展, 2000, 18(3): 181-191.

[8] 惠卫华, 李焕信. 双向卫星时频传递系统与应用[J]. 时间频率学报, 2001, (2): 115-120.

[9] ALLAN D W, WEISS M A. Accurate time and frequency transfer during common-view of a GPS satellite[C]//Proceedings of 34th Annual Symposium on Frequency Control. Piscataway: IEEE Press, 1980: 334-346.

[10] JIANG Z, PETIT G. Time transfer with GPS satellites all in view[C]//Proceedings of Asia-Pacific Workshop on Time and Frequency. 2004: 236-243.

[11] GOTOH T. Improvement GPS time link in Asia with all in view[C]//Proceedings of the 2005 IEEE International Frequency Control Symposium and Exposition. Piscataway: IEEE, 2005.

[12] WEISS M A, PETIT G, JIANG Z. A comparison of GPS common-view time transfer to all-in-view[C]//Proceedings of the 2005 IEEE International Frequency Control Symposium and Exposition. Piscataway: IEEE Press, 2005.

[13] 陈法喜, 孔维成, 赵侃, 等. 高精度长距离光纤时间传递的研究进展及应用[J]. 时间频率学报, 2021, 41(4): 266-278.

[14] EBENHAG S C, HEDEKVIST P O, JARLEMARK P, et al. Measurements and error sources in time transfer using asynchronous fiber network[J]. IEEE Transactions on Instrumentation and Measurement, 2010, 59(7): 1918-1924.

[15] SMOTLACHA V, KUNA A, Mache W. Time transfer using fiber links[C]//Proceedings of EFTF-2010 24th European Frequency and Time Forum. Piscataway: IEEE Press, 2010: 1-8.

[16] LOPEZ O, KANJ A, POTTIE P E, et al. Simultaneous remote transfer of accurate timing and optical frequency over a public fiber network[J]. Applied Physics B, 2013, 110(1): 474-476.

[17] SLIWCZYNSKI L, KREHLIK P, BUCZEK L, et al. Multipoint dissemination of RF frequency in delay-stabilized fiber optic link in a side-branch configuration[C]//Proceedings of 2013 Joint European Frequency and Time Forum & International Frequency Control Symposium. Piscataway: IEEE Press, 2013: 876-878.

[18] SCHNATZ H, BOLOGNINI G, CALONICO D, et al. NEAT-FT: the European fiber link collaboration[C]//Proceedings of European Frequency and Time Forum. 2014.

[19] 杨文哲, 杨宏雷, 赵环, 等. 光纤时频传递技术进展[J]. 时间频率学报, 2019, 42(3): 214-223.

[20] 卢麟, 吴传信, 朱勇, 等. 125km 高精度光纤时间传递实验[C]//第一届中国卫星导航学术年会论文集(中), 2010: 594-599.

[21] 高超, 王波, 白钰, 等. 基于光纤链路的高精度时间频率传输与同步[J]. 科技导报, 2014, 32(34): 41-46.

[22] LIU Q, CHEN W, XU D, et al. Simultaneous frequency transfer and time synchronization over a cascaded fiber link of 230 km[J]. Chinese Journal of Lasers, 2016, 43(3): 143-149.

[23] HAO Z, WU G, LI H, et al. High-precision ultra long distance time transfer using single-fiber bidirectional-transmission unidirectional optical amplifiers[J]. IEEE Photonics Journal, 2016, 8(5):1-8.

[24] 李贺武, 吴茜, 徐恪, 等. 天地一体化网络研究进展与趋势[J]. 科技导报, 2016, 34(14): 95-106.

[25] LEOPOLD R J. The iridium communications system[C]//Proceedings of Singapore ICCS/ISITA'92. Piscataway: IEEE Press, 1992: 451-455.

[26] MAINE K, DEVIEUX C, SWAN P. Overview of IRIDIUM satellite network[C]//Proceedings of WESCON/95. Piscataway: IEEE Press, 1995: 483-490.

[27] 李伟, 张更新, 汪鸿滨. 海洋监视卫星[J]. 卫星与网络, 2007(6): 54-57.

[28] PULLIAM J, ZAMBRE Y, KARMARKAR A, et al. TSAT network architecture[C]//Proceedings of 2008 IEEE Military Communications Conference. Piscataway: IEEE Press, 2008: 1-7.

[29] FOGLIATI V. ISICOM: integrated space infrastructure for global Communications[EB].2008.

[30] 王燕山, 李运华, 刘恩朋, 等. 以太网时间同步技术的研究进展及其应用[J]. 测控技术, 2007, 26(4): 4-6.

[31] 姚利红. 基于 FPGA 的电力系统 GPS/北斗时间同步装置[D]. 济南: 山东大学, 2013.

[32] 陶源, 吴婷. 5G 高精度时间同步组网方案研究[J]. 邮电设计技术, 2021(1): 77-82.

[33] 蔚保国, 鲍亚川, 杨梦焕, 等. 通导一体化概念框架与关键技术研究进展[J]. 导航定位与授时, 2022, 9(2): 1-14.

[34] 树玉泉, 蔚保国, 彭欢, 等. 基于一体化表征公式的通导融合体系研究[J]. 河北工业科技, 2021, 38(6): 445-453.

[35] 胡煜华, 沈文超, 王振华. 5G 网络时间同步研究[J]. 电信工程技术与标准化, 2021, 34(8): 82-86.

[36] 王力军. 超高精度时间频率同步及其应用[J]. 物理, 2014, 43(6): 360-363.

[37] KELLY JACKSON HIGGINS. What happens if time gets hacked[EB]. Black Hat Europe 2021, 2021.

[38] FRERIS N M. Fundamental limits on synchronizing clocks over networks[C]//Proceedings of IEEE Transactions on Automatic Control. Piscataway: IEEE Press, 2011: 1352-1364.

[39] SUN K, NING P, WANG C. Secure and resilient clock synchronization in wireless sensor networks[C]//Proceedings of IEEE Journal on Sdected Areas in communications. Piscataway: IEEE Press, 2006: 395-408.

[40] SUN K, NING P, WANG C. Fault-tolerant cluster-wise clock synchronization for wireless sensor networks[J]. IEEE Transactions on Dependable and Secure Computing, 2005, 3(3): 258-271.

[41] EIDSON J, LEE K. IEEE 1588 standard for a precision clock synchronization protocol for networked measurement and control systems[C]//Proceedings of 2nd ISA/IEEE Sensors for Industry Conference. Piscataway: IEEE Press, 2002(10): 98–105.

[42] 张萌, 吕博. 量子增强安全时间同步协议研究[J]. 光通信研究, 2021, 4: 21-26.

第 2 章

时间统一基本概念、技术及方法

时间统一系统是为卫星导航、航天探测、天文观测等各类活动提供统一时间信号和频率信号的系统。时间统一系统的发展正在从地面系统向天地一体化信息网络的时间统一系统演进。本章在介绍时间统一系统的定义和基本模型等时间统一系统基本模型的基础上,给出了时间参考系统的 3 种基本结构,进而成体系地探讨了时间频率信号产生与分配、时间比对、时间播发、时间应用、授时监测等与时间统一系统相关的基本理论和技术体制,最后介绍了时间统一系统主要参数的测量方法。

|2.1 时间统一基本模型 |

时间统一系统简称时统，通常是指综合运用各类通用或专用的时间频率系统和装备，构建形成可提供高精度时间频率信号及信息支撑能力的时间频率系统，可为各类用时系统提供相应等级的时间频率服务。时间统一系统一般由标准时间的产生与保持、时间比对、时间播发、时间应用以及授时监测等核心子系统构成，是一个由守时、授时、用户、基础技术和性能保障等相互关联的要素构成的有机整体。

时间统一基本模型如图 2-1 所示，包括时间建立与产生系统、授时系统、用时系统、授时监测系统。

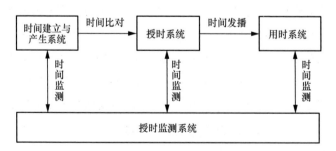

图 2-1 时间统一基本模型

时间建立与产生系统实现标准时间的产生与保持，旨在形成一个高精度、高可用的时间频率参考，一般由高精度原子钟、相位比对设备、频率测量设备、时间综合软件、环境保持设备等构成。

授时系统实现将时间参考保持的标准时间以某种体制播发出去，主要由相应体制的时间播发装备和环境保持设备构成。

用时系统在时间应用端实现对标准时间的接收和恢复，主要由各类标准时间接收终端、模块等构成。

授时监测系统实现对时间统一系统各组成部分运行状况的监测和管理，主要由相应体制的标准时间监测设备构成。

|2.2　时间频率系统基本结构|

时间频率系统基本结构按照时间的维持及传递方式可分为 3 类：集中式、分布式、集中—分布式。

2.2.1　集中式

集中式时间频率系统结构由位于中心节点的时间频率系统集中产生整个系统的时间频率信号，位于各分节点的用时系统直接依靠中心节点传递过来的时间频率信号工作，各分节点不必配备高精度的本地时间频率信号生成设备，且各分节点相互独立。从拓扑结构的角度来看，集中式时间频率系统结构大多是星形结构，一种常见的集中式时间频率系统结构如图 2-2 所示。

在图 2-2 中，中心节点生成整个系统所需的全部时间频率信号，再把生成的信号传输给分节点 1，分节点 2，…，分节点 n 等分节点；各分节点之间不存在直接的连接关系。

集中式时间频率系统结构已在许多用时系统中得到了广泛应用，具有以下特点。

（1）时间频率系统以中心节点为中心向四周辐射，中心节点与分节点之间通过独立链路相连，是点对点的连接。

（2）各分节点相互独立，分节点之间不会相互影响。

（3）当时间频率系统规模较小时，系统功能易于升级和扩容，业务适应性较强。

（4）只需要在中心节点配备高精度的时间频率信号生成设备，成本较低。

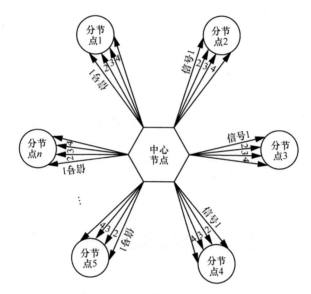

图 2-2　集中式时间频率系统结构

集中式时间频率系统结构具有以下局限性。

（1）中心节点功能过于集中、信号种类繁多、传输电缆繁杂，中心节点的复杂度高。

（2）一旦中心节点发生故障，各分节点都将受到相应的影响，甚至无法工作，系统的可靠性和鲁棒性不足。

（3）当中心节点崩溃时，各分节点在中心节点的修复过程中都无法工作，且中心节点的快速恢复能力不足。

（4）中心节点输出的时间频率信号的传输距离有限，各分节点在物理空间上的布局范围受到一定的限制。

（5）当时间频率系统规模较大时，系统进一步扩展和升级的能力受限。

2.2.2　分布式

分布式时间频率系统结构是指位于各节点的用时系统都配有本地的时间频率生成设备，各节点之间存在直接或间接的相互联系，也存在时间、频率、相位等重要参数的比对，通过比对结果的交互，实现并维持各自时间频率的相对稳定性。从拓扑结构的角度来看，分布式时间频率系统结构可以是总线结构，也可以是树形结构，还可以是环形结构，或是不同结构的组合，一种常见的分布式时间频率系统结构如图 2-3 所示。

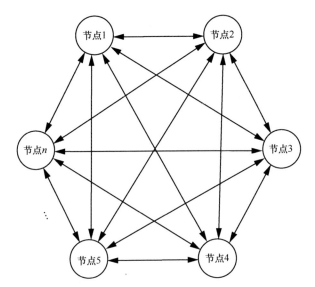

图 2-3　分布式时间频率系统结构

在图 2-3 中，无中心节点和分节点的区分，各用时系统同时也是时间频率信号的生成节点，一般各节点之间存在直接或间接的连接关系，各节点共同维护一个统一的纸面时参考。

分布式时间频率系统结构已经得到了广泛应用，它具有以下特点。

（1）各节点拥有本地的时间频率参考，当一个节点发生故障时，其他节点依靠本地时间频率设备仍可以独立工作一定的时间,各节点都具有一定的自主运行能力，为系统的修复赢得了宝贵的时间，使系统具有较好的可靠性。

（2）各节点之间的连接关系丰富，存在许多点对点的连接，当一个节点发生故障时，其他节点几乎不受影响，大大保证了整个系统的鲁棒性。

（3）如果要向已经存在的系统插入一个新节点，只需要建立该节点与邻近诸节点之间时间频率设备的连接，使系统具有强大的可扩展性。

（4）当一个节点的时间频率设备崩溃时，与其存在连接关系的诸节点都可以为该节点时间频率的快速恢复提供支持。

分布式时间频率系统结构具有以下局限性。

（1）各个节点都需要配备高精度的时间频率生成设备、比对设备和同步设备，大大增加了系统的成本，制约了分布式时间频率系统在工程中的应用。

（2）节点之间的连接关系较多，节点之间的比对关系复杂，各节点的数据处理量较大，增加了系统的复杂度。

（3）间接连接的节点之间的同步水平存在一定程度的下降，是导致整个系统时间频率同步精度下降的主要因素。

2.2.3　集中—分布式

考虑集中式时间频率系统结构和分布式时间频率系统结构的特点和局限性，集中—分布式时间频率系统结构是指由位于中心节点的时间频率系统集中产生整个系统的时间频率参考信号，位于各分节点的用时系统以中心节点传递过来的时间频率基准为参考，生成本地所需要的全部时间频率信号；对时间频率信号的连续性和稳健性要求苛刻的分节点需要配备本地时间频率参考，且与中心节点及分节点时间频率参考建立连接；对时间频率的连续性和稳健性要求相对宽松的分节点可不配备时间频率源，仅对中心节点传递过来的参考信号进行性能提升和分路就可直接使用。从拓扑结构的角度来看，集中—分布式时间频率系统结构是星形结构与环形结构的结合体，或是多种结构的结合体，集中—分布式时间频率系统结构如图 2-4 所示。

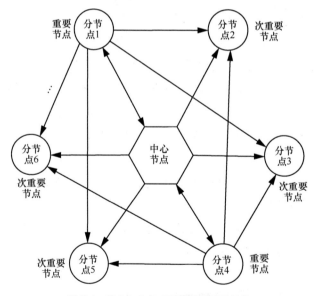

图 2-4　集中—分布式时间频率系统结构

在图 2-4 中，中心节点是原子钟组，生成整个系统的时间频率参考信号；分节点 1 和分节点 4 是重要节点，需要配备原子钟和时间频率信号生成设备；分节点 2、分节点 3、分节点 5 和分节点 6 是次重要节点，不需要配备原子钟和时间频率信号生成设备。中心节点和重要节点之间的连接关系是双向的；其余连接关系是单向的。

集中—分布式时间频率系统结构具有以下特点。

（1）既有中心时间频率系统，又有重要分节点的本地时间频率系统。

（2）中心时间频率系统为整个系统提供统一的时间频率参考，分节点联合实现中心时间频率系统崩溃后整个时间频率系统的自主运行。

（3）既减轻了中心节点的压力，降低了中心节点的复杂度，又增强了整个系统的可靠性。

（4）在中心时间频率系统崩溃后，配有本地时间频率系统的重要分节点可以自主运行，同时可以把本地时间频率信号传输给邻近的分节点，使系统具有较好的稳定性。

（5）当中心时间频率系统需要恢复时，分节点时间频率系统可以辅助实现中心时间频率系统的快速恢复。

（6）如果要向已经存在的系统插入一个新节点，可以通过建立该节点与中心节点及邻近诸节点之间时间频率系统的连接来实现，使时间频率系统具有强大的可扩展性。

（7）相对于集中式结构成本有所增加，相对于分布式结构成本有所降低。

| 2.3 时间建立与产生技术 |

时间建立与产生技术是指与时间频率信号的产生与分配等相关的基础技术。

2.3.1 时间建立技术

为了保持时间尺度的准确、连续并且时间单位尽可能接近国际单位制秒，需要对位于本地或异地的多台原子钟根据各个原子钟的时间计算出标准时间，也就是原子时算法。

原子时算法也可以认为是一种噪声模型，是关于整个原子钟组的噪声模型，是时间建立技术的关键算法。实际上，对原子时而言，算法就是调整原子钟之间的相互关系。每一种相互关系都代表着不同物理过程的不同实现，研究原子时算法的目的，就是选择或构造一种物理过程，使算法的不确定性最小、稳定度最高。原子时算法的理论基础是原子钟的噪声模型。原子钟之间的相互关系，实际上就是它们之间的噪声关系，通过各自的噪声系数反映到算法中。这样，原子时算法就是原子钟噪声的某种组合。总噪声模型是各种噪声在数学上的体现。

合理的加权平均算法应根据最新的钟差观测数据和前期历史数据进行综合衡量，既保证综合时间尺度在相位、频率上的连续稳定，又能反映出原子钟的性能变化。目前，最常见的综合原子时算法为 ALGOS 算法和 Kalman 滤波算法。

1. ALGOS 算法

对于 N 台原子钟组成的守时钟组，设 EAL 为 TA(t)，则有

$$TA(t) = \sum_{i=1}^{N} w_i(t)(h_i(t) - h_i'(t)) \tag{2-1}$$

其中，$w_i(t)$ 为原子钟 i 在 t 时刻的权重，有 $\sum_{i=1}^{N} w_i = 1$ 成立。$h_i(t)$ 为 i 在 t 时刻的钟面时，$h_i'(t)$ 则是钟 i 的时间改正数，时间改正数的目的在于保持综合原子时在原子钟加权值变化和加减钟情况下的连续性。且有

$$\begin{cases} w_i(t) = P_i / \sum_{j=1}^{N} P_j, P_i = \dfrac{1}{\sigma_i^2} \\ x_i(t) = TA(t) = h(t) \\ h_i'(t) = x_i(t_0) + y_i'(t)(t - t_0) \end{cases} \tag{2-2}$$

其中，σ_i^2 为稳定度方差，$x_i(t)$ 为原子钟 i 在 t 时刻与综合原子时的钟差。预报频率 $y_i'(t)$ 取前一计算间隔内 7 个数据点的梯度，以尽量避免异常数据对计算产生不利影响。时刻值 t 满足

$$t = t_0 + mT/6(m = 0,1,\cdots,6, T = 30\text{day}) \tag{2-3}$$

考虑到实际观测量为 $X_{ij}(t) = x_i(t) - x_j(t)$，因此原子时的实用计算式为

$$\begin{cases} X_{ij}(t) = h_i(t) - h_j(t) \quad i = 1,2,\cdots,N, i \neq j \\ X_j(t) = \sum_{i=1}^{N} w_i(t)(X_{ij}(t) - h_i'(t)) \\ h_i'(t) = x_i(t_0) + y_i'(t)(t - t_0) \end{cases} \tag{2-4}$$

由于计算周期为 30 天，计算中的主导噪声为随机游走噪声，频率预报值 $y_i'(t)$ 的计算结果采用上一个计算段的频率值，在 t_0 时刻的预报频率为前一区间 (t_0-T, t_0) 内 7 个观测点数据的梯度。实际上，$y_i'(t)$ 的最佳计算式为

$$y_i'(t) = y_i(t_0) = \frac{x_i(t_0 - T) - x_i(t_0)}{T} \tag{2-5}$$

但是由于观测数据中存在异常观测的风险，因此计算采用最小二乘法。

2. Kalman 滤波算法

Kalman 滤波器是一种向量型信号处理器，能够处理钟组内的所有成员向量，这些量除了包括钟的时刻差，还包括钟相对于频标的频率差和频率漂移。相比其他算法，Kalman 滤波更能体现噪声特性。对于实验室内由 n 台原子钟组成的守时钟组，可依次给出钟组成员 1～n 的状态序列，采用三态钟差模型给出滤波的状态矢量

$$[x_1, y_1, z_1, \cdots, x_n, y_n, z_n]^{\mathrm{T}} \tag{2-6}$$

其中，x_i、y_i、z_i 分别代表原子钟 i 的钟差、频率偏差和频率漂移。对状态矢量做简化表述为

$$X = \begin{bmatrix} x \\ y \end{bmatrix} \tag{2-7}$$

其中，时间偏差矢量 $x = [x_1, x_2, \cdots, x_n]^{\mathrm{T}}$，$y$ 矢量则包含了原子钟的其他所有状态。对于三态钟差模型，$y = [y_1, y_2, \cdots, y_n, z_1, z_2, \cdots, z_n]^{\mathrm{T}}$。依照变量类型顺序排列的状态矢量易于理解，但实际计算中并非必须遵循这一顺序建立状态矢量。

设有 n 台钟，均满足模型

$$\begin{bmatrix} x_i(k+1) \\ y_i(k+1) \end{bmatrix} = \begin{bmatrix} 1 & T \\ 0 & 1 \end{bmatrix} \begin{bmatrix} x_i(k) \\ y_i(k) \end{bmatrix} + \begin{bmatrix} \varepsilon_i(k) \\ \eta_i(k) \end{bmatrix} \tag{2-8}$$

且噪声 $\varepsilon_i(k)$ 和 $\eta_i(k)$ 的方差满足

$$Q_i = \begin{bmatrix} E_i & 0 \\ 0 & H_i \end{bmatrix} \tag{2-9}$$

通过对原子钟组的连续观测，得到对应于时标的一系列钟差观测值，则钟组的动态模型为

$$X(k+1) = \boldsymbol{\Phi} X(k) + W(k) \tag{2-10}$$

此处有

$$X(k) = \begin{bmatrix} x_1(k) \\ y_1(k) \\ \vdots \\ x_n(k) \\ y_n(k) \end{bmatrix}, \Phi = \begin{bmatrix} 1 & T & & & \\ 1 & 0 & & & \\ & \vdots & & & \\ & & & 1 & T \\ & & & 1 & 0 \end{bmatrix}, W(k) = \begin{bmatrix} \varepsilon_1(k) \\ \eta_1(k) \\ \vdots \\ \varepsilon_n(k) \\ \eta_n(k) \end{bmatrix} \qquad (2\text{-}11)$$

$$Q = \begin{bmatrix} E_1 & 0 & & & \\ 0 & H_1 & & & \\ & & \ddots & & \\ & & & E_n & 0 \\ & & & 0 & H_n \end{bmatrix} \qquad (2\text{-}12)$$

若量测噪声 $V(k)=0$，则量测方程为

$$Z(k) = HX(k) + v(t) \qquad (2\text{-}13)$$

当引入观测值后，其中一台钟被设定为参考钟，其他钟与该时钟的钟差作为观测量引入矩阵，从而得到 $n-1$ 行的观测系数矩阵。从矩阵 H 中可以判断哪台钟为参考钟，若第一台钟为参考钟，则矩阵 H 为

$$H = \begin{bmatrix} 1 & 0 & -1 & \cdots & 0 & 0 & 0 & 0 \\ 1 & 0 & 0 & 0 & -1 & 0 & 0 & 0 \\ & & & \vdots & & & & \\ 1 & 0 & 0 & 0 & 0 & \cdots & -1 & 0 \end{bmatrix}_{(n-1)\times n} \qquad (2\text{-}14)$$

而量测误差矩阵为 $v(t)$，在钟差测量中这一误差非常之小，根据测量设备的电气特性可以假定观测误差的标准方差为已知。R 为 $v(t)$ 的协方差阵，其对角线元素代表观测误差的方差，尽管方差很小，但 R 矩阵的存在还是增加了数值计算的稳定性。

Kalman 滤波的状态一步预测方程为

$$\hat{X}(k+1/k) = \Phi \hat{X}(k) \qquad (2\text{-}15)$$

状态估值计算方程为

$$\hat{X}(k+1/k+1) = \hat{X}(k+1/k) + K[Z(k+1) - H\hat{X}(k+1/k)] \qquad (2\text{-}16)$$

滤波增益方程为

$$K = P(k+1/k)H^{\mathrm{T}}[HP(k+1/k)H^{\mathrm{T}} + R]^{-1} \qquad (2\text{-}17)$$

一步预测均方误差为

$$P(k+1/k) = \boldsymbol{\varPhi} P(k/k) \boldsymbol{\varPhi}^{\mathrm{T}} + \boldsymbol{Q} \qquad (2\text{-}18)$$

时间尺度定义为

$$T_s(t) = T_1(t) - \hat{x}_1(k/k) \qquad (2\text{-}19)$$

其中，$\hat{x}_1(k/k)$ 表示在 t 时刻对 $x_1(k)$ 所做的 Kalman 估计，事实上，如果量测噪声为 0，以原子钟 1 为参考钟和以其他原子钟为参考钟的时间尺度计算结果是一致的，即

$$x_1(k) - \hat{x}_1(k/k) = x_2(k) - \hat{x}_2(k/k) \qquad (2\text{-}20)$$

2.3.2　时间频率信号产生与分配

通过综合原子时计算可以得到系统纸面时，而纸面时仅仅是一个计算值，并不是实实在在的物理信号，也就不能直接为用户提供时间频率信号服务，因此有必要通过时间频率信号产生技术生成在定时时刻上与系统纸面时无限接近的系统时间频率信号。

时间频率信号的产生，一方面是生成与系统纸面时无限逼近的高稳、高精度的时间频率信号，另一方面是通过主备链路、甚至是多备用链路的交叉互联，极大地提升系统运行过程中的可靠性以及部分链路出现故障情况下的不间断工作能力和可维护性。时间频率信号的产生主要基于微跃计、时间频率信号产生器等设备在系统的统一控制下实现。

时间频率信号的分配一方面是将系统产生的时间频率信号分配为更多的支路并传递给各级用户，另一方面是最大限度地保持系统时间频率信号的定时准确性和信号的路间一致性。时间频率信号的分配主要基于频率信号分配器、脉冲信号分配器、时码信号分配器等设备在系统的统一控制下实现。

时间频率信号的产生与分配主要由相关的时间频率设备通过互联协同运行实现，一般由原子钟组、相位微跃计、时间频率信号产生器、频率信号分配器、脉冲信号分配器、时码信号分配器等基础时频设备构成，时间频率信号的产生与分配如图 2-5 所示。

原子时的综合将本地多台原子钟的比对数据和天地一体的其他异地原子钟比对数据进行综合，可以实现系统纸面时的建立；基于该纸面时计算结果和时间频率系统的相位微跃计对主钟信号进行频率驾驭，确保主钟输出信号与纸面时的高度一致；主钟输出的时间频率信号传递给时间频率信号产生器，时间频率信号产生器产生所需的 10MHz、10.23MHz 信号等频率信号，1PPS（秒脉冲）信号，IRIG-B 时码信号，NTP 信号等。

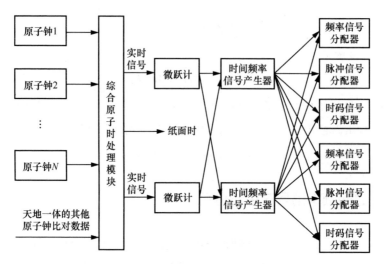

图 2-5　时间频率信号的产生与分配

　　后续的多种类型的频率信号分配器、脉冲信号分配器、时码信号分配器可以通过多级级联实现更多路数的信号分配与传输，也可以通过电光-光电转换实现远距离的时间频率信号的传输与分配。频率信号分配器主要实现 10MHz、10.23MHz、50MHz、100MHz 或其他频率的频率信号的多路分配与传输，其基本要求是输出的多路频率信号具有较好的谐波抑制、低相位噪声和良好的路间一致性；脉冲信号分配器主要实现 1PPS、10M PPS 或其他类型脉冲信号的多路分配与传输，其基本要求是输出的多路脉冲信号具有陡峭的上升/下降边沿、较小的信号抖动、较小的峰值过冲以及良好的路间一致性；时码信号分配器主要实现 IRIG-B 时间码、ToD 信号、PTP 信号或其他类型时间码信号的多路分配与传输，其基本要求是输出的多路时间码信号定时准确、路间一致性良好。

　　上述结构通过配置主备设备以及交叉连接，可大幅提升系统可靠性和可维护性。一方面在系统自动检测到部分链路或设备故障时，通过自动切换链路或设备保持系统的连续运行能力，因此具有良好的可靠性；另一方面在对故障链路或设备进行维修时，系统可继续保持在线运行，因此具有良好的可维护性。图 2-5 主用链路和备用链路输出的时间频率信号交叉送给后续的主用和备用时间频率信号产生器，可以大幅提升系统的可靠性和可维护性；同理主用和备用时间频率信号产生器输出的时间频率信号交叉送给主用和备用的频率信号分配器、脉冲信号分配器、时码信号分配器，也可大幅提升系统的可靠性和可维护性。

| 2.4　时间比对技术 |

时间比对[1]指守时系统将本地保持的时间向更高精度的时间基准进行同步的技术体制，实现本地时间参考向更高等级的时间基准或标准时间的溯源，常用时间比对技术体制包括 GNSS 共视时间比对、卫星双向时间比对、光纤双向时间比对。

2.4.1　GNSS 共视时间比对

GNSS 共视时间比对[2-4]是指地面站之间通过共视 GNSS 卫星进行时间比对，利用两地的钟差数据进行精确对时从而实现精密时间比对的技术体制。GNSS 共视时间比对系统用于进行远距离的时间比对，典型 GNSS 共视时间比对系统由中心站 GNSS 共视时间比对设备、外场站 GNSS 共视时间比对设备组成，如图 2-6 所示。

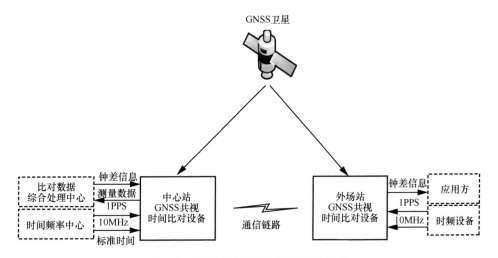

图 2-6　GNSS 共视时间比对系统基本组成

中心站 GNSS 共视时间比对设备将中心站、外场站 GNSS 共视时间比对设备的时间比对测量数据上报比对数据综合处理中心，比对数据综合处理中心计算得到钟差信息，并发布给中心站 GNSS 共视时间比对设备与外场站 GNSS 共视时间比对设备。

此外，GNSS 共视时间比对系统应定期进行校准以减小系统不确定度；GNSS 共视时间比对设备的工作环境应保持稳定以保证设备的性能稳定，场地位置应考虑供电、供水、交通方便，避开易燃易爆物品场所，远离强电场、强噪声、强振源等的影响；GNSS 共视时间比对天线布放位置的周围应开阔无遮挡。

2.4.2　卫星双向时间比对

卫星双向时间比对是指地面站之间通过转发式卫星进行双向时间比对，利用双向链路的共模特性消除共模误差从而实现站间精密时间同步的技术体制。卫星双向时间比对系统[5-7]一般由地面站（包括中心站和外场站）、地球静止轨道（Geostationary Earth Orbit，GEO）卫星组成，如图 2-7 所示。

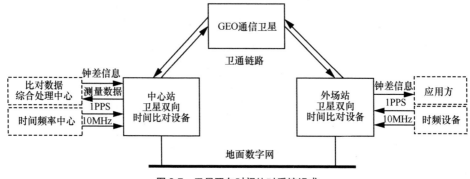

图 2-7　卫星双向时间比对系统组成

图 2-7 中，外场站将观测量发送到中心站，中心站将中心站和外场站的时间比对数据上报给比对数据综合处理中心，比对数据综合处理中心计算得到钟差信息，并通过外场站卫星双向时间比对设备发布给应用方。

此外，卫星双向时间比对系统应定期进行校准以减小系统不确定度；卫星双向时间比对设备的工作环境应保持稳定以保证设备的性能稳定，场地位置应考虑供电、供水、交通方便，避开易燃易爆物品场所，远离强电场、强噪声、强振源等影响。

2.4.3　光纤双向时间比对

光纤双向时间比对[8-13]是指地面站之间通过光纤链路进行双向时间比对，利用双向链路的共模特性消除共模误差，从而实现站间精密时间比对的技术体制。光纤双向时间比对系统采用光纤双向时间比对技术，基本模型如图 2-8 所示，由中心站光纤时间比对设备、光纤、外场站光纤时间比对设备组成。

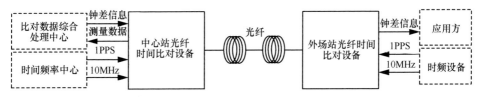

图 2-8　光纤双向时间比对系统基本模型

中心站光纤时间比对设备通过与外场站光纤时间比对设备进行时间比对测量，将中心站、外场站的时间比对测量数据上报给比对数据综合处理中心，比对数据综合处理中心计算得到钟差信息，并通过外场站光纤时间比对设备发布给应用方。

此外，光纤双向时间比对系统应定期进行校准以减小系统不确定度；光纤双向时间比对设备的工作环境应保持稳定以保证设备的性能稳定，场地位置应考虑供电、供水、交通方便，避开易燃易爆物品场所，远离强电场、强噪声、强振源等的影响。

| 2.5　授时技术 |

授时一般是指采用广域覆盖的技术体制向广大用户提供授时服务，主要包括卫星授时、长/短波授时、网络授时。

2.5.1　卫星授时

卫星授时[14-15]是指利用导航卫星播发导航信号，为用户提供精密星基无线电授时服务的技术体制。卫星授时是实现时间播发的一种重要手段，是目前精度最高、覆盖范围最广的广域时间播发手段。

全球卫星导航系统是较为成熟的卫星授时系统，主要包括美国全球定位系统（Global Positioning System，GPS）、中国北斗卫星导航系统（BeiDou Navigation Satellite System，BDS）、俄罗斯格洛纳斯导航卫星系统（Global Navigation Satellite System，GLONASS）以及欧盟伽利略导航卫星系统（Galileo Navigation Satellite System，Galileo）。

卫星授时应用主要是基于 GNSS 导航卫星的授时应用，常见的 GNSS 授时应用包括 GNSS 单向授时法和 GNSS 载波相位法。

1. GNSS 单向授时法

GNSS 单向授时法分为多星授时和单星授时两种方式。其中，多星授时中的授时功能是与定位功能联合处理的，具体方式为接收机同时接收多颗卫星扩频信号并获得多个伪距测量值，获得实时卫星星历，通过导航定位方程解算得到用户位置信息和本地钟差信息，接收机再通过计算 GNSS 系统时与 UTC 时之差，将接收机时间同步到 UTC 上，完成对接收机的实时授时功能。若用户位置已知，接收机只需获得一颗卫星的精确星历和伪距测量值，就可将接收机时间系统溯源到 UTC 上完成授时功能，这就是单星授时。

2. GNSS 载波相位法

GNSS 载波相位法是近年来发展起来的 GNSS 精密时间统一的方法。GNSS 单向授时法利用 GNSS 伪码信号导出伪距，如果利用 GNSS 信号的载波相位可以获得精度更高的伪距测量值。GNSS 载波相位法中的主要误差源包括：预报星历轨道参数偏差、大气层影响偏差、固体潮时延偏差、接收机硬件时延误差、接收机天线相位中心偏差、多径信号误差等。

针对以上误差主要采取的修正方法为：利用 IGS 提供的 Rapid 精密星历解决卫星轨道参数偏差；对流层时延在比较分析的基础上可采用 IGS 测站的数据进行改正，电离层时延可采用双频载波伪距测量组合实测得到；固体潮时延偏差用经典的模型计算改正；而对接收机硬件时延的精密校准主要采用差分校准方法和利用 GNSS 信号模拟器；接收机天线相位中心偏差用查表法改正；减小多径信号误差则可采用扼流圈天线、相控阵列天线等硬件技术，也可通过接收信号参数估计完成。

2.5.2　长/短波授时

长/短波授时是指利用陆基无线电发射系统播发长波无线电授时信号，为用户提供陆基无线电长/短波授时服务的技术体制。陆基无线电长/短波授时是一种有效的实现时间基准传递的手段，作为星基无线电授时的补充手段，可有效提升时空基准服务的可靠性。

较为成熟的长波授时系统包括罗兰–C 授时系统、长河二号系统、长短波授时系统等。长波授时系统可提供绝对二维位置（经度、纬度）和时间信息。长波授时应用的基本原理是精确测量电波传播的时间，这就要求发射台要具备稳定可靠的时频参考；同时，发射载波的传播要稳定并可以预测。例如，某长波系统采用 100kHz 低频载波的脉冲发射，其信号的地波传播相位稳定，对于已知物理特性的传播路径，传播时延具有高精度的可预测性。所以，该系统可以在不影响导航功能的前提下同时实现精密授时。该授时系统采用 Eurofix 技术，在信号中附加播发时间信息，这样，在每个时间信息帧都有 1 个特定发射脉冲时刻（TOT）标定时间信息，而且用户终端可以得到对应该特定 TOT 的 GTP（触发脉冲信号）脉冲，因此该系统可实现自主授时。某长波系统高精度授时监测原理如图 2-9 所示，假定利用该系统的主台进行授时。

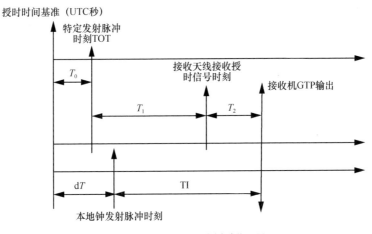

图 2-9　某长波系统高精度授时监测原理

T_0 是该长波系统主台发射时间（TOT）与授时参考时间之间的时间偏差，该值大小取决于授时系统对定时发射的控制精度，认为它是已知的。T_1 是授时信号从该长波系统主台发射天线到用户接收机天线的传输时间，对于已知本身地理位置的用户，该时间是可以预先知道的。T_2 是授时信号在用户接收系统内的时延，包括接收天线、耦合器、电缆和接收机通道对接收信号的总时延，该时间也是已知的。如果能够测出本地钟秒信号与定时接收机输出（GTP）之间的时间间隔 TI，用户就可以确定本地钟的钟差 $dT=(T_0+T_1+T_2)-TI$，完成授时监测。

短波授时是指通过波长在 100～10m（频率在 3～30MHz）的无线电进行授时的服务。利用短波时间信号（简称时号）进行时频传递与校准是一种廉价而方便的方法，对于要求同步偏差在 1ms 量级的用户特别有利。同时对于某些高准确度同步要求的用户，作为粗（初）同步方法也是必不可少的。短波授时的基本方法是由无线电台发播时间信号，用户用无线电接收机接收时号，然后进行本地对时。我国目前有中国科学院国家授时中心的 BPM、中国科学院上海天文台的 XSG（每天世界时 3h、9h 前后发播几分钟，主要为附近航海者服务）以及台湾省的 BSF（每天世界时 1h～9h 发播）。中国科学院国家授时中心的短波电台用 2.5MHz、5MHz、10MHz、15MHz 频率全天连续发播我国短波无线电时号，呼号为 BPM。短波授时信号覆盖半径超过 3000km，用不同频率交替发播结合覆盖全国疆域。定时精度为 ms 量级。理论上，拥有短波无线电接收机的用户，在任何地方任何时刻都可以收到至少一个频率的 BPM 时号，不过短波授时因电离层扰动等因素，信号有时会受到干扰。短波授时的精度为 1～3ms，可为航海、航空、科学实验等行业提供标准时间服务。

2.5.3　网络授时

网络授时是指利用有线网络进行时间播发，为用户提供网络时间协议（Network Time Protocol，NTP）和精确网络时间协议（Precise Time Protocol，PTP）时间服务的技术体制。有线网授时作为一种不易被干扰的时间播发手段，在各类信息系统中发挥着越来越重要的作用。

目前，在网络授时应用领域较为广泛的应用为 PTP 网络授时应用与 NTP 网络授时应用[16-18]。PTP 与 NTP 授时应用对比见表 2-1。

表 2-1　PTP 与 NTP 授时应用对比

项目	PTP（IEEE1588）	NTP
空间授时范围	几个子网络	宽阔地域
通信介质	网络	因特网
时间同步精度	亚微秒级别	毫秒级别
模式	主从结构	平等
更新周期	大约 1s	由客户端决定（一般为 1s）
硬件	为提高精度需要硬件支持	不需要硬件支持

由表 2-1 可知，虽然 PTP 具有系统复杂程度高、需要硬件支持、需要网络设备

支持等弱点，但 PTP 以其远高于 NTP 几个数量级的时钟同步精度而得到越来越广泛的应用。

PTP（IEEE1588 协议），即网络测量和控制系统的精确时钟同步协议标准，其基本思路是通过硬件和软件的紧密耦合实现网络设备（客户机）内时钟与主控机主时钟的同步，从而实现亚微秒级的时间同步精度。在协议起草过程中主要参考以太网来编制，主要应用于以太网内的设备时钟同步，但并不局限于以太网，在其他网络内同样可以实现时钟同步的功能。

PTP 网络时间比对技术的基本原理是主从时钟之间周期性交换带有时间戳（Time Stamp，TS，信息包发出或进入设备的本地时钟时间）的报文，从时钟由时间戳信息计算出主从时钟的钟差与路径时延，从而校正从设备时钟时间。PTP 基本原理如图 2-10 所示。

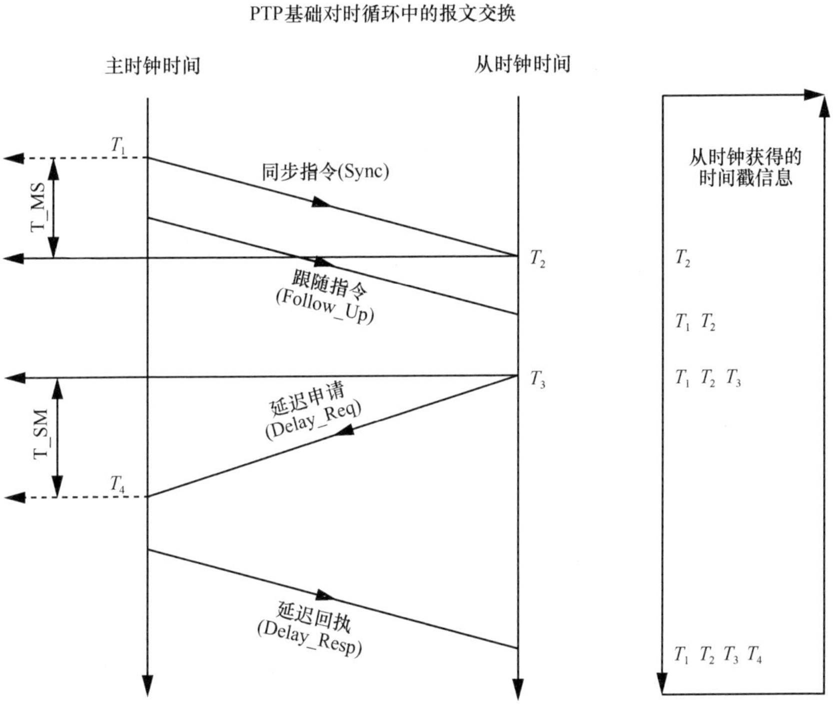

PTP基础对时循环中的报文交换

主时钟时间　　　　　　　　　　从时钟时间

T_1

T_MS

同步指令(Sync)

T_2

跟随指令
(Follow_Up)

T_3

延迟申请
(Delay_Req)

T_SM

T_4

延迟回执
(Delay_Resp)

从时钟获得的
时间戳信息

T_2

T_1 T_2

T_1 T_2 T_3

T_1 T_2 T_3 T_4

图 2-10　PTP 基本原理

一个对时循环结束后，从时钟便获取了 T_1、T_2、T_3、T_4 共 4 个时间信息，假设通信信道为对等信道，即 T_MS（主端口到从端口信道时延）与 T_SM（从端口到

主端口信道时延）相等

$$delay = T\_MS = T\_SM \qquad （2\text{-}21）$$

主从时钟钟差为

$$offset = T_2 - T_1 - delay \qquad （2\text{-}22）$$

主从时钟路径时延为

$$delay = \frac{T_4 - T_1 - (T_3 - T_2)}{2} \qquad （2\text{-}23）$$

由式（2-22）和式（2-23）即可求得主从时钟钟差 offset 、主从时钟路径延迟 delay ，从时钟按 offset 修正完成一次同步循环。

如式（2-21）、式（2-22）和式（2-23）所示，高精度网络时间比对技术的关键在于准确、稳定地获取 PTP 对时报文的时间戳信息，时间频率同步网络授时监测子系统使用位于物理层（Physical Layer，PHY）与介质访问控制（Medium Access Control，MAC）层间的高精度时间戳，去除处理器处理时延、软件系统处理顺序等因素对时间戳准确度的影响，实现了稳定的 PTP 时间戳获取。

|2.6 授时监测 |

授时监测一般是指通过监测标准时间的保持、播发、应用链路，对标准时间的完好性进行评估的技术体制。

2.6.1 GNSS 授时监测

GNSS 授时监测通常是指对北斗、GPS、Galileo、GLONASS 等卫星导航系统的授时监测，在我国主要指北斗-RNSS 授时监测和北斗-RDSS 授时监测。

1. 北斗 RNSS 授时监测

我国的北斗卫星无线电导航服务（Radio Navigation Service of Satellite，RNSS）授时监测需要重点关注授时过程中产生的每项误差及其产生的原因，卫星授时主要由伪距测量和载波测量实现，主要误差项包括：与卫星有关的误差、与卫星信号传播有关的误差、与接收机测量有关的误差。

（1）卫星星钟误差修正

卫星星钟误差是导航信号中的一项基本误差，其特性参数在卫星星历中播发，授时监测接收机通过导航电文解析获得卫星星钟误差并进行修正。

（2）相对论效应修正

卫星在地球上空高速飞行时会引起相对论误差，第一种是由卫星和用户之间的重力势差引起的，第二种是由用户速度差引起的，速度是相对于一个固定的地心惯性系来确定的。这两种影响的产生与用户在地球上的位置有关，为了保证时间统一精度能够达到纳秒级的精度，必须按照相对论效应修正模型进行影响修正。

（3）电离层误差修正

电离层误差是由信号从卫星传播到用户的通路上累积的自由电子和正离子引起的，这种延迟效应与天顶电离层的性质和观察的仰角相关，天顶电离层的性质又与用户的地理经度、纬度及白天或黑夜的时间紧密相关，并且没有精确的预测模型。对于监测型授时接收机，可以通过双频测量来消除电离层传输延迟。

（4）对流层误差修正

对流层误差是指在信号传播空间中的水蒸气和其他大气成分引起的传播延迟，对流层延迟和频率无关，与观测站仰角和用户的高度关系密切，同电离层误差的影响相比，对流层误差的影响会小一个数量级。卫星不发送能够修正对流层误差的任何数据，这一延迟可以利用海平面上简单的大气测量（温度、压力和水蒸气）进行预测，通过误差模型修正。对流层误差造成的延迟取决于信号路径中空气的折射率，而折射率由空气密度决定，空气密度可以用干空气密度和湿空气密度的和来表示，与气压和温度有关。对于 5°以上的观测站仰角不会产生过大的剩余误差。预测干空气部分占全部对流层误差的 80%～90%，在实际中可以按照修正模型进行修正。

常用的对流层修正模型有霍普菲尔德（Hopfield）模型和萨斯塔莫宁（Saastamoinen）模型。为减少对流层延迟对授时精度的影响，可以采取以下措施。

① 利用两个基站进行差分测量，利用同步观测量求差，减弱甚至消除大气层折射误差。

② 利用观测站附近实测的地区气象资料，完善对流层修正模型，可以减少 92%以上的对流层对电磁波延迟的影响，提高授时精度。

（5）多路径误差修正

由于卫星信号自高空向地面发射，接收机在接收到卫星发射的信号外，也可能接收到天线周边建筑物或者地面的一次或多次反射的卫星信号，这些信号叠加，就会引起测量误差。多路径误差取决于反射物距地面站的距离和反射系数，以及卫星信号的方向等条件的制约，无法建立准确的修正模型，但是可以通过采取有效的措施，尽量减少多路径效应的影响。可以从以下方面考虑。

① 接收机天线放置位置避免反射系数大的建筑物或光滑的硬地面。

② 选择造型适宜、屏蔽良好的高性能天线，如采用扼流圈天线等。

③ 改善接收机电路设计，降低多路径效应的影响。

2. 北斗 RDSS 授时监测

北斗卫星无线电定位服务（Radio Determination Service of Satellite，RDSS）高精度授时监测利用北斗 RDSS 卫星接收机复现的北斗时标信号和星历信息，合成授时秒信号。需要的基本输入为时标信号、星历信息、本地坐标和本地时钟。其中本地坐标是指接收机天线相位中心的坐标。要完成北斗 RDSS 高精度授时监测，需要对北斗 RDSS 授时信号在传递过程中的误差进行精确的测量及分析评估。

（1）单向授时的星历误差修正

通过广播离散点观测数据（卫星位置、卫星速度）更新每分钟出站电文，是保证模拟卫星参数精度的一种有效方法。为了保证模拟伪距的连续性和授时精度，可采用最小二乘多项式拟合法对观测数据进行拟合处理。

（2）双向授时的测距误差修正

RDSS 监测系统双向授时信号测量（包括伪距测量、载波测量等）采用统一的时基模块产生全局采样钟标志，以此来保证在同一时刻对所有通道的状态寄存器进行采样，从而能够保证伪距测量的准确性。同时，将采样后的寄存器数据分时被信息处理模块的微处理器读出，由于数据是在同一时刻采集到的，并没有引入时延偏差。这样可以保证监测接收机的内部误差尽量小，有效降低了引入的测距误差，从而可以有效保证授时监测精度。

2.6.2　长波授时监测

要实现高精度的长波授时监测，须完成低信噪下的周期识别、高精度载波相位跟踪、长波信号伪距测量、定位/授时的附加二次相位因子（Additional Secondary Phase Factor，ASPF）修正等。

（1）低信噪下的周期识别

周期识别是长波接收机能正确计算出时差的关键，对于长波信号，如果信号错一周将会对时差产生微秒量级的误差。而信号的包周差、信噪比、连续波干扰和天波干扰对周期识别的成功有显著的影响。

（2）高精度载波相位跟踪

通过对所有可能利用的采样数据进行计算和滤波处理，可成功地将长波接收机时差精度提高到几百纳秒的水平。

（3）长波信号伪距测量

选用高稳定度的时钟和处理单元可有效提升长波信号的伪距测量定时误差和测量误差。对于不同信号电平接收机通道延迟的变化，可通过接收机通道延迟的标定形成通道延迟修正数据库，从而可有效提升伪距测量精度。

（4）定位/授时的 ASPF 修正

长波授时精度受电波传播 ASPF 的影响很大，到目前为止，国际上还没有一个模型能够计算出准确的 ASPF 修正值，现在通常的做法是用理论模型加实测数据来估计 ASPF 的修正值，实测数据越多，估计的 ASPF 修正值越准确。可利用 ASPF 数据采集设备配合接收机一起使用，自动记录 ASPF 数据，事后定期收集 ASPF 数据采集设备采集的数据，统一处理后升级接收机 ASPF 数据库，可有效提高接收机定位/授时精度。

2.6.3　网络授时监测

网络授时监测是指通过对高精度时频同步网络的授时状态和授时精度进行监测的技术体制。

准确稳定的本地时间参考是授时监测系统监测评估外部输入时间信号精确度的基础，是授时监测系统各项监测功能实现的基础保证。

进行高精度时频同步网络授时监测时，首先需要将本地时间参考溯源至标准时间，而后通过与时频同步网络的接口与网内时间服务器进行数据交换，计算时间偏差，进一步扣除系统零值后即可获得时频同步网络的授时偏差。

时频同步网络授时监测系统通过接收外部输入的参考定时信号，同步本地时钟至外部参考定时信号，使用直接数字频率合成高精度同步系统内部频率信号，可以使其相位精确同步至外部输入的定时信号。

|2.7 性能指标及测量方法|

时间统一系统的性能指标测量是指基于科学合理的测试方法，利用多种时间频率测量仪器对时间统一系统的核心指标进行精确测量与评估的相关技术和方法。

2.7.1 频率准确度

（1）频率准确度定义

受到内在因素和外部环境因素的共同影响，时钟的实际输出频率在一定范围内变化。频率准确度[19]用来描述时钟的实际输出频率相对于其标称频率的偏差。

频率准确度可表示为

$$A = \frac{f - f_0}{f_0} \tag{2-24}$$

其中，A 为频率准确度，f 为被测时钟的实际频率，f_0 为其标称频率。

（2）频率准确度测量

频率准确度的测量可以利用时间间隔计数器对秒脉冲信号的边沿进行测量，通过对大量数据进行平滑处理，换算得到被测信号相对于参考信号的频率准确度；也可以利用比相仪对频率信号进行测量，通过对大量数据进行平滑处理，换算得到被测信号相对于参考信号的频率准确度。有些时间频率测量仪器也可以直接给出被测信号相对于参考信号的频率准确度。

实际测试中，往往不直接利用仪器对系统的频率准确度进行测量，而是通过对溯源链路数据进行平滑处理，进而换算得到本地综合得到的时间频率信号相对于溯源基准的频率准确度。

2.7.2 频率稳定度

（1）频率稳定度定义

频率稳定度[20]是对时钟输出频率受噪声影响而产生的随机起伏情况的量化描述。由于瞬时频率是无法测量的，因此，对频率稳定度的要求必须与相应的平滑时间（取样时间）同时提出。

对于原子钟的时域频率稳定度的表征的传统方法是标准方差，设一相对频率偏差序列为 $\{y_n, n=1,2,\cdots,M\}$，其采样周期为 τ_0，则标准方差的表达式为

$$S^2 = \frac{1}{M-1}\sum_{i=1}^{M}(y_i - \overline{y})^2 \tag{2-25}$$

标准方差是对原子钟的时域频率稳定度的一种简单测量方法，通过增加观测量个数来提高标准方差估计的置信度。但是研究表明原子钟不仅受白噪声影响，还受到低频分量丰富的调频闪变噪声和调频随机游走噪声的影响。对于平稳遍历过程，标准方差完全可以通过有限次测量得到，且测量次数越多，置信度越高。但对于不满足平稳遍历条件的能量谱噪声，标准方差的估计会随着采样个数的增加而发散，用标准方差来描述原子钟的稳定度是不准确的。

基于这种考虑，多种时域频率稳定度表征方法被提出，目前应用最为广泛的是阿伦（Allan）方差。广义 Allan 方差表达式为

$$\sigma^2(N,T,\tau)=\lim_{m\to\infty}\frac{1}{m}\sum_{j=1}^{m}\left[\frac{1}{N-1}\sum_{i=1}^{N}(y_i-\overline{y}_N)^2\right],\quad \overline{y}_N=\frac{1}{N}\sum_{i=1}^{N}y_i \tag{2-26}$$

其中，N 为采样个数，T 为采样周期，τ 为采样时间，m 为测量组数。

广义 Allan 方差与采样个数、采样周期和采样时间 3 个参数有关。

为了简化频率稳定度的测量，又进一步引入了狭义 Allan 方差。令 $N=2$，$T=\tau$，得到狭义 Allan 方差定义式为

$$\sigma_y^2(\tau) = \lim_{x\to\infty}\frac{1}{2m}\sum_{i=1}^{m}(y_{i+1}-y_i)^2 \tag{2-27}$$

在实际应用中，狭义 Allan 方差的估计式为

$$\sigma_y^2(\tau) = \frac{1}{2(M-1)}\sum_{i=1}^{M}(y_{i+1}-y_i)^2 \tag{2-28}$$

其中，M 为相对频率偏差 y_i 的个数。

基于时差相位数据的狭义 Allan 方差估计式可表示为

$$\sigma_y^2(\tau) = \frac{1}{2(N-2)\tau^2}\sum_{i=1}^{N-2}(x_{i+2}-2x_{i+1}+x_i)^2 \tag{2-29}$$

其中，$N=M+1$ 为时差数据的个数。

Allan 方差的平方根被称为阿伦偏差（Allan Deviation，ADEV）。

在 Allan 方差基础上，又提出了修正 Allan 方差的概念，相比 Allan 方差，其能

够覆盖频率源所有的噪声过程，且对于原子钟占主导作用的 5 种幂律型噪声可以通过修正 Allan 方差区分出来，修正 Allan 方差可表示为

$$\mathrm{Mod}(\sigma_y^2(n\tau_0)) = \frac{1}{2}\left\langle \left[\frac{1}{n}\sum_{i=0}^{n-1} y_{i+n} - y_i \right]^2 \right\rangle \tag{2-30}$$

其中，$\langle \cdot \rangle$ 表示时间平均，τ_0 为时间间隔，n 为取样个数，y_i 为第 i 次取样测得的频率误差。若用时间测量表示，则表示为

$$\mathrm{Mod}\hat{\sigma}_y^2(n\tau_0) = \frac{1}{2\tau^2}\left\langle \left[\frac{1}{n}\sum_{i=0}^{n-1} x_{i+2n} - 2x_{i+n} + x_i \right]^2 \right\rangle =$$
$$\frac{1}{2n^4\tau_0^2(N-3n+1)} \cdot \sum_{j=0}^{N-3n}\left[\sum_{i=j}^{j+n-1}(x_{i+2n} - 2x_{i+n} + x_i)\right]^2 \tag{2-31}$$

其中，N 为总的取样点数，x_i 为第 i 次取样测得的时间误差。

将修正 Allan 方差的平方根记为修正阿伦偏差（Modified Allan Deviation，MDEV）。

（2）频率稳定度测量

频率稳定度的测量[21-24]可以直接利用相噪仪、频稳测试仪等测量仪器测量被测信号，参考信号的频率稳定度应比被测信号的频率稳定度高一个量级。

实际测试中，往往不直接利用仪器对频率稳定度进行测量，而是通过对溯源链路数据进行平滑处理，由所溯源的基准对本地基准的频率稳定度做出评估。

2.7.3 相位噪声

（1）相位噪声定义

在各类原子钟内都存在有多种噪声，这些噪声会对正常的振荡信号产生消极影响，导致原子钟的相位和振幅受到调制。振幅调制一般比较小，不会影响到信号质量和频率分析。相位调制导致的频率偏差则影响到了频率值的标定和使用。对于相位调制导致的这一偏差现象，国际上通用的表征方式包括时域和频域两种。时域的表征即频率稳定度，用 Allan 方差对相对频率偏差的不确定度进行评估。频域表征方法为谱密度函数 $S_y(f)$。

$S_y(f)$ 无法直接测量，但 $S_y(f)$ 与相位偏差谱密度函数 $S_\varphi(f)$ 存在准确的定量关系，$S_\varphi(f)$ 是可以准确测量得到的值。频率稳定度的频域表征定义在时域表征之后，为了与时域定义保持统一，选用相对频率偏差 $y(t)$ 作为谱密度表征的对象。但是在

原子钟的许多应用领域内往往要求获得直观的信号频谱特性，即噪声调制产生的寄生杂波量级等。由于是由噪声引起的，不能用杂波的电压频谱，而是用功率频谱。信号功率频谱如图 2-11 所示。

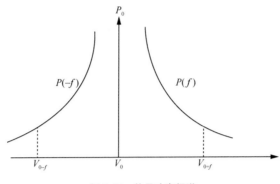

图 2-11　信号功率频谱

图 2-11 中 V_0 表示载波频率，P_0 表示载波信号功率，f 为边带频率，$P(-f)$ 与 $P(f)$ 为噪声调相引起的杂波功率谱。在实际应用中，$P(f)$ 的值越小越好，越小则表明信号频谱越纯净。

为了表示噪声对原子钟输出信号频率的影响程度，在频域内引入了相位噪声 $L(f)$。相位噪声的定义为

$$L(f) = \frac{\text{偏离载频} f \text{处1Hz内的单边带平均功率}}{\text{载频信号功率}} \text{ 或}$$

$$L(f) = \frac{\text{偏离载频} f \text{处单边带功率密度}}{\text{载频功率}}$$

其中，f 为载波频率。由于功率谱的两个边带是对称的，因此用单边带表征即可，$L(f)$ 又叫单边带相位噪声。$L(f)$ 表示两个功率的比值，单位用 dBc/Hz 表示。相位噪声的实用计算式为

$$L(f) = 10 \cdot \log\left[\frac{1}{2} S_\varphi(f)\right] \tag{2-32}$$

利用式（2-32），就可以通过测量 $S_\varphi(f)$ 得到相位噪声 $L(f)$。

（2）相位噪声测量

相位噪声的测量[21-24]可以直接利用相噪仪测量被测信号，参考信号的相位噪声应比被测信号的相位噪声高一个量级。

2.7.4　频率复现性

（1）频率复现性定义

频率复现性[25]是指频标工作一段时间关机后，下次再开机达到稳定后，频率值与上次关机时频率值的一致程度。频率复现性以频率基准源多次开机测得的相对频率值 y_i 的标准偏差（σ）估计值进行表征，表达式为

$$R_y(\sigma)=\sqrt{\frac{1}{N-1}\sum_{i=1}^{N}\left(y_i-\frac{1}{N}\sum_{i=1}^{N}y_i\right)^2} \qquad （2\text{-}33）$$

（2）频率复现性测量

有些频标进行频率复现性测试时间较长，所以测定此项指标时，通常将测试简化为比较频率基准源再开机后与开机前的频率值的符合程度，即此频标的频率复现性。

实际测量中可通过测量被测信号的频率准确度，进而进行频率复现性评估。

2.7.5　频率漂移率

（1）频率漂移率定义

频率漂移是指频率源在连续运行过程中，由于受到内部元器件的老化以及环境变化的影响，频率值将随时间单调增加或减少，频率源相对频率值这种随时间单调变化的线性率称为频率漂移率。频率漂移特性是频率源长期运行工作的基本特性，其表征量是频率漂移率，定义为连续工作的频率源输出频率，在单位时间内输出频率的平均变化量。由于频率漂移通常是由其关键器件——石英晶体振荡器随运行时间的老化所造成的，因此也常把它的频率漂移称为频率老化率。

（2）频率漂移率测量

在进行频率漂移率测量时，被测件在经过足够的预热时间以后，在不太长的时间内，这种漂移通常可近似为线性。单位时间一般取一日，也可取一周、一月甚至一年。分别称为日漂移率、周漂移率、月漂移率等。一般对石英晶体振荡器、铷原子频标给出日漂移率（或老化率）。频率漂移的测量主要使用频标比对器直接完成，也可以使用具备频率测量功能的时间间隔计数器完成频率数据的采样工作，而后再计算得出频率漂移。

2.7.6　频率偏差

（1）频率偏差定义

频率偏差是指两台时钟输出频率的相对偏差，定义为

$$D = \frac{f_A - f_B}{f_0} \qquad (2\text{-}34)$$

其中，f_A 和 f_B 为时钟 A、B 的输出频率，f_0 为两台时钟的标称频率。

（2）频率偏差测量

频率准确度是"绝对"概念，描述时钟的实际输出频率准确到什么程度；而频率偏差是"相对"概念，描述两台时钟的实际输出频率相差多少。如果两台时钟的频率准确度已知，即可直接计算出两者之间的频率偏差。在实际测量中，可使用比相仪对被测信号的频率进行测量，再通过数据处理得到被测信号的频率偏差。

2.7.7　时差

（1）时差定义

时差是指两个时间信号之间的时间偏差，时间信号主要以秒脉冲（1PPS）信号为典型量值。时间传递的最基本观测值，记为时间间隔误差，测量时钟或数据的每个活动边沿与其理想位置的偏差，反映了周期抖动在各个时期的累积效应。以测试时的参考秒信号为例，当被测秒信号滞后参考秒信号时，其时差结果为正；反之，当被测秒信号超前参考秒信号时，其时差结果为负。

（2）时差测量

时差测量通常用时间间隔计数器完成。将参考频标和被测件的 1PPS 信号接入计数器中的两个输入通道，分别作为开、关门信号。测试时，应根据测试结果的不确定度要求，选择是否外接参考频率标准。根据计量测试要求，参考的不确定度至少比待测信号（或测试结果）高一个量级，更高的测量精度要求准确度更好的外部参考频率标准。测试时，需要设置时间间隔计数器开关门信号的触发沿和触发电平，一般以上升沿作为触发沿，触发电平能使得信号正常触发，要求两个输入通道的触发电平设置一致。

2.7.8　时间同步误差

（1）时间同步误差定义

将时间同步的最基本观测值[26]，记为时间间隔误差（Time Interval Error，TIE），测量时钟或数据的每个活动边沿与其理想位置有多大偏差，反映了周期抖动在各个时期的累积效应。时间间隔误差表达式为

$$\text{TIE} = \sqrt{\frac{1}{N-n}\sum_{i=1}^{N-n}\left(x_{i+n}-x_i\right)^2} \tag{2-35}$$

（2）时间同步误差评估

时间同步误差的测量一般基于时间同步链路（卫星双向时间比对、GNSS 共视时间比对、光纤双向时间比对等），在更高一级的时间频率中心，通过分析处理时差数据，给出时间同步误差的评估方法。

2.7.9　时间传递不确定度

时间传递不确定度属于测量不确定度范畴，测量不确定度[27]一般由若干分量组成，每个分量用其概率分布的标准偏差估计值表征，称为标准不确定度。时间传递不确定的表征和评估方法如下。

（1）时间传递不确定度定义

通过测量一定时间内的时间传递误差对时间传递不确定度进行观察，可以获得时间间隔误差曲线，在此基础上统计一段时间内时间传递误差最大值与最小值之差，记为时间最大时间间隔误差（Maximum Time Interval Error，MTIE），该数值可以反映设备的连续运行的可靠性性能，计算表达式为

$$\text{MTIE}(n\tau_0) = \max_{1\leq k\leq N-n}\left(\max_{k\leq i\leq k+n}(x_i) - \min_{k\leq i\leq k+n}(x_i)\right) \tag{2-36}$$

（2）时间传递不确定度评估

时间传递不确定度的评估可以直接利用计数器进行测量，也可以采用其他具有时差测量功能的专用仪器，后期可通过测量得到的时差数据对时间传递不确定度进行评估。对测量不确定度进行评估时，在识别不确定度来源后对不确定度各个分量作出预估是必要的。评估测量不确定度的重点应放在识别和评估重要的、占支配地位的分量

上。用标准不确定度表示的时间传递不确定度的各分量可用 u_i 表示。根据对 X_i 的一系列测得值 x_i 得到实验标准偏差的方法为 A 类评估；根据有关信息估计的先验概率分布得到标准偏差估计值的方法为 B 类评估[27]。

｜ 参考文献 ｜

[1] 王力军. 超高精度时间频率同步及其应用[J]. 物理, 2014, 43(6): 360-363.

[2] 杨帆. 基于北斗 GEO 和 IGSO 卫星的高精度共视时间传递[D]. 西安: 中国科学院研究生院(国家授时中心), 2013.

[3] 林思佳. 时频子系统远程时间同步技术研究[D]. 西安: 中国科学院研究生院(国家授时中心), 2013.

[4] ALLAN D W, WEISS M A. Accurate time and frequency transfer during common-view of a GPS satellite[C]//Proceedings of 34th Annual Symposium on Frequency Control. Piscataway: IEEE Press, 1980: 334-346.

[5] 王茂磊, 肖胜红, 张达, 等. 一种基于移动参考站的卫星双向时间频率传递系统时延校准方法[J]. 宇航计测技术, 2015, 35(3): 32-35.

[6] 张金涛, 魏海涛, 李隽, 等. 车载卫星双向时间同步系统研究[J]. 无线电工程, 2016, 46(11): 51-54.

[7] 王国永, 秦晓伟, 孙云峰, 等. 卫星双向时间频率传递系统差校准方法[J]. 空间电子技术, 2017, 14(2): 19-24.

[8] LAU K Y, LUTES G F, TJOELKER R L. Ultra-stable RF-over-fiber transport in NASA antennas, phased arrays and radars[J]. Journal of Lightwave Technology, 2014, 32(20): 3440-3451.

[9] CHOU C, HUME D, KOELEMEIJ J, et al. Frequency comparison of two high-accuracy Al+ optical clocks[J]. Physical Review Letters, 2010, 104(7): 070802.

[10] 杨文可. 高精度站间双向时间频率传递关键技术研究[D]. 长沙: 国防科学技术大学, 2014.

[11] 王崇阳, 蔚保国, 王正勇. 远距离高精度光纤双向时间比对方法研究[J]. 无线电工程, 2017, 47(3): 47-50.

[12] 王正勇, 王崇阳, 魏海涛, 等. 基于光纤链路的 180 km 高精度时间同步系统[J]. 无线电工程, 2019, 49(5): 404-407.

[13] 王正勇, 蔚保国, 尹继凯, 等. 远距离高稳定光纤频率传递技术研究[J]. 无线电工程, 2019, 49(8): 670-673.

[14] 许龙霞. 基于共视原理的卫星授时方法[D]. 西安:中国科学院研究生院(国家授时中心), 2012.

[15] 易卿武, 蔚保国, 王彬彬, 等. 一种基于北斗三号 B2b 信号的精密单点授时方法[J]. 电子

学报, 2022, 50(4): 832-840.

[16] 许国强, 陈皓瑜, 张永刚, 等. 基于 IEEE 1588 协议的网络时钟同步系统[J]. 上海师范大学学报(自然科学版), 2017, 46(1): 142-148.

[17] 魏孝锋, 车爱霞, 乔建武, 等. 光纤传输高精度时间频率信号在长波授时中的应用[J]. 时间频率学报, 2015, 38(2): 95-100.

[18] 季志博, 朱可, 王军. 基于北斗/GPS 的网络授时系统设计[J]. 计算机测量与控制, 2017, 25(10): 128-131.

[19] 李孝辉, 杨旭海, 刘娅. 时间频率信号的精密测量[M]. 北京: 科学出版社, 2010.

[20] 马凤鸣. 时间频率计量[M]. 北京: 中国计量出版社, 2009.

[21] 叶玲玲, 石明华, 沈小青, 等. 基于相位噪声测试系统的频率稳定度测量方法[J]. 中国科技信息, 2011(12): 150.

[22] 屈俐俐, 李变. 频率稳定度与守时钟组配置关系研究[J]. 宇航计测技术, 2015, 35(1): 34-38.

[23] 刘彪, 李变, 杨剑青, 等. 频率稳定度实时评估系统的设计与实现[J]. 时间频率学报, 2014, 37(3): 137-144.

[24] 夏飞飞, 张治琴. 相位噪声及其测量方法的探讨[J]. 电视工程, 2009(3): 33-35.

[25] 国家质量监督检验检疫总局. 时间频率计量名词术语与定义: JJF 1180—2007[S]. 2007.

[26] 孙杰, 潘继飞. 高精度时间间隔测量方法综述[J]. 计算机测量与控制, 2007, 15(2): 145-148.

[27] 国家质量监督检验检疫总局. 测量不确定度评定与表示: JJF 1059.1—2012[S]. 2012.

第 3 章

天地一体化信息网络时间统一体系

科技的进步和社会的发展,催生了以提供广域、泛在、智能的多元信息服务为目标的天地一体化信息网络建设。天地一体化信息网络将传统的各类天空地独立的信息系统进行连接,进而实现信息互联互通、服务相互协同,大大提升信息服务保障效能。各种异构系统要实现高效组网与服务协同,依赖于全网统一的时间基准维持、传递与服务体系构建。天地一体化信息网络时间统一体系,对内支持各系统同步实现协同工作,是天地一体化信息网络不可或缺的组成部分;对外面向天空地、各行各业的海量用户提供时间信息服务,对社会经济运行发挥重要的关键基础支撑作用。相比于传统的时间统一系统,它涉及系统分布广、类型多、服务场景复杂、面向的用户需求千差万别,因此面临诸多关键技术挑战难题,有待深入研究。

| 3.1 架构与特征分析 |

天地一体化信息网络是包含空间平台（如同步卫星，中、低轨道卫星）、空中平台（平流层气球和有人、无人驾驶飞机等）、地面平台（地面站、地面通信网、地面基准站等）各类服务资源和天空地各类用户节点，基于星间/星地/地面链路连接构建的多业务一体化信息网，该网络以广域天地空服务覆盖、信息资源高效利用、多业务高效协同为原则，基于统一的时空基准构建，具有智能化信息获取、存储、传输、处理、融合和分发能力，以及自主运行和智能管理能力[1-3]。相比于通常的天基、地基单一功能网络，天地一体化信息网络架构组成更为复杂，差异性特征鲜明，要设计与之相适应的时间同步技术体制，就需要对其架构及特征进行全面和深入分析。

3.1.1 网络架构

天地一体化信息网络的基本要素是节点和链路，在整体组成架构上具有典型的分层特性，天地一体化信息网络架构如图 3-1 所示。

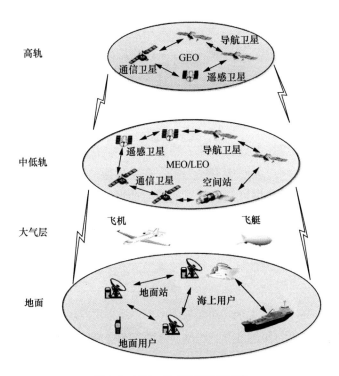

图 3-1　天地一体化信息网络架构

1. 网络节点

　　根据相距地表高度，可以将天地一体化信息网络节点具体分为地面节点、空基节点及空间节点 3 类，天地一体化信息网络多层网络结构对应分为 3 层。根据在网络内承担的功能任务，又可以将天地一体化信息网络节点划分为骨干节点和用户节点。

　　地面节点，主要指固定地面站，以及陆地或者海上移动站点，该类节点具有低动态特点。包括航天测控站、地面数据处理中心、地面信关站、地面时频中心等在内的地面节点，承担了天地一体化信息网络的运行和控制任务，是天地一体化信息网络建设的基础和核心组成要素，属于骨干节点。此外包括卫星导航信号接收机、卫星通信终端等通过接入天地一体化信息网络链路获取各类信息完成不同任务的用户节点，这类节点数量庞大，种类繁多，它们并不直接参与天地一体化信息网络的构建和运行，却是天地一体化信息网络的服务对象，因此天地一体化信息网络的构建需要以面向用户节点的服务性能为约束条件和优化设计目标。

　　空基节点，主要指飞机、飞艇等各类大气层内飞行器，该类节点的运动具有一定的随机性，一般速度小于 3 倍声速。空基节点与地面节点的主要区别在于空基节点具有较高的动态，空基节点一般作为天地一体化信息网络的用户节点存在。

空间节点，是指通过达到第一宇宙速度实现环绕地球在大气层外运行，或者达到第二宇宙速度后脱离地球引力飞行的各类航天器。这类节点的特点在于其运动遵循开普勒三大定律，具有相对固定、可预测的运动轨道和速度。从功能上来说，空间节点往往具有多功能特性，在不同的功能子网中，同一个节点承担的任务有所不同。以通信卫星为例，在卫星通信子网中是骨干节点，但如果通过星间时间比对或接收导航卫星的授时信息，它就是时间同步子网中的用户节点。

2. 星地/星间链路

天地一体化信息网络的另一个构成要素是节点间链路。根据链路所连接的节点类型，主要分为地面链路、星地链路、星间链路三大类。

地面链路，构成最为复杂，功能最为多样，服务用户规模最大。以通信业务为主体的地面链路包括常见的地面光纤网、地面移动通信网，也包括各类地面电台、数据链、微波散射等专用通信链路；此外还包括以定位导航授时为主要业务的 PNT 网络，包括地基导航增强网、室内伪卫星定位网、地下空间人员定位监视网、高精度光纤时频传递网等。

星地链路，指空间节点与地面节点进行通信和测量的无线链路。卫星等航天器的可靠运行需要地面站点的指令控制、姿态调制及信息上注等支持，这些工作由各种星地链路来完成。根据任务需求、应用场景、设备条件等不同，以及国际电联频谱规定，星地链路可以采用多种不同的信号频段，常用的星地链路频段包括 L、S、C、Ku、Ka 频段。随着星地传输业务量的增长，呈现信息速率不断变快和信号带宽不断变大的趋势，星地链路信号频段将逐步转向高频段。

星间链路，是空间节点间进行通信和测量的无线链路。星间链路在众多空间系统中发挥着重要作用。以全球卫星导航系统为例，基于星间链路的全球卫星导航系统可以实现基于卫星的中继测控，减少卫星系统运行对地面站的依赖；可以实现星地联合定轨，提高卫星定轨精度，缩短星历更新周期；在极端条件下，依赖于星间链路，全球卫星导航系统可以实现自主运行，使系统生存能力得到大幅度提高。作为天地一体化信息网络建立和发展的驱动和必要条件之一，星间链路的应用对于空间信息系统具有重要意义。

目前星间链路已在卫星导航系统、卫星通信系统、空间物理实验系统等众多空间系统中被采用。典型的星间链路系统见表 3-1。

表 3-1　典型的星间链路系统

星间链路		功能定位	技术体制	频段	功能特点	发展阶段
GPS	GPS IIR/IIF	自主导航	时分多址	UHF	通信容量小，抗干扰能力差，技术成熟	运行中
	GPS III	自主导航星地联合运控	时分/空分多址	Ka	通信容量大，测量精度高，抗干扰能力强，技术实现难度相对较大	研发中
	激光	自主导航星地联合运控	—	激光	通信容量大，测量精度更高，技术实现难度大	论证中
北斗		自主导航星地联合运控	时分/空分多址	Ka	通信容量大，测量精度高，抗干扰能力强，技术实现难度相对较大	运行中
铱星		星间通信	时分多址	S	实现无地面信关站的全球覆盖卫星通信	运行中
GRACE		星间测距	—	Ka	结合星载导航卫星接收机，可以实现微米级星间测距	运行中

3.1.2　网络特征分析

天地一体化信息网络目前及未来的发展方向将具有组成异构化和功能多样化特点，其可以看作由多种卫星网络、大气层飞行器以及地面站点相互连通后共同构成的一个多功能融合信息网络。网络规模庞大、结构复杂，要确保其稳定运行及高效服务，在网络特征分析基础上开展技术研究，就显得尤为重要。天地一体化信息网络主要有以下特征。

（1）大尺度和多层分布

天地一体化信息网络包含了从地球表面延伸至临近空间，直到深空三维空间的各类节点，覆盖空间巨大；相比于巨大的覆盖空间，网络中的卫星、航天器等节点数量少，距离远，分布稀疏，在不同轨道位置呈现出典型的多层分布特性。

（2）高动态及复杂拓扑

网络包含了天空地各类节点，节点众多，网络拓扑极其复杂；尤其以空间节点间为代表，相对运动速度高，使得整个网络拓扑在任意时刻都处于高速动态变化状态，给网络的管控及融合服务等都带来了极大的技术挑战。

（3）网络节点异构性

网络包含功能、用途不同的信息系统，各个系统的结构、体制和运行模式等都存在显著差异，进而构成了一个极其复杂的异构信息网络。

3.1.2.1　高动态特性

网络的高动态来源于节点的高动态。除地面节点以外，天地一体化信息网络的组成节点均处于高速运动中，空间节点速度在千米每秒量级，空基节点运动速度则在百米每秒量级。由大量高速运动节点构成的天地一体化信息网络具有明显的高动态特征，具体体现在网络组成的高动态、信号传播条件的高动态及网络拓扑变化的高动态等多个方面。

天地一体化信息网络最终将面向全球范围的地面、大气层及空间节点提供服务，骨干节点作为网络服务的提供者，会在较长时间内保持网络接入状态，维持着天地一体化信息网络整体架构和组成的相对稳定，但广大覆盖范围内的服务节点将处于不断地接入网络、使用网络和退出网络的过程中，网络的组成处于快速变化中。节点间的信号传输链路也处于快速变化中，节点位置的变化、节点间距离的变化等会带来传播信道、链路连通性、链路时延、信号强度、多普勒效应等多方面的影响，对节点间的信息可靠传输和高精度测量带来诸多挑战。

1. 节点间链路动态连通性

空间节点间可视是天地一体化信息网络建立星间/星地链路的基础，是天地一体化信息网络链路基本的几何参数。

（1）星地节点可视

星地可视几何关系示意图如图 3-2 所示。

星地可视函数的表达式为

$$\psi = \alpha - \phi \tag{3-1}$$

其中，极限角定义为 $\alpha = \arccos(R_e / R_s)$，$R_e$ 为地面站相对地心的距离，R_s 为卫星相对地心的距离。以地心为原点，获得卫星和地面站的位置矢量 $\boldsymbol{r}_1$、$\boldsymbol{r}_2$，两矢量间的夹角 ϕ 为

$$\phi = \frac{\boldsymbol{r}_1 \cdot \boldsymbol{r}_2}{|\boldsymbol{r}_1| \cdot R_e} \tag{3-2}$$

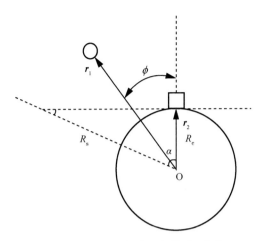

图 3-2　星地可视几何关系示意图

当 $\psi > 0$ 时，表示该地面站与卫星可视；当 $\psi = 0$ 时，卫星通过地面站水平切面；当 ψ 由负变正时，卫星进入地面站视线；当 ψ 由正变负时，卫星离开地面站视线，由此可以得到该地面站与卫星的可视时间。

（2）星间可视

星间可视几何关系示意图如图 3-3 所示。设卫星 A 与地心 O 的连线 OA 的垂直面为平面 α，以卫星 A 为观察点，卫星 B 的仰角为 A、B 连线与平面 α 的夹角 E。

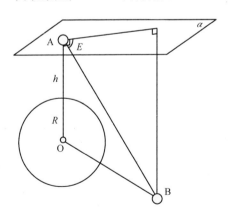

图 3-3　星间可视几何关系示意图

将卫星星载天线波束纳入考虑范围。星载天线通常为收发共用，将波束仰角范围记为 $[E_{\min}, E_{\max}]$，对于信号发射和信号接收，两者仰角范围一致。

两卫星 A、B 可视的条件可以归纳为：

- 卫星 B 相对卫星 A 的仰角在卫星 A 的波束仰角范围内；
- 卫星 A 相对卫星 B 的仰角在卫星 A 的波束仰角范围内；
- 卫星 A、B 信号收发不受地球遮挡。

星间可视函数可以写为

$$E_{\min} \leqslant E \leqslant E_{\max} , \quad E_{\max} = \frac{\pi}{2} - \arcsin \frac{R_{e}}{R_{s}} \tag{3-3}$$

其中，R_e 是地球半径，有时考虑到电离层；R_s 是卫星高度。一般 $E_{\max}$ 由卫星轨道高度决定，而 $E_{\min}$ 由卫星天线波束决定。除此之外，星间可视性还要受到星间可视距离限制，星间可视距离由星间链路信号传输距离决定。卫星导航系统的星间链路信号传输距离可达 6 万千米。

以北斗卫星导航系统为例进行星座可视性分析。

北斗卫星导航系统的卫星节点包括 GEO、IGSO、MEO 3 类卫星节点。北斗卫星导航系统的卫星星座配置为 3GEO+3IGSO+24MEO+3MEO（备份），轨道参数如下。

GEO：80°、110.5°和 140°，共 3 颗卫星。

IGSO：轨道倾角 55°，升交点经度 118°，相位差为 120°，共 3 颗卫星。

MEO：Walker 24/3/1 星座，轨道高度 21528km，轨道倾角 55°，偏心率为 0，共 24 颗卫星，每个轨道面可能各增加 1 颗备份星。

以北京站为参考节点，部分导航卫星一天内的可视性变化如图 3-4 所示，不同轨道卫星呈现不同的可视性变化规律，GEO 卫星全天可视，IGSO 卫星可视时间为 19h，MEO 卫星可视时长约为 8h。因此，GEO 卫星和 IGSO 卫星适用于面向区域用户提供服务，而 MEO 卫星适用于全球星座的构建。

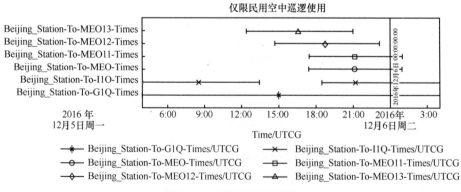

图 3-4　北京站的卫星可视性

G1 星与部分卫星在一天内的可视性变化如图 3-5 所示，较高的卫星轨道，使其在大多数时间内与星座内的多数卫星均可视，MEO 卫星不可视时长不足 2h，因此 GEO 卫星适合作为天地一体化信息网络内的骨干节点。

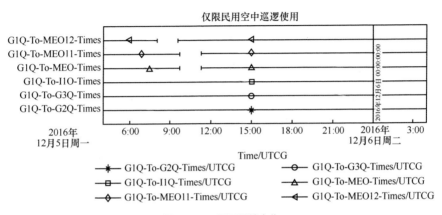

图 3-5　G1 星可视性变化

2. 时变拓扑

网络拓扑的高动态是天地一体化信息网络区别于其他网络的最大特点。网络的高效有序运行依赖于在一定网络拓扑条件下对网络资源的优化管理与配置，对于静态网络而言，节点间的链路、连通性及传播时延等相对固定，其网络拓扑也相对固定，便于实现网络资源的优化配置。网络组成和信号条件的快速变化使天地一体化信息网络拓扑处于快速变化中，难以针对某一特定网络拓扑获得最优的网络资源配置，因此动态的拓扑建模和网络资源管理策略至关重要。针对天地一体化信息网络构成的网络拓扑也就具有了典型的时变特征及断续连通特征[4-5]，相关学者提出了天地一体化信息网络时变图模型[6]，天地一体化信息网络时变快照如图 3-6 所示。

在不同时段，天地一体化信息网络节点的连通情况不断改变，按照一定的时间间隔对天地一体化信息网络进行拓扑采样，可以得到该时刻的网络拓扑图，被称为快照图。快照图可以反映某一时刻天地一体化信息网络拓扑的连通性，由多个时段的快照图构成的时变图模型可以反映天地一体化信息网络在一段时间内的变化特征。要能够更准确地反映天地一体化信息网络的时变特征，需要采用更高的快照频度。时变图的变化具有周期性特征。

为了拓展时变图的行为刻画能力，相关学者也提出了扩展时变图模型。该模型建立在时变图模型的基础上，对节点进行了能力多维化表达，形成的拓扑矩阵不再是 0-1 矩阵，包含了更多的信息量，因此实现了对网络拓扑的多维表达，可以在网络连通性、可达性，传输容量的建模及时变特征分析方面取得更好的效果。

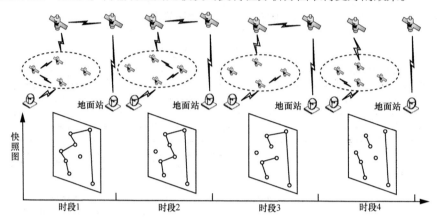

图 3-6　天地一体化信息网络时变快照

空间网络时变拓扑可以抽象为图，也可以用时变矩阵来表示。

可视矩阵元素可采用如下定义方式：

- 若卫星 i 与卫星 j 具有连通链路，则 $t_{ij}=1$ ；
- 若卫星 i 与卫星 j 不具有连通链路，则 $t_{ij}=0$ ；
- 定义 $t_{ii}=0$ 。

按照上述定义得到的星间可视矩阵是 0-1 矩阵。

某一时刻的卫星网络拓扑如图 3-7 所示，该网络由 5 颗卫星组成，网络矩阵可写为

$$V=\begin{bmatrix} 0 & 1 & 1 & 0 & 0 \\ 1 & 0 & 0 & 1 & 1 \\ 1 & 0 & 0 & 0 & 1 \\ 0 & 1 & 0 & 0 & 0 \\ 0 & 1 & 1 & 0 & 0 \end{bmatrix} \qquad (3\text{-}4)$$

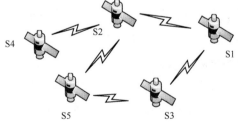

图 3-7　某一时刻的卫星网络拓扑

3.1.2.2　多层特性

天地一体化信息网络由多种空间信息系统构成，多层特性体现在节点轨道多层和功能多层方面。

目前众多卫星系统采用运行于同一轨道高度的卫星组成的单层卫星网络这种设计，典型单层卫星网络系统见表 3-2。

表 3-2　典型单层卫星网络系统

卫星系统	轨道高度/km	轨道速度/(km·s^{-1})	轨道周期
Intelsat	35786.03	3.0747	23h56min4.1s
New-ICO	10255	4.8954	5h55min48.4s
Skybridge	1469	7.1272	1h55min17.8s
Iridium	780	7.4624	1h40min27.0s

单层卫星网络的卫星轨道设计相对简单，可以满足特定业务需求，但对网络构建及服务能力存在诸多限制，存在链路时延较高、网络阻塞概率较大、抗毁性差等不足[7-8]。

天地一体化信息网络由高、中、低轨航天器，近地空间飞行器及地面站等位于不同地面高度的节点构成，根据距地面高度可以分为地面、大气层、近地空间、低轨、中轨和高轨 6 层。处于相同高度范围的节点可以认为是同层节点，同层节点往往具有相同的运动特性，信号传播条件、节点相对位置关系及节点可视性等相对固定；不同层的节点往往具有不同的运动特性，节点处于高速的相对运动中，信号传播条件、节点相对位置关系及节点可视性等一般呈现周期性变化。由于这些区别，同层和层间节点间的通信和测量需要采用不同的体制技术和策略。

多层网络可以看作由多个单层卫星网络共同构成。不同轨道卫星具有不同的特性，因此在卫星载荷和功能设计方面往往会存在不同，以充分发挥不同轨道卫星的优势。相较于单层卫星网络，多层卫星网络系统的结构较为复杂，但是多层卫星网络兼具所包含的各单层卫星网络的优点，在卫星服务覆盖性及网络性能方面具有优势。北斗卫星导航系统将采用 MEO+GEO+IGSO 的多层卫星网络，在具有全球服务覆盖能力的同时，在亚太地区具有更好的导航信号覆盖特性，同时提供星基导航增强服务[9]。多层卫星网络将是天地一体化信息网络的卫星星座构成形式。

天地一体化信息网络的多层特性还体现在功能业务分层上。构成网络的节点在配置和功能属性存在差异，面向不同的功能业务，天地一体化信息网络一般会呈现出骨干网加多层子网的组成架构。以卫星通信网络的构建为例，一般会采用多颗 GEO 卫星作为通信骨干网，利用 GEO 的特点基于少量卫星就可以实现全球网络的联通；由 MEO 卫星或 LEO 卫星构成接入网，面向地面用户提供服务，利用 MEO 卫星或 LEO 卫星信号强度高、接入性能强的特点实现更好的网络接入性能。不同的功能网络会根据业务特点的不同采取不同的分层网络构建模式。

3.1.2.3　异构多节点特性

天地一体化信息网络的异构多节点特性，反映为构成网络的节点数量多、节点类型多，以及业务种类多。大量执行不同功能的不同类型节点共同构成一个网络，网络的组成变得异常复杂，要实现各类节点的多业务协同是天地一体化信息网络发展的目标，也是技术难点之一。

基于网络节点的业务类型、节点属性进行分类建模，可以实现对天地一体化信息网络节点的多维度表征。

若采用 $S_{i,j}$ 表示第 i 类节点（如导航卫星、通信卫星、遥感卫星、地面观测站、水面平台等节点）中的第 j 颗节点，Ot 表示轨道类型（Orbit Type），Oa 表示轨道高度（Orbit Altitude），Rag 表示接收天线增益（Receiving Antenna Gain），Tag 表示发射天线增益（Transmitter Antenna Gain），该节点上述 3 方面的属性可表示为

$$A_{i,j} = \left\{ S_{i,j}, Ot, Oa, Rag, Tag; i = 1, 2, \cdots, K, j = 1, 2, \cdots, L \right\} \tag{3-5}$$

$N_{i,j}$ 表示与 $S_{i,j}$ 具有通信能力的全部节点组合，可表示为

$$N_{i,j} = \{ S_{k,l}; k = \cdots, K, \cdots, l = \cdots, L, \cdots \} \tag{3-6}$$

若采用 $a_0, a_1, a_2, a_3, a_4, a_5$ 分别表示 $S_{i,j}$ 原子钟的类型、准确度、频率偏差、漂移率、稳定度和钟差，$S_{i,j}$ 的原子钟属性可以表示为

$$Ac_{i,j} = \{ a_0, a_1, a_2, a_3, a_4, a_5 \} \tag{3-7}$$

若采用 b_0, b_1, b_2, b_3, b_4 表示节点对外传输过程中采用的频率、波长、带宽、速率和功率，那么节点播发属性可表示为

$$Mu_{i,j} = \{ b_0, b_1, b_2, b_3, b_4 \} \tag{3-8}$$

若采用 c_0 表示节点对外感知信息的方式，如合成孔径雷达（Synthetic Aperture Radar, SAR）成像、光学成像等，另外还应包含接收网络链路信息的属性，即 $Mu_{i,j}$，

那么节点感知属性可表示为

$$\mathrm{Se}_{i,j} = \{c_0, \mathrm{Mu}_{i,j}\} \qquad (3\text{-}9)$$

若用 $f(\cdot)$ 表示一个节点业务类型，如传输时间信息、空间信息、探测信息或控制信息等，那么该节点的数学模型可以表示为

$$f(\cdot) = \{\mathrm{St}, A_{i,j}, N_{i,j}, \mathrm{Ac}_{i,j}, \mathrm{Mu}_{i,j}, \mathrm{Se}_{i,j}\} \qquad (3\text{-}10)$$

3.1.3　时间同步特性分析

天地一体化信息网络的异构多节点特性决定了众多节点对于时间同步的需求存在差异，采用最有效的时间同步手段，满足节点的时间同步需求，是在天地一体化信息网络时间同步体系设计中需要关注的问题，因此有必要从多个角度对天地一体化信息网络的时间同步业务特性进行分析和归纳。

1. 时间同步精度需求

不同类型节点对于时间同步精度的需求不同，其需求与节点的任务属性有关。典型的几类空间系统的时间同步需求见表 3-3。在空间原子钟组计划（Atomic Clock Ensemble in Space，ACES）中装备了稳定度极高的空间原子钟，要充分发挥其时钟优势，其时间比对链路设计指标达到了 10ps 级[10]。而北斗卫星导航系统和全球定位系统面向用户提高米级定位和 50ns 级授时需求，需要卫星间的 ns 级时间同步。对于卫星通信系统，时间同步用于卫星通信链路中的时隙划分，对于目前传输速率普遍小于 100Mbit/s 的卫星通信系统而言，μs 级时间同步就可以满足需求。

表 3-3　不同空间系统的时间同步需求

空间系统种类	任务属性	时间同步精度需求
ACES	空间物理实验与空间原子钟授时	10ps 级
GPS/BDS	卫星定位与授时	ns 级
时分体制通信卫星	通信业务	μs 级

根据节点对于时间同步精度的不同需求，应采用不同的时间同步技术手段满足其需要。同时网络可以根据节点的时间同步需求进行自治域划分，实现网络架构的简化和资源的优化配置。

2. 动态特性

在该时间同步体系中，包含了地面站间、不同轨道航天器间、航天器与地面站间、航天器动平台间等多种时间同步模式。典型节点在地心地固坐标系下的动态特性见表3-4。

表3-4　典型节点在地心地固坐标系下的动态特性

节点类型	速度（ECEF）	轨道周期	位置变化	动态对时间同步影响
地面站	0～100m/s	—	慢	小
飞行器	0～1000m/s	—	较慢	较大
高轨航天器（GEO）	—	24h	慢	小
中轨航天器（GPS）	4km/s	12h	较快	较大
低轨航天器（天宫）	7.8km/s	0.5h	快	大

节点动态的多样性，使得不同类型节点时间同步过程中动态误差的影响不同，所采用的补偿策略也会有所区别。

3. 时效性

天地一体化信息网络节点间时间同步业务，根据其应用时效性可以分为实时性时间同步业务和非实时性时间同步业务两类。

实时性时间同步业务主要面向一些不具有较好守时能力的节点，要保持时间同步需要提高时间同步的频度，强调钟差信息的实时获取；非实时性时间同步业务，一种是装备高稳定原子钟的节点间时间同步，同步过程允许较长时延的存在，典型代表是在欧洲航天局空间原子钟组计划中类似于空间搬钟法的非共视时间同步；另一种是面向事后数据处理的时间同步信息业务，时间比对信息不应用于节点间时间同步，而用于观测数据后期融合处理、事后精密钟差产品生成、精密轨道外推等。总体而言，空间原子钟技术性进步使非实时性时间同步业务在天地一体化信息网络中的应用更为广泛。

对于非实时性的时间同步业务，高精度测量是其根本目标，少量的较高精度测量相较于多次较低精度的测量平均值，对于提高整体测量精度也更有意义，结合其比对过程的间歇性和延迟性特点，因此在时间比对链路的选择上，可以在时间和空间尺度上进行综合考虑。

3.2　时间统一体系概念框架

3.2.1　基本概念

天地一体化信息网络时间统一体系是在天地一体化信息网络的基础上，构建的以时间基准建立与维持、高精度时间比对与视频传递、泛在化时间同步服务为主要功能的时间业务体系。该体系依靠天空地不同类型的时间参考节点形成天地统一的时间基准，依靠各类无线电、有线链路形成高性能远距离时间传递网络，面向全球范围、不同空间用户提供不同功能性能的时间同步服务。天地一体化信息网络时间统一体系概念如图 3-8 所示。相比传统的专用时间统一系统，具有以下特征。

- 组成多元化，包含天空地各类时间节点，基于多样化链路面向各类不同用户提供服务，节点类型、链路类型差异明显。
- 架构网络化，依靠天地一体化信息网络实现时间基准体系的网络化建立、传递与服务。
- 能力分层化，由各类不同时间基准性能的节点与链路组成，具备各种不同性能的时间基准建立维持、时间传递以及同步业务性能。
- 服务泛在化，入网即同步，依靠天星地网提供全球、全空间泛在时间服务。

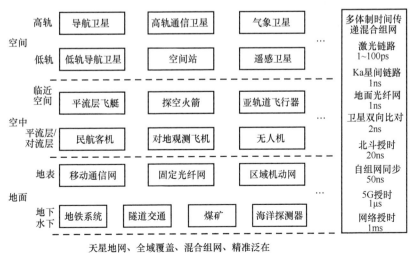

图 3-8　天地一体化信息网络时间统一体系概念

3.2.2　物理组成

天地一体化信息网络时间统一体系涵盖各类时间系统软/硬件实体、数据信息资源以及所提供的时空基准服务，在设计上利用网络的连通性和渗透性，连接各类时频系统、整合各类时频资源、融合各类时频服务，实现时空基准维持、时间信息传递、时空同步服务、时间服务监测等资源的网络化、服务化、体系化协同运用。

天地一体化信息网络融合天空地各类时频服务资源，按照物理节点空间位置划分，包括天基、空基和地基 3 类节点。天基时间节点包括了高轨导航卫星、低轨卫星、空间站等，空基时间节点包括具有授时功能以及接受时间服务的临近空间浮空器、飞艇、无人机，地基时间节点包括地面时间基准、5G 基站、地面通信节点、地基增强网、地基伪卫星等，天地一体化信息网络时间统一体系物理组成如图 3-9 所示。

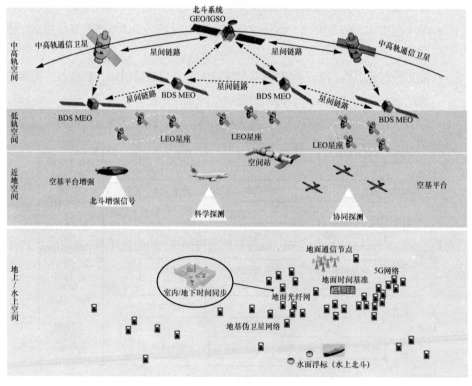

图 3-9　天地一体化信息网络时间统一体系物理组成

从业务功能出发,天地一体化信息网络时间统一体系包括天地协同时间基准网、天地协同时间传递网、天地协同时间服务网。天地一体化信息网络时间统一体系功能网络组成如图 3-10 所示。

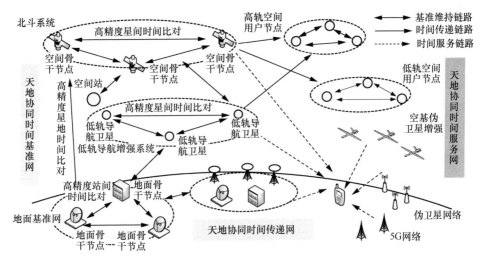

图 3-10　天地一体化信息网络时间统一体系功能网络组成

天地协同时间基准网由具有高精度时空基准维持能力的天地节点构成。时间基准节点包括地面时频中心、装载高性能原子钟的空间站/卫星等,各类节点依托远距离高精度时间比对链路,实现天地互备的时间基准建立与维持。

天地协同时间传递网主要面向具有高精度时频同步需求的天空地专业用户,依靠专用星地、星间、站间、机间高精度时间比对链路实现高精度的时间基准传递与时频同步。

天地协同时间服务网面向广域泛在用户提供服务,由天基北斗系统、低轨导航增强系统,空基无人机群、伪卫星,地基移动通信网络、地面光纤网、室内地下 PNT 网等组成,通过各类 PNT 信号播发,星地/星间/地面链路协同面向天空地节点提供不同精度的时间同步服务。时间服务网中,还应包括时间服务监测评估节点,通过专业监测站和海量终端数据的分析实现对天地协同时间服务性能监测。

3.2.3　运行机制

天地一体化信息网络时间统一体系的构建与运行,需要统一的时空基准信息表征机制、异构网络互联互通机制，标准化时间基准服务协议结合以及智能化的服务性能管控机制等作为支撑。关键技术要素包括以下几点。

- 天地协同的时间基准建立与维持。时空基准由天地节点共同维持，最大限度地提升时间基准稳定性和可靠性。
- 标准的高精度时间传递链路体制设计。同一体制链路可互联互通，不同链路可以联合组网，支持形成统一高精度时间传递网络。
- 统一标准化的时间信息格式。各类时间服务系统进行标准化的时间信息传递，实现全网时间信息统一。
- 时间服务网络完好性监测机制。构建分布式的时间服务监测机制，实时监测时间体系完好性，提供时间体系稳健性。

天地一体化信息网络的各类时间系统在统一框架下，建立统一的时空基准与时空信息传递耦合关系，实现时间服务协同、传递协同。设想的天地协同 PNT 网络统一服务信息流如图 3-11 所示。

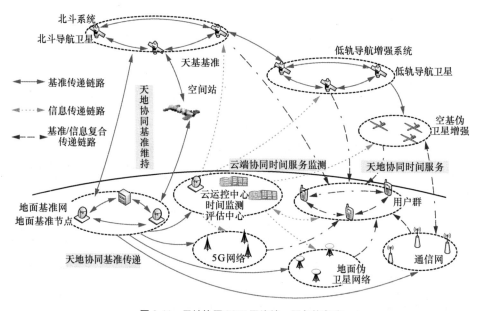

图 3-11 天地协同 PNT 网络统一服务信息流

基于统一的时间体系运行服务机制，可以支持天地一体化信息网络时间统一体系提供多样化的时间业务能力，满足各类时间应用需求。典型业务见表 3-5。

表 3-5 典型业务

业务类型	典型业务	性能指标	应用条件和优缺点
时间基准建立与维持	天基守时	10^{-17}/天	技术演进中，精度高
	地基守时	10^{-15}/天	技术成熟，地面原子钟节点多
	天地协同守时	10^{-17}/天	天地互补，精度高、稳定性强
	局域自主守时	—	应用于机动网络，精度低、机动性好
高精度时间传递	激光链路	1~100ps	专用激光链路
	空间站共视时间比对	10~100ps	专用微波链路
	地面光纤时间比对	10~100ps	需要铺设专用光纤链路，精度高
	Ka 星间链路体制	优于 1ns	装载北斗星间链路载荷，精度高
	卫星双向时间比对	优于 2ns	专用时间比对装备，租用卫星通道
网络化时间服务	广域北斗共视	优于 5ns	平台间需要有通信链路，基于信息协议实现同步
网络化时间服务	北斗单向授时	20ns	使用卫星导航接收机，成本低、精度高
	区域自组网时间同步	优于 50ns	专用自组网时间同步，满足空基、地基机动网络时间同步需求
	星间 IP 网时间同步	优于 1μs	平台间需要有通信链路，基于信息协议实现同步
	移动通信网络授时	优于 1ms	覆盖广，满足用户低精度时间同步需求

3.3 时间统一体系模型

3.3.1 多层体系模型

　　天地一体化信息网络时间同步体系的构建以建立统一的时间基准、实现整网时间同步、提供泛在精准时空服务为目的，需要在充分考虑天地一体化信息网络的动态、多层和异构多节点特性，以及时间同步业务特性基础上，进行体系模型构建。

　　天地一体化信息网络时间统一多层体系结构如图 3-12 所示。基于天地一体化信息网络的分层特性，时间同步体系也呈现出轨道高度分层和功能分层的特点。根据平台类别和守时性能的不同，对天地一体化信息网络时间同步体系的构成单元进行功能分层，划分为骨干节点和用户节点两类，网络架构也应采用时间基准骨干网和时间同步子网的分层架构。

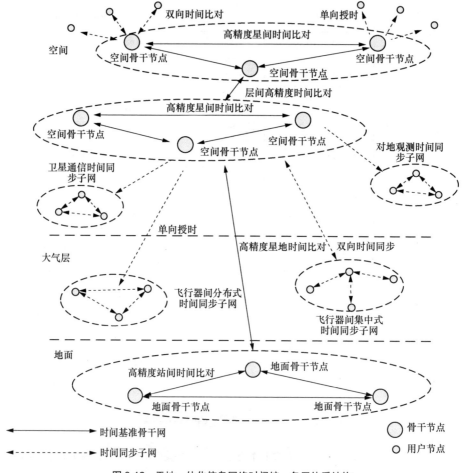

图 3-12　天地一体化信息网络时间统一多层体系结构

　　骨干节点具有高性能的原子钟组和高精度时间分发能力，可以部署于地面及高、中、低轨各个层面，骨干节点间通过彼此高精度的时间比对构成天地一体化信息网络的时间基准骨干网络[11]，共同进行时间基准的建立和维持，向整个天地一体化信息网络提供时间基准服务。作为天地一体化信息网络时间同步体系的核心，应在骨干节点间部署精度最高的时间同步手段。

时间同步体系内的用户节点，不具备高精度守时能力，不参与天地一体化信息网络时间基准的建立，通过单向授时、共视、双向时间比对及星间 IP 网等多种方式从骨干节点获取时间同步信息，接入时间同步体系。多种方式的综合运用可以满足网络异构多节点的特性需求。根据任务需要，不同类型的用户节点会构成通信网、对地观测网、空间实验网等功能网络，功能网络内的节点通过时间同步链路构建局域的时间同步子网，子网内会形成统一的时间基准，子网时间基准会溯源到时间基准骨干网。

3.3.2　分层自治模型

一个涵盖天地多种 PNT 系统的网络体系，所包含的系统、节点在时空特性、几何特性、物理特性、环境特性等方面存在显著差异，要真正实现 PNT 资源整合和有机协同，必须要通过对系统、节点、链路的统一描述，建立统一的网络模型，面向时间同步业务的天地一体化信息网络时间统一表征模型如图 3-13 所示。将网络内各类不同时间基准的系统的节点及链路按照基准、服务、用户进行划分，在统一表征基础上，基准节点形成基准网实现基准联合维持，服务节点构建服务网，面向用户提供多体制可协同、多链路可备份的时间服务。将天地一体化信息网络的所有节点按照时间视角构成统一网络。

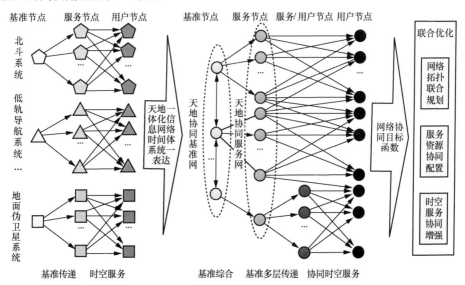

图 3-13　面向时间同步业务的天地一体化信息网络时间统一表征模型

在此基础上建立 PNT 资源和服务的协同增强目标函数，开展 PNT 网络拓扑联合规划、服务资源的协同配置以及时空服务协同增强等机理研究，为真正实现多导航源网络供给侧的融合设计、构建统一服务、协同增强的时间基准服务能力奠定坚实的理论基础。

统一网络模型的构建是以实现融合增强的时间服务为出发点的，面向各类时间资源的高效管理需要进行针对性设计。天地一体化信息网络不同种类的节点在时频性能需求和时间同步性能需求方面存在较大的差异性，一般来说，节点时频性能需求与时间同步性能需求是具有统一性的，即使是装备更好原子钟的节点间进行时间同步，往往也需要性能更好的时间同步技术手段，充分发挥节点的时频性能。同时对于具有相同功能或者属于同一系统的节点而言，因为其在功能需求、轨道高度、分布区域等节点属性所具有的共同点，一般具有相同或相似的时频性能和时间同步性能需求，会采用相同的时间同步技术手段。综上所述，天地一体化信息网络节点具有时频性能分层和功能聚类的特点。因此要满足天地一体化信息网络各类节点的时间同步性能需求，须提高天地一体化信息网络时间基准服务效率，时间基准应用服务将遵循分层传递和按需传递原则运行。

基于上述分析，提出面向时间同步业务的天地一体化信息网络分层聚类模型。该模型的基本思想是，首先基于时频性能对节点进行性能分层，高性能节点间通过高性能的比对链路进行节点间时间同步，低性能节点则可以通过低性能的比对链路从高性能或者同等性能节点处获得时间同步信息；其次，对处于相同层级的天地一体化信息网络节点，根据节点属性或所属功能系统进行聚类分层，可以形成不同的自治域，域内节点以统一时间同步服务模式提供时间同步服务。面向时间同步业务的天地一体化信息网络分层自治域模型基本结构如图 3-14 所示。

模型的基本要素为天地一体化信息网络节点，根据节点时频性能对网络进行分层，根据节点功能属性进行自治域划分。基本的模型定义规则见下文。

1. 分层（Level）

- 基于守时和授时能力对天地一体化信息网络时间同步体系进行层级划分。
- 时间基准的层级传递，由高层级向低层级单向传递（单向传递指的是时间基准的传递，非具体时间同步技术）。
- 可以跨层传递。
- 由最高层级进行天地一体化信息网络时间基准的建立和维持。

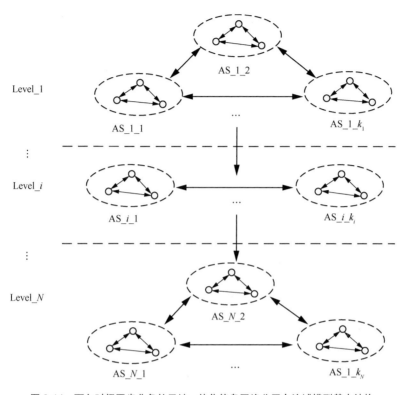

图 3-14 面向时间同步业务的天地一体化信息网络分层自治域模型基本结构

2. 自治域 (Autonomous System, AS)

- 在不同层级内根据节点的共同属性、主要职能业务、分布区域等制定规则进行自治域的划分。
- 同层自治域间可进行双向的时间信息传递。
- 在自治域内,可由少量节点从上层或同层节点获得时间同步信息后向自治域内节点分发。

将天地一体化信息网络记为 $G = (V, E)$, V 为节点集合, E 为时间同步链路集合, 时间同步链路分为层间链路和层内链路。根据时频性能或时间同步性能需求, 将天地一体化信息网络由高到低分为 N 层, 每一层记为网络子集 G_i 。第 i 层的时频性能量化指标为 σ_i , 可取为时间同步需求。该时间同步服务模型的数学表达为

$$G = \left\{ G_1, \cdots, G_i, \cdots, G_N \right\}, \quad \sigma_i > \sigma_j, i < j \tag{3-11}$$

将网络时间基准记为 T_{Net}，由最高层 G_1 建立和维持。各层可建立统一的时间基准 T_i，$T_{\text{Net}} = T_1$。T_{Net} 由层间链路进行逐级传递，可跨级传递。

每一层根据节点属性进行自治域划分，自治域可以是天地一体化信息网络的某一个子网系统，也可以是采用相同时间同步方式的网络节点集合。

该分层自治域模型，反映了天地一体化信息网络时间同步业务的分层特性及节点的功能聚合特性，可以基于该模型进行时间同步，并进行时间同步链路资源的优化分配和管理，在满足网络时间同步性能需求的同时，降低时间同步链路资源的消耗。

3.3.3 基于钟差相对不变性的拓扑聚合模型

3.3.3.1 钟差相对不变性

对于装备具有较好时间稳定度的原子钟天地一体化信息网络节点，若原子钟的频率准确度为 10^{-13}，其在 1h 内的钟差漂移约为 0.3ns，10min 内的钟差漂移小于 0.05ns，如果装备具有准确度更高的空间原子钟，则在短时间内的钟差漂移可以进一步降低，采用目前纳秒级或者亚纳秒级的时间同步技术手段难以准确测得节点在短时间内钟差的变化。

定义钟差相对不变性，时间间隔 T 内，原子钟发生的钟差变化量为 Δt，若时间比对测量精度为 σ，当 Δt 远小于 σ，可以近似认为时间间隔 T 内钟差没有发生改变。T 为钟差相对不变时间，其计算式为

$$T = \frac{w \times \sigma}{S} \tag{3-12}$$

其中，S 为原子钟频率准确度；w 为钟差相对不变系数，可根据需求和经验设置。

不同频率准确度和比对测量精度条件下的钟差不变时间见表 3-6。

表 3-6 钟差不变时间（$w = 0.05$）

	$\sigma = 1\text{ns}$	$\sigma = 0.5\text{ns}$	$\sigma = 0.1\text{ns}$
$S = 10^{-13}$	500s	250s	50s
$S = 10^{-14}$	5000s	2500s	500s
$S = 10^{-15}$	50000s	25000s	5000s

3.3.3.2　等效钟差相对不变性

高准确度的原子钟具有很长的钟差不变时间，但是天地一体化信息网络中大量的节点往往只能装备性能有限的原子钟，因此其钟差不变时间相对有限。

从另一个角度来说，如果能够对节点原子钟的钟差在一段时间内进行精确预报，在该时段内，以该节点为中继节点进行双向时间同步，基于精确钟差预报对时间比对结果进行补偿，理论上也可以消除中继过程时延所带来的误差。

钟差预报与原子钟准确度、星座建模方法以及预报算法等有关。空间原子钟的精密钟差建模与预报技术目前主要应用于卫星导航定位领域，可以分为短期预报算法和长期预报算法两类。短期预报主要面向高精度定位应用，长期预报主要面向现代化卫星导航系统的自主导航需求。常用的钟差预报模型主要有多项式模型、周期项模型、灰色模型以及 ARIMA 模型等。相关研究表明针对导航卫星的精密钟差预报可以达到 2h 内误差小于 0.1ns 的精度[12]。

基于上述分析将精确钟差预报时间定义为等效钟差相对不变时间，表达式为

$$T = T_{\text{clk\_pre}}, \quad \sigma_{\text{clk}}(t) \leqslant w \times \sigma(0 \leqslant t \leqslant T_{\text{clk\_pre}}) \tag{3-13}$$

其中，$T_{\text{clk\_pre}}$ 为精密钟差预报时间，σ_{clk} 为钟差预报误差。

3.3.3.3　基于钟差相对不变性的时间比对网络模型

天地一体化信息网络具有显著的时变特性，星间可视性和星间链路可达性使得所形成的网络拓扑呈现周期性的变化，并以此建立了时变图模型。虽然天地一体化信息网络时变图模型可以反映节点间动态变化的链路关系，但是其割裂了不同时段间拓扑的关系，而且不能反映时间比对网络的特点，因此在基于时变图模型进行节点间建链开展时间比对的过程中，不能获得最优的时间比对结果。

目前针对天地一体化信息网络拓扑模型的研究主要面向通信业务，为了表征天地一体化信息网络的动态拓扑特征，在时变图模型基础上又有学者提出了扩展时变图等模型，针对天地一体化信息网络空间连接、传输和计算等多维能力评估方法进行了探索。在网络模型研究的基础上针对天地一体化信息网络的信息容量理论、资源管理方法和最大流路由算法等研究成果不断涌现。这些研究绝大多数都面向通信业务，以实现通信容量与业务质量最大化为目标，但是对于天地一体化信息网络时

间同步，这些模型没有反映时间同步业务的本质特点和需求，难以满足时间同步业务性能最优化的需求。

基于钟差短期不变性以及时间同步业务特性分析，面向非实时的时间同步业务提出了天地一体化信息网络时间比对拓扑聚合模型[13]。该模型基本思想是将钟差不变时间间隔内的天地一体化信息网络拓扑时变图进行聚合，形成拓扑聚合图。基于钟差相对不变性的天地一体化信息网络拓扑聚合原理如图 3-15 所示。

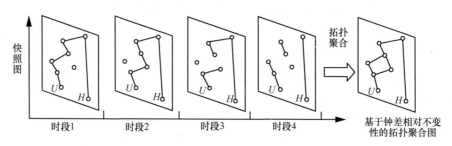

图 3-15　基于钟差相对不变性的天地一体化信息网络拓扑聚合原理

天地一体化信息网络内的时间比对模型基本要素由时间比对节点和比对链路构成。比对节点根据时间过程中的功能可以划分为端节点和中继节点。

对拓扑模型基本参数进行定义。设时间比对网络节点数量为 N，中继节点数量为 $N-2$。

节点寿命 l_i：节点 i 的寿命为 l_i，$l_i \leqslant T$，即小于或等于节点钟差短期不变时间 T。

链路寿命 L_{ij}：表示节点 i 与节点 j 进行比对的某条链路的寿命，其由组成链路中继节点寿命最小值决定，可表示为

$$L_{ij} = \min\{l_k\}, k = 1,2,\cdots,m \tag{3-14}$$

其中，m 为该链路中继节点数量。

聚合拓扑变化周期 T_{Net}：由构成网络拓扑的所有链路寿命的最小值决定，等同于网络拓扑所有中继节点的节点寿命最小值，可表示为

$$T_{\text{Net}} = \min\{L_i\}, i,j = 1,2,\cdots,N-2 \tag{3-15}$$

网络拓扑具有时间起点差异性，在不同的起始时刻发起时间比对，会形成不同的拓扑聚合图。聚合拓扑变化周期只与中继节点寿命有关，与端节点寿命无关。

当一个网络中大量节点的钟差不变时间较短时，拓扑聚合模型所能带来的优势将十分有限。基于上述分析将精确钟差预报时间定义为等效钟差不变时间，可以使整网的钟差不变时间大大延长，从而使得网络拓扑可以在更长时间内实现聚合，充分发挥网络拓扑聚合的优势。

用图 3-15 对网络拓扑聚合模型进行说明。

由节点 U 与节点 H 时刻 t_0 发起时间比对过程，其通过网络中的中继节点建立比对链路进行时间比对，网络中的可选中继节点数量共 6 个。各中继节点具有不同的节点寿命，由中继节点寿命最小值可以获得聚合拓扑变化周期 T_{Net}。

天地一体化信息网络链路在不同时段内呈现出不同的链路连通性，在聚合拓扑变化周期 T_{Net} 内共有 4 个网络拓扑快照图，由 4 个网络拓扑快照图聚合可以得到基于钟差短期不变性的聚合拓扑图。

基于钟差短期不变性的聚合拓扑网络模型进行天地一体化信息网络节点间时间比对，相比基于聚合前的空间网络时变图模型可以带来多方面的优势，具体如下。

- 充分反映了时间比对网络的特点，基于时间比对业务特点实现了对不同时段拓扑的连通，可以获得更优的多点中继时间比对性能。
- 减少了网络拓扑图的数量，减少了拓扑搜索次数。

下面针对基于钟差相对不变性的拓扑聚合图模型进行了性能理论分析。

若采用最小代价准则，基于时变图模型，时段 $T1$ 的时间同步误差为

$$\sigma_{T1} = \min\{\sigma_i\}, i \in n \tag{3-16}$$

其中，假设该时段包含 n 条比对路径。

设拓扑聚合周期包含 N 个时段。在该周期内基于时变图模型得到时间同步误差均方根为

$$\sigma_{\text{T\_graphchange}} = \sqrt{\frac{\sum_{k=1}^{N}\sigma_{Tk}^{2}}{N}} \geqslant \min\{\sigma_{Tk}\}, \ k \in [1,\cdots,N] \tag{3-17}$$

基于拓扑聚合模型，当不存在时间域拓展得到的更优路径的情况下，基于拓扑聚合模型时间同步误差达到的上限 $\sigma_{\text{T\_ceil}}$ 为

$$\sigma_{\text{T\_ceil}} = \min\{\sigma_{Tk}\}, \ k \in [1,\cdots,N] \tag{3-18}$$

基于拓扑聚合模型所获得的时间同步误差上限与基于时变图模型的时间同

步误差下限一致,因此基于拓扑聚合可以使得中继多跳时间同步获得更好的时间同步精度。

天地一体化信息网络的时间同步体系的分层架构如果要最大限度地实现拓扑聚合,减少时间比对建链次数,可以根据钟差不变时间长短对节点进行动态分类,实现网络分簇,多层天地一体化信息网络分层拓扑聚合如图3-16所示。

骨干网节点装备具有更好频率准确度的原子钟,因此骨干网的聚合拓扑变化周期相对较长,骨干网聚合拓扑相对固定,可以进一步降低路由筛选的次数;时间比对子网直接面向用户节点进行时间分发,节点数量多,子网内的空间原子钟性能相对一致,而不同子网节点所装备的空间原子钟性能差别较大,因此应面向不同子网分别进行拓扑聚合。

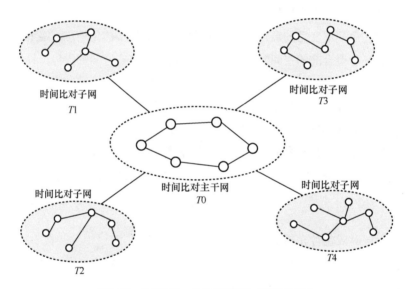

图3-16 多层天地一体化信息网络分层拓扑聚合

|3.4 时间统一体系能力|

天地一体化信息网络时间统一体系通过构建天地协同的基准建立维持、高精度时频传递与服务体系,推动时间基准与时间同步精度性能达到新高度,同时为通信、探索、科学研究等提供更为有力的时间支撑。

3.4.1　天基高精度守时能力

相关研究表明，太空微重力环境有利于获得更高精度的时间频率基准。将原子钟部署于空间平台，在微重力条件下，原子的速度将会降低，当应用射频信号源探测和激发原子产生能级跃迁时，可以获得更窄的共振曲线宽度，对于原子钟而言意味着具有更好的准确度和稳定度。因此，通过空间平台构建的空间综合时间在准确度和稳定度上相比于目前地面综合原子时有可能提高一到两个数量级，将可以获得相比之前性能更为优越的时间基准，为空间科学实验研究和各类天基、地面用户提供更为精准的时间服务。出于这方面考虑，世界各国先后开展了空间原子钟的相关计划和研究。

欧洲航天局（European Space Agency，ESA）联合多国于 2007 年启动了空间原子钟（Atomic Clock Ensemble in Space，ACES）项目，原计划 2018 年发射相关载荷，但由于多种原因搁置，目前尚未发射。该项目主要目的是将冷铷原子微重力钟和一台主动型氢原子钟部署于国际空间站，以支持包括重力红移、精细结构常数可能的时间变化、光的各向同性等一系列太空物理实验。所部属的原子钟具有极高的稳定度，可达 10^{-17}/天，因此可以将其作为空间信息网络的时间溯源节点，为地面站以及空间平台提供基于共视以及非共视的时间同步。在 ACES 系统中设计了多频双向时间比对链路，可以利用 100MHz 带宽链路实现星地高精度双向时间比对，时间比对精度达到皮秒级，以充分发挥和利用空间原子钟性能[5]。

NASA 也先后启动了 SUMO/PARCS、RACE、深空光钟任务（Deep Space Optical Clock Mission）等空间原子钟计划。其中，SUMO/PARCS 和 RACE 项目目前已被终止，深空光钟任务仍在进行中，该项目计划将汞离子光钟（在稳定的实验室环境下，10 天内走时误差不超过 1ns，对应频率稳定度约为 1.157×10^{-15}/10d）搭载在轨道测试平台卫星上开展演示实验[14]。

我国在空间信息网络时间同步体系架构方面也开展了相关技术研究。在北斗全球卫星导航系统的设计中积极采用了 Ka 频段的星间测量链路，并提出了基于星间链路的自主导航和时间同步的方法，以及针对北斗系统的星载守时的方法，可以在没有地面支持情况下建立导航系统时空基准。未来北斗系统将成为我国空间信息网络时空基准的核心。

2016 年我国天官二号空间站成功发射，作为该空间站的重要技术成果之一，部署了频率稳定度可达 10^{-17}/天的冷原子钟，目前其实测频率稳定度达到 8×10^{-16}/天。根据我国新一代空间站的发展规划，将会在 2022 年部署包含主动氢原子钟、冷原子微波钟和光晶格锶光钟的高精度时频系统，建成具有国际先进水平的自主空间站时频系统，其中也涉及了多频高精度时间比对链，支持我国空间物理实验和相关工程应用研究[15]。我国的载人空间站未来将有可能作为空间信息网络的关键守时和授时节点，成为我国空间信息网络时空基准体系重要组成部分。

3.4.2　网络化高精度时间同步能力

基于网络化分布式多节点进行协同目标探测，以实现更好的探测效果，是天文观测、卫星遥感、雷达等领域重要的应用发展方向之一。基于天地一体化信息网络可以实现网络化的高精度时频同步服务，为高性能的网络化分布式协同探测提供支撑。

在天文观测领域中，甚长基线干涉测量（Very Long Baseline Interferometry，VLBI）技术应用广泛。其可基于距离数千千米的观测站对同一射电源信号进行接收，根据时延差做相关处理，最终得到超高分辨率的干涉信号测量结果。VLBI 观测精度取决于延时测量精度，这就与多个观测站之间的时间同步精度直接相关。传统的解决方案是通过在各个观测站部署高精度原子钟，各站独立运行自主守时，这种情况下系统观测误差会随时间积累。基于高性能的时频传递技术，可以基于光纤链路进行时频传递，各站无须分别部署原子钟，即可以获得高精度同步的时间频率信号，并对时延实时进行补偿，降低了系统成本，同时避免了误差积累，同时可以获得更好的观测性能[16]。

在国际合作大科学工程平方公里阵列（Square Kilometre Array，SKA）项目中，就采用了我国提出的高精度地面光纤时频传递技术方案。该项目要基于 3000～4000 个天线组成的巨大阵列，形成 $1km^2$ 的信息采集区，构成世界上最大的射电天文望远镜，该项目凭借超高灵敏度、超大视场、超快巡天速度和超高分辨率，有望将人类视线拓展到宇宙深处，在宇宙起源、生命起源、宇宙磁场起源、引力本质、地外文明等自然科学重大前沿问题上取得革命性突破[18]。

多基地网络化雷达具有抗干扰和目标探测能力强等突出优点，目前是雷达领域发展的热点之一。多基地雷达的接收和发射天线是分离放置的，多基地雷达的接收机和发射机必须有统一的时间基准，这就要求收发系统间达到高精度时间同步；为了能顺利接收和处理回波信号，多基地雷达的接收系统跟发射系统必须工作于相同的频率，且保持相位同步。因此，系统内多节点的时频同步，是多基地雷达实现高性能协同探测的关键。基于传统手段，只能够在较小范围实现多基地雷达协同探测。依靠天地一体化信息网络构建的广域高精度时频传递能力，可以支持构建分布更广、节点更多的网络化雷达系统，实现更大范围、更高性能、更多目标的精准探测。

3.4.3　面向通导遥融合的全网泛在精准时间服务能力

在一体化、智能化、无人化发展的大趋势下，通导遥融合作为需求最为迫切、应用前景最为广泛的信息系统技术重要方向，在近年来已经逐步由理论概念走向了应用实践，各类通导一体化系统不断涌现，更多更加先进的通导遥一体化技术体制也处于快速发展完善中，通导遥一体化将是解决目前室内/外连续无缝定位、无人驾驶高精度导航控制等领域难题的关键手段，可以预见，通导遥一体化将在城市空间、智能交通、国家安全等领域实现广泛和重要应用，在国家综合 PNT 体系发展建设中发挥不可获取、难以替代的关键核心作用。通导遥融合体系架构如图 3-17 所示。

通导遥融合体系，是通过我国未来通信、导航和遥感系统的统筹规划、设计和建设，构建了涵盖天空地海多维空间的通信、导航、遥感一体化的信息系统、应用服务和标准协议体系，目的是实现卫星/地面通信网、PNT 信息网、遥感信息网三网融合，推动国家信息系统的资源整合。因为涉及天空地各类不同系统的协同及融合应用，这一体系的构建离不开高精度的网络化统一时间基准支持。

天基系统融合，以通导遥协同增强为根本目标，高度依赖于高精度、高可靠的天基时间基准。以北斗系统为核心，实现通导遥系统时空基准统一；以卫星通信网络为骨干，实现通导遥信息互联互通；以感知信息网络为信息来源，保障时空信息大数据信息的准确可靠。空间星座统一规划，地面测运控系统统筹建设，提供天基通导遥融合应用服务。中国电科网络通信研究院进行了低轨通导一体系统架构设计，并进行了系统级实践，于 2019 年发射了中电网通一号两颗通导遥一体化试验卫星，搭载自研低轨导航试验载荷，率先验证了北斗+低轨协同定位能力，定位精度优于1m，中电网通一号 A/B 星如图 3-18 所示。

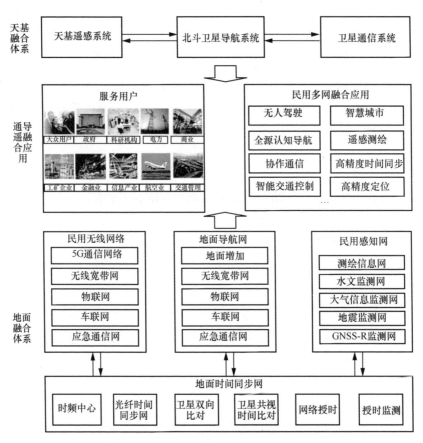

图 3-17　通导遥融合体系架构

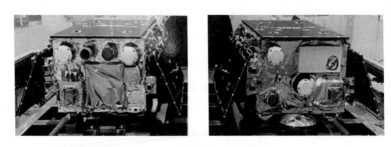

图 3-18　中电网通一号 A/B 星

地基系统融合，以实现通导遥网络融合和智能化融合应用服务为目标。其发展一方面将推动无线通信网、感知信息网络、地面导航网络和地面时间同步网络的物理整合，实现更泛在精准的时空信息服务；另一方面，多网信息互联互通，可实现更为便捷、精准以及高效的通导遥信息获取途径，提供智能化时空大数据大众服务。

依托全网泛在精准的时间统一能力，将支持构建"无缝覆盖，无孔不入"的通导遥一体化信息服务网络，提供"无时不有，无处不在"的通信、导航、遥感信息服务，推动基于时空大数据的智能信息产业应用发展。

| 参考文献 |

[1] 李德仁, 沈欣, 龚健雅, 等. 论我国空间信息网络的构建[J]. 武汉大学学报·信息科学版, 2015, 40(6): 711-715, 766.

[2] 张乃通, 赵康健, 刘功亮. 对建设我国"天地一体化信息网络"的思考[J]. 中国电子科学研究院学报, 2015, 10(3): 223-230.

[3] 李贺武, 吴茜, 徐恪, 等. 天地一体化网络研究进展与趋势[J]. 科技导报, 2016, 34(14): 95-106.

[4] LIU R Z, SHENG M, LUI K S, et al. An analytical framework for resource-limited small satellite networks[J]. IEEE Communications Letters, 2016, 20(2): 388-391.

[5] LI Y, SONG C M, JIN D P, et al. A dynamic graph optimization framework for multihop device-to-device communication underlaying cellular networks[J]. IEEE Wireless Communications, 2014, 21(5): 52-61.

[6] 翟造成. 国外空间钟计划与基础物理测试的波浪[J]. 世界科技研究与发展, 2007, 29(5): 67-74.

[7] 杨文可, 孟文东, 韩文标, 等. 欧洲空间原子钟组 ACES 与超高精度时频传递技术新进展[J]. 天文学进展, 2016, 34(2): 221-237.

[8] 黄波, 胡修林. 北斗 2 导航卫星星间测距与时间同步技术[J]. 宇航学报, 2011, 32(6): 1271-1275.

[9] 李涛护, 刘建胜, 秦江磊, 等. 单星导航 HEO 卫星初轨确定算法[J]. 北京航空航天大学学报, 2012, 38(6): 755-759, 765.

[10] 谢军, 孙云峰, 屈勇晟, 等. 空间原子钟组管理的实现及影响因素分析[J]. 导航定位学报, 2016, 4(1): 16-20.

[11] 陈锐志, 蔚保国, 王甫红, 等. 联合少量地面控制源的空间信息网轨道确定与时间同步[J]. 测绘学报, 2021, 50(9): 1211-1221.

[12] 蔚保国, 鲍亚川, 杨梦焕, 等. 通导一体化概念框架与关键技术研究进展[J]. 导航定位与授时, 2022, 9(2): 14.

[13] 蔚保国, 鲍亚川, 魏海涛. 面向时间同步业务的空间信息网络拓扑聚合图模型[J]. 电子

与信息学报, 2017, 39(12): 2929-2936.

[14] LIU R, SHENG M, LUI K, et al. Capacity analysis of two-layered LEO/MEO satellite networks[C]//Proceedings of 2015 IEEE 81st Vehicular Technology Conference. Piscataway: IEEE Press, 2015: 1-5.

[15] 燕洪成, 张庆君, 孙勇, 等. 空间延迟/中断容忍网络拥塞控制策略研究[J]. 通信学报, 2016, 37(1): 142-150.

[16] 张威, 张更新, 边东明, 等. 基于分层自治域空间信息网络模型与拓扑控制算法[J]. 通信学报, 2016, 37(6): 94-105.

[17] LI H Y, ZHANG T. A maximum flow algorithm based on storage time aggregated graph for delay-tolerant networks[J]. Ad Hoc Networks, 2017(59): 63-70.

第 4 章

天地协同时间基准建立与表达

时间基准根据部署守时资源位置可分为地面时间基准、地面网络化时间基准和天地协同时间基准等，时间基准系统一般由高精度原子钟、相位比对设备、频率测量设备、时间综合软件和信号调整设备构成，时间基准建立的模式可根据信号调整方法不同分为主钟模式和组合钟模式。随着氢原子钟、铯原子钟、铷原子钟技术高速发展，其性能指标进一步提升，为建立天地协同时间基准提供了丰富的守时资源。通过多级时间比对网络得到守时数据，经粗差剔除、跳相变频识别等预处理后，利用一定的算法获得自由纸面时，在完成纸面时驾驭和实时信号控制后，可提供稳定可靠的时间信息。

|4.1 基本概念|

1. 时间基准基本定义

时间基准是指能够为记录事件发生时刻和持续时间提供一个参考点的时间，包含时间间隔和时刻两个基本要素，即时间单位和时刻起点，一般是一个或多个实验室保持的多台原子钟求得的综合时间尺度[1-2]。

在卫星导航系统中，时间基准是系统定位、导航和时间比对的基础，与国际UTC同步在100ns之内，主要技术指标包括频率准确度和频率稳定度，具有稳定、连续、可靠的特点[3]。

2. 时间基准系统构成

时间基准系统一般由高精度原子钟、相位比对设备、频率测量设备、时间综合软件和信号调整设备构成，如图 4-1 所示，通过一定的方法将原子钟内性能最好的原子钟优选出来作为主钟，主钟输出的时间频率信号经过相位微调、分配放大等一系列操作后产生时间基准信号和频率基准信号。

3. 时间基准的两种模式

根据主钟信号调整的方法，可将时间基准建立的模式划分为主钟模式和组合钟模式。在主钟模式下，利用外部基准（如UTC、UTC(k)或其他基准装置）或原子钟互比的方式，评估钟组内原子钟的性能，性能最优的选为主钟，通过对主钟输出时间信号的驾驭调整完成对上级基准或外部其他基准的溯源，实现基准建立，该基准的频率稳定度、频率准确度等指标主要受主钟自身性能影响。目前采用主钟模式建立的时间基准主要有俄罗斯格洛纳斯导航卫星系统时间基准、中国北斗二号导航卫星系统时间基准等[4-5]。

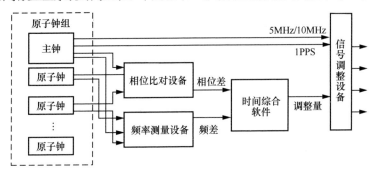

图 4-1　时间基准系统构成

　　组合钟模式下，时间基准的驾驭量由主钟时间信号与纸面时基准、上级基准或外部基准的相位差或频差决定，纸面时基准通过组合钟内所有原子钟的钟差表现和综合原子时算法（如 ALGOS 算法[6-7]、AT1 算法[7]、卡尔曼滤波算法[8]、小波分解算法[9]等）计算获得，时间基准的频率稳定度、频率准确度等指标主要受钟组内各原子钟噪声水平、综合原子时算法影响。目前采用组合钟模式建立的时间基准主要有美国 GPS 时间基准、欧洲伽利略卫星导航系统时间基准等。

　　一般来讲，主钟模式适用于钟组规模较小、距离上级或外部溯源基准较近的守时系统，组合钟模式适用于钟组规模适中、没有其他溯源基准或距离溯源基准较远的守时系统。

　　时间基准根据部署位置可分为天基时间基准和地基时间基准。天基时间基准在卫星或空间站利用星载原子钟建立时间基准，地基时间基准依托地面原子钟在地球上建立时间基准。天地协同时间基准是指利用地面原子钟和星载原子钟建立时间基准的模式，通过天地之间的比对和溯源链路将卫星钟和地面钟组合，实现天地一体的协同守时[10]。

|4.2　守时原子钟|

　　原子钟是时间基准系统的核心资源。原子钟发明以后，其优越的准确度和稳定度性能立刻引起了人们的注意，世界上许多国家利用多种元素进行原子钟的研制，先后出现了十多种不同类型的原子钟装置，其中，基于氢、铯、铷的原子钟更为成熟、适用性更强。高速发展的技术改造为原子钟的发展提供了强大的推动力，这3种原子钟的性能指标进一步提升，尤其在减小体积、减轻质量、降低功耗等方面，商品化程度也有了显著的提高。目前，这3种原子频率基准已广泛应用于工程技术和科学实验等领域，为科学技术的进步和发展发挥着重要的作用[11-12]。

我国从20世纪60年代后期开始，全面开展原子钟的研制工作，到20世纪70年代末，铷原子钟批量生产，性能基本达到了当时的国际水平，氢原子钟也投入工程使用，铯原子时间频率基准研制完成，由于寿命问题并未投入实际应用。此后原子钟研制工作停滞，仅有少数单位坚持。21世纪初，中国原子钟事业又取得了新的发展，铷原子钟小型化，氢原子钟生产的标准化、规划化，铯原子钟突破关键技术等原子频率基准的研制取得了重大进展。

4.2.1　氢原子钟

氢原子钟是目前传统原子频标中稳定度最高的频标。其一天的稳定度为 10^{-16} 量级，准确度为 10^{-14} 量级。氢原子钟分为主动型（有源型）氢原子钟和被动型（无源型）氢原子钟。主动型氢原子钟体积较大，质量较重，但可搬运，有极好的短期稳定度和长期稳定度，频率准确度也高。近年来，主动型氢原子钟的主要方向在于制造既高性能又方便实用的小型化装置。被动型氢原子钟与商品型铯原子钟相比体积和质量相当，但频率稳定度和频率准确度比铯原子钟好。目前，生产氢原子钟的单位主要有美国的 Microsemi 公司、俄罗斯的 VCH 公司、瑞士的 T4science 和中国的上海天文台等。

常见氢原子钟的技术指标见表4-1，包括上海天文台 SOHM-4A、俄罗斯 VCH 公司的 VCH1003M 以及美国 Microsemi 公司的 MHM2010，部分原子钟有高配型或低相噪型，表内不再枚举。

表 4-1　常见氢原子钟的技术指标

指标	SOHM-4A	VCH1003M	MHM2010
频率稳定度	3.0×10^{-13}/s	1.5×10^{-13}/s	1.5×10^{-13}/s
	6.0×10^{-14}/10s	2.5×10^{-14}/10s	2.0×10^{-14}/10s
	1.0×10^{-14}/100s	6.0×10^{-15}/100s	5.0×10^{-15}/100s
	5.0×10^{-15}/1000s	2.0×10^{-15}/1000s	2.0×10^{-15}/1000s
	2.0×10^{-15}/10000s	1.5×10^{-15}/10000s	1.5×10^{-15}/10000s
	2.0×10^{-15}/1Day	7.0×10^{-16}/1Day	2.0×10^{-16}/1Day

（续表）

指标	SOHM-4A	VCH1003M	MHM2010
相位噪声	10MHz 信号 ≤−120dBc/1Hz ≤−128dBc/10Hz ≤−140dBc/100Hz ≤−145dBc/1kHz ≤−145dBc/10kHz	5MHz 信号 ≤−115dBc/1Hz ≤−135dBc/10Hz ≤−149dBc/100Hz ≤−156dBc/1kHz ≤−156dBc/10kHz	5MHz 信号 ≤−116dBc/1Hz ≤−135dBc/10Hz ≤−148dBc/100Hz ≤−155dBc/1kHz ≤−155dBc/10kHz
温度灵敏度	$<1.0\times10^{-14}/℃$	$<2.0\times10^{-15}/℃$	$<1.0\times10^{-14}/℃$
磁场灵敏度	$<2.0\times10^{-18}/T$	$<1.0\times10^{-18}/T$	$<3.0\times10^{-18}/T$

4.2.2　铯原子钟

铯原子钟根据其物理部分的物理机理可分为磁选态和光抽运两种类型。磁选态铯原子钟应用广泛，目前全世界绝大多数二级时间频率计量标准采用磁选态小型铯原子钟，全世界 90%以上的守时铯原子钟是美国生产的商品磁选态小型铯原子钟。光抽运铯原子钟是 20 世纪 80 年代初提出的，它随着半导体激光器的发展日益成熟，国内已有单位生产光抽运铯原子钟并用于守时。

磁选态铯束管和光抽运铯束管具有不同的铯原子束空间运动和作用的特点，磁选态铯原子钟和光抽运铯原子钟基本工作原理分别如图 4-2 和图 4-3 所示。

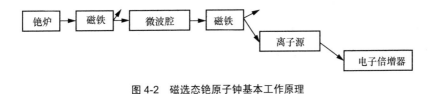

图 4-2　磁选态铯原子钟基本工作原理

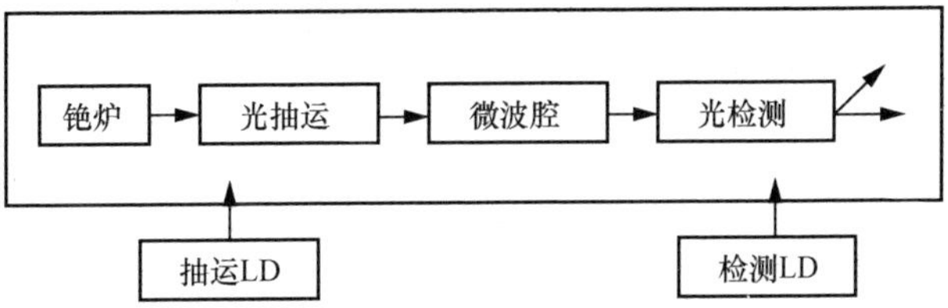

图 4-3　光抽运铯原子钟基本工作原理

磁选态铯原子钟采用不均匀强磁场进行原子选态，铯炉发出的原子束在通过微波腔之前经过不均匀偏转磁场，基态超精细能级 $F=3$ 和 $F=4$ 两态原子在反向的磁场力作用下在空间上分离，分别向相反的方向偏转，这样可实现选择所需的某一态原子进入微波腔（如 $F=3$ 态进入）。原子经共振作用跃迁后，再次受不均匀强偏转磁场作用，选择跃迁了的原子进入检测器，变换为电流信号流出，未跃迁的则偏转掉。

　　光抽运铯原子钟采用频率锁定在 $F=3$ 或 $F=4$ 至激发态子能级的波长为 852.1nm 的窄线宽激光抽运其中某一态原子，使原子受激跃迁到光学激发态并通过自发辐射回到基态，由于原子可按一定概率分别回到两态上，故经过一段时间的激发作用，原子将全部被抽运到另一所需态上（如可从 $F=4$ 态全部抽运到 $F=3$ 态），从而实现了原子态的制备，进入微波腔（如 $F=3$ 态进入）。原子共振跃迁出微波腔后进入检测区，与另一束频率锁定在 $F=4$ 至激发态的激光作用。该光只激发产生了跃迁的原子，原子发射荧光经收集后由光电探测器探测，变换为电流信号输出。全部过程中两态原子呈直线行进在空间上不分开，激光起选择激发的作用。

　　磁选态管已具有成熟的实用性，其性能指标已达到了很高的水平，具有好的准确度和长稳性能，预计今后将会继续改进发展。光抽运管原子利用率较高，可获得较大的信噪比，具有很好的提高短期稳定度的潜力。

　　铯原子钟技术指标见表 4-2，包括兰州空间技术物理研究所生产的 LIP Cs-3000 磁选态铯原子钟、北京大学生产的 BD1024 磁选态铯原子钟和美国的 5071A 型铯原子钟，从表4-2 中可以看出，国产铯原子钟性能与 5071A 已基本相当，甚至部分指标超过了 5071A。此外，北京无线电计量测试研究所、成都天奥电子有限公司等单位已研发激光抽运型铯原子钟，可用于时间保持，此处不再枚举。

表 4-2　铯原子钟技术指标

指标	LIP Cs-3000	BD1024	5071A
频率稳定度	5.0×10^{-12}/s 3.5×10^{-12}/10s 8.5×10^{-13}/100s 2.7×10^{-13}/1000s 8.5×10^{-14}/10000s 2.7×10^{-14}/100000s	5.0×10^{-12}/s 2.7×10^{-12}/10s 8.5×10^{-13}/100s 2.7×10^{-13}/1000s 8.5×10^{-14}/10000s 2.7×10^{-14}/100000s	5.0×10^{-12}/s 3.5×10^{-12}/10s 8.5×10^{-13}/100s 2.7×10^{-13}/1000s 8.5×10^{-14}/10000s 2.7×10^{-14}/100000s

（续表）

指标	LIP Cs-3000	BD1024	5071A
相位噪声 （10MHz）	≤-95dBc/1Hz ≤-130dBc/10Hz ≤-145dBc/100Hz ≤-150dBc/1kHz	≤-100dBc/1Hz ≤-130dBc/10Hz ≤-145dBc/100Hz ≤-150dBc/1kHz	≤-100dBc/1Hz ≤-130dBc/10Hz ≤-145dBc/100Hz
准确度	5.0×10^{-13}	5.0×10^{-13}	5.0×10^{-13}
寿命	5 年	5 年	5 年

4.2.3 铷原子钟

相对于氢原子钟和铯原子钟，铷原子钟具有体积小、质量轻、功耗小、价格低、寿命长、可靠性高等优势，因而使用最广泛。目前，铷原子频标的发展呈高性能和小型化两个方向。高性能的铷原子频标主要应用于守时授时和导航定位等领域。小型化的铷原子频标，主要应用于民用通信基站设备、高稳仪器设备、机载、导弹甚至单兵装备等领域。随着更多新型星载原子钟的应用，未来导航卫星钟组的构成呈多样化趋势，由各种星载原子钟的组合，如美国 GPS Ⅲ 卫星的原子钟组采用铷原子钟+X 模式，X 是不定状态，指向新型的原子钟。

主要卫星导航系统星载原子钟稳定度指标见表 4-3[13-14]，包括 BDS-3、BDS-2、GPS、GLONASS 和 Galileo。其中，ALL 代表全星座，Rb 代表铷原子钟，H 代表氢原子钟。

表 4-3 主要卫星导航系统星载原子钟稳定度指标

卫星系统和类型	千秒稳定度/ （$\times 10^{-13}$）	千秒稳定度均值/ （$\times 10^{-13}$）	万秒稳定度/ （$\times 10^{-14}$）	万秒稳定度均值/ （$\times 10^{-14}$）
BDS-3: ALL	0.1~0.553	0.292	0.35~2.03	1.10
BDS-3: Rb	0.297~5.53	0.455	1.08~2.03	1.71
BDS-3: H	0.1~0.258	0.175	0.35~0.98	0.67
BDS-2: ALL	0.86~2.29	1.47	3.27~8.14	5.19
Galileo: Rb	0.337~0.601	0.469	1.27~2.20	1.73
Galileo: H	0.223~0.551	0.292	0.87~2.01	1.12
Galileo: ALL	0.223~0.601	0.307	0.87~2.20	1.18
GLONASS:ALL	1.70~7.23	3.16	6.06~25.7	11.2
GPS:ALL	0.37~5.87	2.34	1.72~20.8	8.44

|4.3　时间基准建立模式 |

根据原子钟位置不同，可将时间基准建立模式分为地面时间基准、地面网络化时间基准和天地协同时间基准。

4.3.1　地面时间基准

地面上的原子钟放置在同一地点开展守时，这种时间基准建立模式为本地守时；如果将原子钟组分布在不同地域，则称为异地守时。利用多个守时实验室的原子钟组建立时间基准的模式为联合守时。

4.3.1.1　本地守时

本地守时是指原子钟组放置在同一地点或相距较近区域的时间基准建立模式。国际上，大多数守时实验室采用本地守时模式，以便于监测各原子钟的状态。本地守时一般只产生一个时标信号。

1. 本地守时系统构成

本地守时系统主要由守时钟组、内部时间比对单元、外部时间比对单元、实时信号控制单元、实时信号分配单元及守时算法单元 6 部分组成，结构如图 4-4 所示[15]。

（1）守时钟组

守时钟组负责输出原始脉冲信号和频率信号，为系统提供频率源。内部时间比对单元实时采集本地原子钟的时差数据，经过预处理的时差数据参与原子时计算后得到本地综合原子时 $TA(k)$，外部时间比对单元主要用于与其他实验室或远程站进行时差比对。实时信号控制单元以 $TA(k)$ 为参考，对主钟信号进行驾驭控制，得到本地时间频率基准 $UTC(k)$。为了提供本地守时系统的可靠性，实时信号控制单元一般采用主备同步设计，使得主备路的 1PPS 信号和 5MHz/10MHz 信号时刻保持同步。实时信号分配单元负责将本地标准信号分配为多路，供其他系统或用户使用。

（2）内部时间比对单元

在钟组内部，利用循环采集方式获取主钟信号 $UTC(k)$ 与各原子钟的时差，采集周期为一般为 1s，为原子时计算提供原始钟差数据。

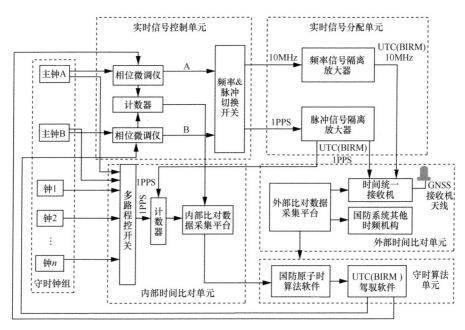

图 4-4　本地守时系统结构

众所周知，受环境、人为等因素影响，原始钟差数据存在跳频、跳相等异常情况，进行原子时计算之前需要进行数据预处理。可利用中位数探测法等异常钟差探测与修正算法，准确定位钟差数据的异常位置、分析异常类型并修正。

（3）外部时间比对单元

外部时间比对单元主要是采用 GNSS 共视或卫星双向时间比对等方式将本地时间 UTC(k) 溯源至协调世界时，链路时延需精确校准。

（4）实时信号控制单元

UTC(k) 是本地守时系统最终输出的时间频率基准信号，由相位微调仪对主钟的 5MHz/10MHz 信号调整后产生。原子时算法获得纸面的综合原子时 TA(k)，利用 TA(k) 实时控制 UTC(k) 的频率信号，使得 UTC(k) 跟踪 TA(k)。

（5）实时信号分配单元

实时信号分配单元包括频率信号隔离放大器和脉冲信号隔离放大器，分别将 10MHz 信号和 1PPS 信号区分放大，扩充为多路频率信号和脉冲信号，提供给用户使用。

（6）守时算法单元

本地守时系统一般选用 2 台性能较好的原子钟作为主钟和备份主钟，综合原子时 TA(k) 是利用多台原子钟与主钟的钟差数据综合产生的，原子时算法的目的是利用统计学方法，充分发挥守时钟组中每台钟的优势，使得产生的综合原子时 TA(k) 的稳定度远高于单台钟的稳定度。

2. 本地守时系统信号控制

本地守时系统产生的 UTC(k)是协调世界时 UTC 在本地的物理实现，为使得本地守时系统建立的时间基准与协调世界时 UTC 的偏差尽可能地小，且系统输出的信号满足稳定度指标要求，还需要对信号进行一定的控制调整。

本地守时系统实时信号 UTC(k)的控制过程一般分为 3 个阶段，分别为数据积累阶段、粗调阶段和微调阶段。

（1）数据积累阶段

在新系统运行初始阶段，需要积累数据，用于分析主钟特性。在这一过程中，不对相位微调设备进行任何控制操作。

（2）粗调阶段

待积累数据一定时间后，根据 UTC(k)与本地原子时 TA(k)之间的时差计算主钟的相位调整量和频率调整量，并将其输入相位微调设备完成粗调。经过粗调，实时信号 UTC(k)与本地原子时 TA(k)的时差可调至 ns 量级，相对频率偏差可调至 10^{-14} 量级。

（3）微调阶段

粗调完成后，为了保证相位连续性，不再对主钟相位进行调整，而是实时监测 UTC(k)与 TA(k)之间的时差并计算相对频率偏差，根据系统运行情况判断是否需要进行微调。在微调阶段，频率调整量一般在 10^{-15} 量级。

对主路 UTC(k)完成调整后，还需要对备路 UTC(k)进行调整，使得主备路保持同步，保证 UTC(k)能持续稳定可靠运行。主备同步调整过程一般划分为两个阶段，即初始脉冲同步阶段和微调频率同步阶段。

（1）初始脉冲同步阶段

利用相位微调设备的 1PPS 信号同步功能，将主路和备路输出的脉冲信号同步到一个较小的范围（该范围由相位微调设备性能指标决定）内，实现主备信号的粗同步。

（2）微调频率同步阶段

设置时间间隔计数器的采样周期为 1s，利用时间间隔计数器实时采集主备路脉冲信号的时差，根据该时差实时计算备路相对于主路的相对频率偏差和相位偏差。

若偏差超出阈值，则计算备路信号的频率调整量，并利用相位微调设备对备路的频率进行驾驭；若偏差在允许范围以内，则不采取任何动作。通过主备路同步技术，可使两路信号的时差时刻保持在 1ns 以内，相对频率偏差保持在 10^{-15} 量级。

至此，本地守时系统信号调整控制的一个周期结束，进入下一个调整周期，重复以上采集、计算与调整操作，使得系统输出的 UTC(k)信号与协调世界时的偏差保持在一定范围之内，在本地成功复现 UTC 时间基准。

4.3.1.2 异地守时

异地守时是原子钟组结构松散，部署于两地或多地的时间基准建立模式。异地守时一般产生多个时标信号，每个时标信号之间时间偏差保持在一定范围之内。异地守时将原子钟组分散在不同地点，是提高时间基准系统可靠性的主要手段，可以避免人为因素或其他不可抗力因素引起的灾难性故障，同时还可以克服本地原子钟相关性对原子时的影响。研究发现，由于本地原子钟的机房温湿度、磁场的变化规律十分类似，原子钟之间的频率变化存在强相关性，测量结果的频率稳定度一般优于真实的频率稳定度。异地原子钟的运行环境由分属于不同地点的单位独立维护，环境变化差异明显，时差比对结果相关性较低，测量结果更加真实可信。

美国海军天文台守时系统是典型的异地守时系统。美国海军天文台负责美国国防部标准时间和 GPS 时间基准的保持和播发[16]。目前，美国海军天文台守时系统由 62 台铯原子钟、35 台氢原子钟和 6 台频率基准装置组成的守时钟组及庞大的比对设备和数据处理系统构成。原子钟组分布在华盛顿本部和科罗拉多州的施里弗空军基地，两地之间建有完善的时间比对网络，从而利用了异地原子钟建立了时间基准，标准时间的频率准确度达到 10^{-15} 量级，与协调世界时 UTC 的偏差控制在±10ns 以内。美国海军天文台产生了两个时标信号，分别是 UTC(USNO MC#1)和 UTC(USNO MC#2)，二者之间通过高精度时间比对链路实时比对，时差小于 2ns。

异地守时的前提是建立和维持高精度的比对链路，同地的原子钟可通过测量设备进行循环测量得到原子钟相互的时差，而不同地点的原子钟需要通过比对链路建立比对关系，将分布于各地的时差数据通过一定的数据传输链路送到数据中心，利用比对关系将这些时差数据进行融合处理后用于守时计算。异地守时涉及的关键技术包括综合原子时计算间隔的选择、异地原子钟权重的确定、末端时间频率处理技术等。

1. 综合原子时计算间隔的选择

本地守时的原子时计算间隔的选择，与守时原子钟的噪声特性、测量设备的精度和对守时需求等方面密切相关[17]。通过构建各守时原子钟时差的噪声曲线，统计分析各守时原子钟的最佳计算间隔（闪烁平台）范围，结合守时需求，构建一定的数学模型，确定基于所有守时原子钟的最佳计算间隔。

异地守时的原子时计算间隔的选择与本地守时的选择类似，不同的是异地守时的钟差包含比对链路噪声，导致比对精度低于本地直接测量钟差，设置原子时计算间隔较短，易受到比对链路噪声影响，因此异地守时需要通过构建数学模型，权衡比对链路噪声与异地守时系统性能的关系，进而选择合适的原子时计算间隔。

2. 异地原子钟权重的确定

原子时通常由各守时原子钟加权平均计算得到[18]。每个确定守时原子钟权重的算法都不相同，但有一个相同点是守时原子钟的权重都与该原子钟的速率方差（如频率稳定度）成反比。异地守时既包括本地原子钟也包括异地原子钟，最好选择不同的方法确定权重，原子钟的权重与以下几个因素有关。

- 频率稳定度对应取样间隔的选择。
- 数据长度的选择。
- 频率稳定度的计算方式：Allan 方差、Hadamard 方差、剔除频率漂移的 Allan 方差、其他方差。
- 要不要限权，如何限权。
- 考虑不同类型原子钟的差异，如铯原子钟和氢原子钟等。

由于本地原子钟测量精度比远程时间比对精度高，在短期时间基准上，本地守时优于异地守时的性能。而在中长期时间基准上，远程时间比对的钟差数据反映的是原子钟自身的性能，在中长期时间基准上，守时原子钟越多，其稳定性越好。因此，异地守时的中长期稳定性越好。为更好发挥原子钟的性能优势，降低比对链路噪声的影响，本地原子确定权重的时间间隔与异地原子钟可能不同，异地原子钟时间间隔一般较长。异地原子钟实际运行良好，但受比对链路可靠性影响，异地原子钟比对数据可能存在不连续或甚至长时间中断的现象，我们可以根据实际情况调整异地原子钟的取权数据长度，让异地原子钟充分参与原子时计算。

3. 末端时间频率处理技术

异地守时系统中，各地需实时监测本地输出时标信号的状态，通过多通道计数器或比相仪等设备精密跟踪，保证多个时标信号的一致性、可用性。这需要利用比对链路将多个时标信号建立长期的时频比对机制，并分析比对数据，遭遇异常情况时（如调相、调频），通过硬件控制和软件切换等手段，调整相位微跃器等时频信号产生设备，进行频率控制或时差补偿等操作，实现末端时标信号的平稳输出。

4.3.1.3　联合守时

联合守时是采用集中式结构将多个守时实验室的资源统一联合的时间基准建立模式，它利用本地原子钟测量比对设备，获取各个实验室内部原子钟组的比对数据。采用远程比对手段实现不同实验室间时间的溯源比对，最终获得多个实验室的原子钟比对数据。在联合守时模式下，无论选择哪个实验室作为主站，采用相同的时间尺度算法和频率驾驭算法，最终产生的标准时间性能差异主要由主钟性能、参数设置不同等引起。

协调世界时（UTC）就是典型的联合守时模式，以德国联邦物理技术研究院作为主站，国际上其他守时实验室通过 GNSS 卫星共视时间比对、GNSS 精密单点定位时间比对或卫星双向时间频率比对等手段与其建立时间比对链路，参与 UTC 计算的远程时间比对网[19]如图 4-5 所示。各个守时实验室将比对数据和原子钟测量钟差上传至指定服务器，BIPM 统一归算出国际原子时（International Atomic Time，TAI）。经过 50 多年的发展，全球 80 多个守时实验室约 450 台高精度原子钟参与国际原子时的计算。目前，TAI 频率准确度优于 1×10^{-15}，频率月稳定度达到 3×10^{-16}。

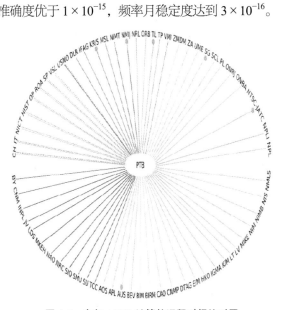

图 4-5　参与 UTC 计算的远程时间比对网

联合守时包含钟差数据预处理、综合原子时计算和实时物理信号产生 3 个环节[20]，联合守时系统结构如图 4-6 所示。

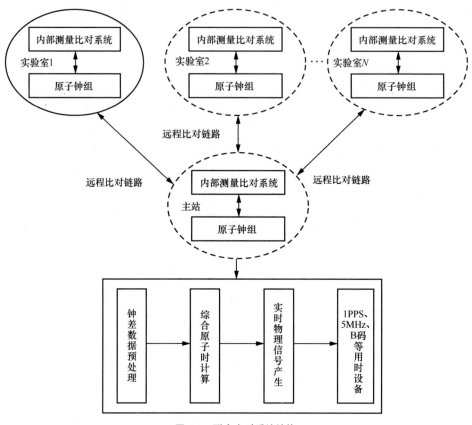

图 4-6　联合守时系统结构

1. 钟差数据预处理

基于本地内部测量比对系统获得的原子钟数据，存在数据缺失、异常和噪声等情况，如果这些因素的影响没有被减弱或消除，最终会影响输出信号 UTC(k)的控制精度。

通过远程比对链路将多个实验室的原子钟数据传递到主站，但在数据传递过程中，受时间比对链路性能的影响，会将链路噪声带入原子钟比对数据中，同时远距离比对易出现异地原子钟数据的缺失、异常等情况。因此开展综合原子时计算前，需要进行钟差数据预处理。

钟差数据预处理的过程包括完整性检测、粗差剔除、数据降噪等环节，其中涉及数据内插和外推算法、数据降噪方法等。在对原子钟数据降噪时，一方面要考虑传递链路引入的误差，另一方面还需要考虑内部比对系统引入的误差，以及原子钟自身噪声等。数据预处理结束，消除了异常因素的影响，处理好的数据才可以用于综合原子时计算。

2. 综合原子时计算

联合守时既要发挥本地原子钟组资源建立短期性能最优的本地原子时，又要联合异地原子钟组资源建立长期性能最优的联合原子时，最后利用长期性能最优的联合原子时对短期性能最优的本地原子时进行驾驭控制，最终得到短期、长期性能都最优的一个综合原子时。因此，其综合原子时算法需要考虑原子钟类型、比对链路噪声等多种因素的影响，提出一个最优的算法。如 BIPM 从 1973 年起采用 ALOGS 算法用于自由原子时 EAL 的计算，计算时主要考虑 EAL 的长期稳定度。40 多年来，为了适用原子钟和比对链路性能的提升，BIPM 对 EAL 的计算方法做过多次修改，其中，针对 ALOGS 算法中的加权方法改进的次数最多。最近一次 BIPM 对 EAL 算法进行修改是 2014 年，主要目的是：利用氢原子钟良好的频率预测特性，提高 EAL 的稳定性和准确度；平衡氢、铯两种原子钟在 EAL 计算时的权重比例。通过分析 EAL 的计算结果，该算法提高了氢原子钟在计算 EAL 时的权重，氢原子钟权重份额呈现不断增长的趋势，从 2014 年的 54%提高到 2017 年的 75%，权重在 3 年间增加了 21%[21]，EAL 的短期稳定度和长期稳定度自 2014 年起均有提升，可见选择一个合适的综合原子时算法对联合守时至关重要。

3. 实时物理信号产生

联合守时系统中，每个实验室都可以产生一个时标信号，利用本地原子钟组的任意一台原子钟都可作为主钟输出时间频率信号，但原子钟的频率普遍存在偏差和漂移，因此需要对输出的信号进行频率调整。为维持原子钟的稳定性和独立性，一般不直接对原子钟进行相位或频率的干预，而是通过外部频率调整设备（一般为相位微调器）实现对原子钟输出信号的修正，不仅需要考虑驾驭后输出信号与时间基准的偏差，还应注意驾驭后信号的频率稳定性。

常用的频率驾驭算法有最小二乘估计方法、最优二次型高斯控制算法等，利用迭代函数不断地逼近最优控制，考虑驾驭强度和驾驭周期，最终计算得到最优的频率驾驭量。

联合守时在远程比对链路中断时，可看作本地守时；实验室同属一个机构或实验室数量较少时，可看作异地守时，三者之间的异同见表4-4。

表4-4　本地守时、异地守时和联合守时的异同

项目	本地守时	异地守时	联合守时
管理机构	1	1	多个
时标数量	1	一个或多个	多个
比对网络	本地内部测量	本地内部测量、外部比对网络	本地内部测量、外部比对网络
可靠性设计	本地冗余设计	本地冗余设计、异地部署	本地冗余设计、异地部署
复杂度	简单	复杂	复杂

4.3.2　地面网络化时间基准

远距离时间比对链路是联合守时的重要环节。目前，国际上采用的远程时间比对技术方法主要有 GNSS 卫星共视、GNSS 卫星全视、GNSS 精密单点定位时间比对、卫星双向时间频率比对、激光时间比对以及光纤时间比对技术等。在 UTC 链路中，采用单一时间比对链路的实验室占比高达 91%，大量冗余链路并未得到充分利用。如何充分利用冗余链路提高时间比对技术的准确性，稳定性和可靠性一直是时频领域的研究热点。为此，2009 年国际时间频率咨询委员会开始鼓励采用多技术手段参与 UTC 计算[19]。

此外，随着高精密时间频率在我国各行业越来越广泛和深入的应用，很多单位有意向购置高性能原子钟。据了解，全国散落各地的原子钟有上百台之多。此外，这些原子钟为保持准确运行，需要通过比对链路向国家时间基准溯源，这样就建立了各种类型的比对链路。

网络化时间基准的概念应运而生，与集中式产生时间基准不同，网络化时间基准是"去中心化"的守时模式。协调世界时是典型的集中式时间基准，它由全世界范围内几百台原子钟（组）通过卫星同步技术集中比对后进行加权平均产生。网络化时间基准借鉴"云计算"的概念，每个守时节点均可利用网络上的原子钟计算时间基准，并且每个节点的时间基准保持时间同步。

地面网络化时间基准依赖于时间比对网络，时间比对网络采用多级结构，时间比对信息按国家时间基准系统、省部级时间基准系统、地市级时间基准系统等从大到小、从高级别到低级别的顺序开展时间频率比对，最终利用网络将比对数据分散存储在"云"上，各节点访问"云"获取时间比对信息，并利用全部或部分时间比对信息计

算获得本地纸面时基准，调整驾驭本地实时时频信号，为用户提供时间基准服务。

　　不同级别时间基准系统的区别在于原子钟数量和比对链路精度不同，国家时间基准系统包含原子钟数量较多，一般超过 10 台，拥有卫星共视时间比对、卫星双向时间比对、光纤时频比对等多种外部比对链路，拥有时间比对链路的校准基准；省部级时间基准系统数量中等，一般为 3～8 台，拥有卫星共视时间比对、卫星双向时间比对、光纤时频比对等多种外部比对链路，向国家时间基准系统溯源；地市级时间基准系统包含 1 台以上原子钟，拥有向国家时间基准系统或省部级时间基准系统溯源的外部比对链路。节点间的高精度比对链路是地面网络化时间基准的基础。德国联邦物理技术研究院与世界上大多数守时实验室间建立了卫星共视时间比对链路和卫星双向时间比对链路，这些链路为国际权度局计算国际原子时提供了数据保障[22]。

　　地面网络化时间基准内各个节点既可自主守时、建立和保持本地的协调世界时 UTC(k)，又可以通过外部比对链路获取全国甚至全世界的守时资源，建立和保持国家 UTC（China）甚至 UTC。随着低轨卫星的发展，空间通信能力将得到大幅提升，地面网络化时间基准和星上守时资源相结合，又可建立天地一体化的网络化时间基准。

4.3.3　天地协同时间基准

　　星载原子钟是导航卫星的关键载荷，能够确保卫星导航系统提供精确的授时服务。目前，GPS 空间段的每颗 BlockII/IIA 卫星上均放置了 2 台铷原子钟和 2 台铯原子钟，每颗 BlockIIR 卫星上放置了 3 台铷原子钟。Block IIR-M 采用与 Block IIR 卫星相同的原子钟配置方案，Block IIF 采用 2 台铷原子钟和 1 台铯原子钟的配置方案，铯原子钟的引入能够改善频率短期稳定度[23]。北斗三号系统中每颗卫星配置 3～4 台原子钟，星载钟类型包括星载铷原子钟、星载氢原子钟，组合模式为 3 台铷原子钟组合或者 2 台铷原子钟和 2 台氢原子钟组合[24]，星载钟的万秒稳定度指标接近地面的商品型铯原子钟。随着星载原子钟性能的不断提升，基于星载原子钟开展自主导航、自主守时已成为可能。

　　天地协同时间基准是指利用地面原子钟和星载原子钟建立时间基准的模式，使用多个卫星的卫星钟和地面守时实验室的守时原子钟组成守时钟组，然后通过星间链路完成各卫星钟之间的测量比对，通过星地双向时间比对链路实现卫星钟与地面钟的测量比对，采用合适的时间基准算法，可实现天地之间原子钟的联合守时。

美国 GPS 时间基准是由地面主控站、监测站的高精度原子钟及 20 多个 GPS 卫星的星载原子钟共同建立和维持的。GPS 的地面控制中心收集来自分布在全球的 5 个 GPS 监控站所接收的各个卫星钟的时间信号，通过滤波处理，得到组合钟时间，正是这些时间信息满足了几十米或米级准确度的导航及在地面上厘米级甚至毫米级准确度的定位需求[11,25-26]。

GPS 的星座自主运行方式有 3 种[27]：无自主导航方式、半自主导航方式、自主导航方式。其中，无自主导航方式是指完全由地面站提供时间基准和更新星历；半自主导航方式是指卫星进行自主导航工作，但地面每月对卫星进行一次时间和星历的更新；自主导航模式是指地面不再提供时间基准和更新星历，依赖于星上卫星时间实现星座的自主运行。

借鉴 GPS 星座自主运行方式，天地协同时间基准建立模式同样可以分为 3 种：地面守时模式、半自主守时模式和自主守时模式。

地面守时模式是指利用地面原子钟和星上原子钟开展联合守时，通过地面丰富的比对链路和基准钟开展实时物理信号的驾驭工作。此模式与 GPS 时间基准建立模式相同，充分发挥了地面原子钟的性能优势。星载原子钟在纸面时计算时取得的权重较低，但一同参与守时计算，一方面可以评估当前星载原子钟的性能和运行状态，另一方扩充了时间基准的钟组规模，增加了钟组的冗余性和时间基准的鲁棒性，适用于地面原子钟数量充足、星地比对链路完好、追求最优守时性能的场景。

半自主守时模式是指利用移动式或固定式锚固守时钟联合星上原子钟开展守时，地面锚固守时钟定时开展时间偏差计算和实时信号驾驭工作。为提升 GPS 星座自主运行能力，Rajan[28]提出锚固站（Anchor Station）定义，在地面上建立一个简单的站点，具有高精度的时间和坐标信息，与卫星间建立卫星双向测距和时间比对链路，将地面坐标信息和时间基准传输到卫星上，协助导航系统完成定规和管理工作。半自主守时模式基于此方案设计运行模式，降低了星载原子钟频率漂移的影响，由于锚固站具有一定的机动能力，因此，半自主守时模式的时间基准也具备了机动能力，但该模式需要一个或多个地面锚固站，且锚固站需配置原子钟或原子钟组。

自主守时模式是指利用星上原子钟建立时间基准，在得不到地面守时系统支持的情况下，通过星间双向测距、数据交换及星载处理器滤波处理，不断自主修正星上卫星钟时间基准，为卫星导航系统提供高精度的时间信息，满足用户对高精度导航定位的应用需求。星间原子钟时差测量通过同步算法实现，常见的同步方式有两种[29]：一种是多颗卫星观测同一颗卫星，计算这一颗卫星的钟差；另一种是两颗卫星同时进行钟差计算，自主守时模式下时间基准建立卫星钟之间的时差信息，因此选用计算量平均的第二种时间同步方式，通过双向测距方法，获得卫星钟面时差的测量信息。自主守时模式主要应用于卫星导航系统的自主运行。

天地协同时间基准建立需解决数据预处理和联合守时算法两个难题。星上原子钟数据采用星地无线电双向时间比对法获取，易受到电离层、对流层等影响，存在一定的噪声，同时受卫星不可见弧段的影响，部分卫星钟数据不连续，需采用数据预处理技术，对噪声可采用卡尔曼滤波等方法进行降噪处理，对数据异常点进行剔除；对于不可见弧段的数据一般不做插值处理。地面守时钟一般为氢原子钟与铯原子钟，卫星钟一般为铷原子钟，各自特性鲜明。建立天地协同时间基准需要探索地面氢、铯原子钟与卫星铷原子钟联合守时的能力，设计优化的氢、铯原子钟和星载铷原子钟的联合守时算法。

4.4 数据处理关键技术

4.4.1 数据预处理技术

在守时数据的采集过程中，本地测量钟差和星载比对钟差中都难以避免地存在粗差、跳相和变频等情况，有些是测量和比对设备造成的数据异常，有些是原子钟自身带来的数据异常[30]。在进行原子时处理之前，都要对这些异常数据或异常情况进行处理。

4.4.1.1 粗差探测方法

对于钟差数据中的粗差处理，常用的方法主要有中位数（MAD）方法[31]，具有原理简单、计算效率高等优点，是目前钟差数据预处理中普遍采用的一种方法，此外还有抗差估计方法[32]、基于AR模型的AO类异常值探测贝叶斯方法[33]以及Baarda检测方法[34]等。

（1）中位数方法

将原子钟的时差数据（$x_i, i = 1, 2, \cdots, N$）转化为频差数据（$y_i, i = 1, 2, \cdots, N-1$），计算式为

$$y_i = \frac{x_{i+1} - x_i}{\tau_0} \tag{4-1}$$

将每一个频差数据 y_i 与频率数据序列的中数（Median）m 加上中位数（MAD）的若干倍之和相比较，即当观测量

$$|y_i| > (m + n \cdot \text{MAD}) \tag{4-2}$$

时（整数 n 通常取值为 5，具体应用钟根据需要确定）就认为时粗差点，式中

$$m = \text{Median}(y_i)$$

$$\text{MAD} = \text{Median}\{|y_i - m| / 0.6745\} \tag{4-3}$$

系数 0.6745 确保 MAD 等于正态分布数据 y_i 的标准偏差。将探测的异常钟差剔除后，一般是将该异常数据设为 0 或者通过剩余数据对其进行内插。但是，这两种异常值处理方式都会引入新的数据，可能造成原始数据一定程度的失真，因此插值方法需要根据钟差的特性进行择优遴选。

（2）抗差估计方法

钟差可以表示为二次多项式模型

$$\Delta t_i = a_0 + a_1(t - t_r) + a_2(t - t_r)^2 + v_i \tag{4-4}$$

其中，a_0、a_1、a_2 为原子钟的参数，对应钟差、钟速和钟漂，t_r 为参考钟时间，Δt_i 为钟 i 观测值。

钟差拟合模型可以写成如下简化形式

$$V = A\hat{X} \cdot L, P \tag{4-5}$$

其中，$\hat{X}$ 为原子钟的 3 个参数，A 为设计矩阵，L 为钟差观测值，V 为观测值残差，P 为观测权阵。

设参数向量 X 有先验估值 $\hat{X}^0$、先验协方差矩阵 $Q_{\hat{X}^0}$，则有序贯平差解为

$$\begin{cases} \hat{X} = (A^T \bar{P} A + \bar{P}_{\hat{X}^0})^{-1} (A^T \bar{P} L + \bar{P}_{\hat{X}^0} \hat{X}^0) \\ Q_{\hat{X}^0} = (A^T \bar{P} A + \bar{P}_{\hat{X}^0})^{-1} \end{cases} \tag{4-6}$$

其中，$\bar{\boldsymbol{P}}$ 为当前观测向量的抗差等价权，$\bar{\boldsymbol{P}}_{\hat{X}^0}$ 为先验参数的等价权矩阵，$\bar{\boldsymbol{P}}_{\hat{X}^0} = \boldsymbol{W}^{\frac{1}{2}} \boldsymbol{P}_{\hat{X}^0} \boldsymbol{W}^{\frac{1}{2}}$，$\boldsymbol{W}$ 为自适应调整矩阵。

$\boldsymbol{W}$ 矩阵可以由式（4-7）确定

$$w = \begin{cases} 1, & \left| \Delta \tilde{\boldsymbol{X}} \right| \leqslant k_0 \\ \dfrac{k_0}{\left| \Delta \tilde{\boldsymbol{X}} \right|} \left(\dfrac{k_1 - \left| \Delta \tilde{\boldsymbol{X}} \right|^2}{k_1 - k_0} \right), & k_0 \leqslant \left| \Delta \tilde{\boldsymbol{X}} \right| \leqslant k_1 \\ 0, & \left| \Delta \tilde{\boldsymbol{X}} \right| > k_1 \end{cases} \quad (4\text{-}7)$$

其中，k_0、k_1 为控制常量，k_0 一般取 1.5～2.5，k_1 一般取 3.0～8.0，w 不仅反映钟差、钟速、钟漂对参数估值的贡献大小，还可以反映抗差估计对钟差异常的控制。将钟差序列分为多个窗口，每个窗口大小相同，对每个窗口内的钟差数据进行最小二乘拟合，窗口之间进行序贯平差求解，可以将粗差影响降低。

（3）基于 AR 模型的 AO 类异常值探测贝叶斯方法

假定一组频差数据 $\{x_i, \cdots, x_n\}$ 符合 AR(p) 模型，p 为 AR 模型

$$\begin{cases} x_i = \phi_1 x_{t-1} + \cdots + \phi_p x_{t-p} + a_t \\ a_t \, \text{i.i.d.} \quad N(0, \sigma^2), t = 1, \cdots, n \end{cases} \quad (4\text{-}8)$$

其中，a_t 为模型拟合后的噪声；i.i.d. 的含义为相互独立分布；$\boldsymbol{\Phi} = (\phi_1, \cdots, \phi_p)^{\mathrm{T}}$ 和 σ^2 为未知参数；$N(0, \sigma^2)$ 代表均值为 0、方差为 σ^2 的一元正态分布；a_t i.i.d. $N(0, \sigma^2)$ 表示 a_t 对于 $t = 1, \cdots, n$ 相互独立且都服从一元正态分布 $N(0, \sigma^2)$。

对每个观测值 x_i 分别引入异常值识别变量

$$\delta_t = \begin{cases} 1, x_t \text{受到异常扰动} \\ 0, x_t \text{未受异常扰动} \end{cases} \quad (4\text{-}9)$$

记 $\omega_1, \cdots, \omega_n$ 分别代表每个时刻观测值的异常值大小，并假设：

- 每个观测值 x_i 受异常扰动的先验概率为 α，即 $P(\delta_t = 1) = \alpha$；
- 取参数的先验分布为：

$$\omega_i \, \text{i.i.d.} \quad N(\mu, \xi^2) \, \text{、} \, \xi_t^{\text{AO}} \, \text{i.i.d.} \, b(1, \alpha) \, \text{、} \, \boldsymbol{\Phi} \sim N_\rho(\boldsymbol{\Phi}_0, V^{-1}) \, \text{、} \, \sigma^2 \sim \text{IG}\left(\dfrac{v}{2}, \dfrac{v\lambda}{2} \right)$$

其中，μ、ξ、α、$\boldsymbol{\Phi}_0$、V、v 和 λ 为超参数；ω_i i.i.d. $N(\mu, \xi^2)$ 表示 ω_t 对于 $t = 1, \cdots, n$ 相互独立且都服从一元正态分布 $N(\mu, \xi^2)$；$b(\cdot, \cdot)$ 代表两点分布；$N_\rho(\cdot, \cdot)$ 代表 ρ 元正

态分布；$IG(\cdot,\cdot)$ 代表倒伽马分布。

根据以上假设，观测值 x_t 可表示为

$$x_t = z_t + \overline{\omega}_t \delta_t \qquad (4\text{-}10)$$

其中，z_t 代表未受异常扰动的干净数据。由此，可得到基于 AR 模型的异常值探测的模型

$$\begin{cases} z_t = \phi_1 z_{t-1} + \cdots + \phi_p z_{t-p} + \alpha_t \\ x_t = z_t + \overline{\omega}_t \delta_t \end{cases} \qquad (4\text{-}11)$$

原假设 $H_0 : x_t$ 是正常观测值则 $\delta_t = 0$；备选假设 $H_1 : x_t$ 是异常值则 $\delta_t = 1$。根据贝叶斯假设检验定理，当备选假设 H_1 对应的后验概率 $P(\delta_t = 1 | X)$ 大于原假设 H_0 对应的后验概率 $P(\delta_t = 0 | X)$，即 $P(\delta_t = 1 | X) > 0.5$ 时，认为备选假设成立，从而认为观测值 x_t 为异常值；反之，认为观测值 x_t 是正常观测值。

（4）Baarda 检测方法

在计算的间隔内，可将钟差近似看作服从标准正态分布的随机变量，用 Baarda 的数据探测法进行粗差的定位与定值。Baarda 的数据探测法的检验统计量为

$$B_i = \frac{v_i}{\sigma_0 \sqrt{q_{v_i}}} \qquad (4\text{-}12)$$

其中，v_i 是计算的残差，σ_0 是拟合标准差，q_{v_i} 是 v_i 的权倒数，q_{v_i} 的表达式为

$$q_{v_i} = 1 - [Q_{11} + 2Q_{12}(t_i - \overline{t}) + (t_i - \overline{t})^2 \cdot Q_{12}] \qquad (4\text{-}13)$$

其中，Q_{11}、Q_{12}、Q_{22} 是逆矩阵的元素，即逆矩阵为

$$\begin{bmatrix} Q_{11} & Q_{12} \\ Q_{12} & Q_{22} \end{bmatrix} = \begin{bmatrix} n & \sum(t_i - \overline{t}) \\ \sum(t_i - \overline{t}) & \sum(t_i - \overline{t})^2 \end{bmatrix}^{-1} \qquad (4\text{-}14)$$

在没有剔除粗差时，计算结果服从标准正态分布，对于给定的阈值 K，当

$$B_i = \frac{v_i}{\sigma_0 \sqrt{q_{v_i}}} > K \qquad (4\text{-}15)$$

时，可判定 X_i 存在粗差，将 X_i 剔除，重新进行计算。

在进行实际粗差探测与剔除时，并不是将满足条件的钟差全部当作粗差剔除，每次只剔除最大 B 值对应的观测钟差，然后重新进行拟合。

由于钟差中的粗差数据会影响原子时计算结果，因此必须对粗差数据进行剔除，

钟差数据粗差探测流程如图 4-7 所示。

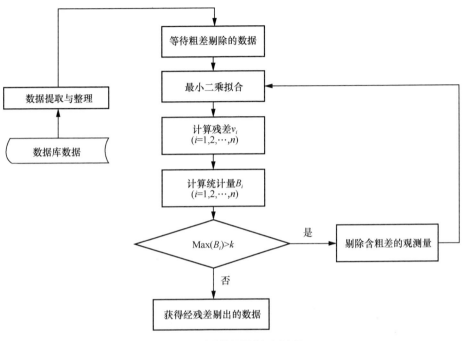

图 4-7　钟差数据粗差探测流程

4.4.1.2　跳相、变频检测方法

　　守时系统中，时差测量总是不可避免地产生相位跳变和频率跳变。相位跳变的出现，说明测量系统或者获取原子钟信号的链路出现了问题。相位数据跳变会使原子钟表现出调频白噪声的特性，进而对频率稳定性产生影响，所以在进行频率稳定性分析前，需要对相位跳变点进行剔除。频率跳变是原子钟频率不稳定的表现，当某台原子钟出现频率跳变时，要检测变频的大小。变频量较小时，频率跳变仅影响该原子钟的稳定度和权重；变频量较大时，该频率将从守时钟组被剔除。

　　目前，对于原子钟数据中频率跳变点的识别和定位，多数算法通过在频率数据上移动窗口的方法实现，查找移动窗口前后两部分数据均值的变化点，以此定位频率跳变点。由此，将跳变点前后的数据分为两部分，分别进行稳定性的分析。另外，也有使用累积求和曲线图或其他方法的情况，包括分块平均（Block Average）[35]算法、顺序平均（Sequential Average）[35]算法、经典累积求和（Cumulative Sum）[35]

方法、基于卡尔曼滤波的检测方法[36]等。

（1）分块平均算法

分块平均算法通过将一对长度可调的相邻窗口的均值与选择的跳变阈值进行比较实现，它只比较两个不重叠的移动分析窗口的平均值，如果它们的差值超过了某个阈值，则判断频率存在一个跳跃。跳变阈值可由频率数据的绝对值限定，也可以是基于阿伦偏差的 sigma 因子，分块平均算法探测流程如图 4-8 所示。分块平均算法具有简单、直观、易于理解的优点，但无法获得准确的跳变位置和跳变大小。

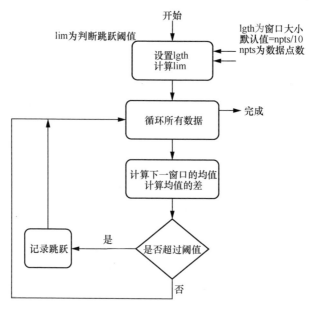

图 4-8　分块平均算法探测流程

（2）顺序平均算法

顺序平均算法与分块平均算法类似，但它不是将频差数据划分为固定长度的窗口，而是对频差数据进行顺序扫描，当某一频率数据大于跳变阈值时，就将其作为可疑数据点，并利用下一窗口的数据确定该数据点是否为跳变点。跳变阈值采用一个频率跳变限定值。顺序平均算法能够精确地定位跳跃，并能更好地估计跳转大小，但不能区分频率漂移和跳转。为了获得更准确的跳跃位置估计，应对正常正向和反向数据集执行顺序平均算法，然后对两者的跳跃位置进行平均

$$J = \frac{F + (N-R)}{2} \tag{4-16}$$

其中，*J* 是估计的跳跃位置，*F* 是正向跳跃位置，*R* 是反向跳跃位置，*N* 是数据数量。顺序平均算法探测流程如图 4-9 所示。

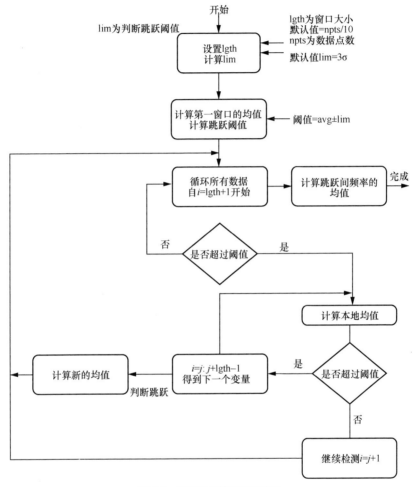

图 4-9　顺序平均算法探测流程

（3）经典累积求和方法

经典累积求和方法的斜率表示数据相对于总体平均值的值。平坦累积和表示数据接近平均值，直线累积和表示一段时间的恒定数据值，斜率的突然变化表示数据跳跃。具有单个跳跃的数据集的累计求和图将具有 V 形或倒 V 形。跳跃值可以通过累积求和曲线的两个斜率之和确定

$$J = \frac{M}{P-1} + \frac{M}{N-P} \tag{4-17}$$

其中，M 是最大或最小累积和值，其索引为 P。在大量质量较好的频率数据中用累积求和方法定位跳变点并确定其数量是非常有效的。

（4）基于卡尔曼滤波的检测方法

假设频差数据 $y(t)$ 由白噪声 $\xi_{\mathrm{WFN}}(t)$、随机游走噪声 $W_{\mathrm{RWFN}}(t)$ 和缓慢变化漂移 $d(t)$ 之和组成。

$$y(t) = \xi_{\mathrm{WFN}}(t) + W_{\mathrm{RWFN}}(t) + d(t) \tag{4-18}$$

$\xi_{\mathrm{WFN}}(t)$ 的自相关函数为

$$R_{\mathrm{WFN}}(t_1, t_2) = E[y(t_1)y(t_2)] = \sigma_1^2 \delta(t_1 - t_2) \tag{4-19}$$

其中，E 是数学期望，$\delta(t)$ 为迪拉克函数。随机游走噪声是一个维纳过程，定义如下

$$W_{\mathrm{RWFN}}(t) = \int_0^t \xi_{\mathrm{RWFN}}(t')\mathrm{d}t' \tag{4-20}$$

其中，

$$R_{\mathrm{RWFN}}(t_1, t_2) = \sigma_2^2 \delta(t_1 - t_2) \tag{4-21}$$

随机游走噪声和漂移的模型为

$$x[n] = \Phi x[n-1] + \eta[n-1] + d[n] \tag{4-22}$$

其中，$n = t/T_s$，T_s 是采样时间，$x[n]$ 是二元向量

$$x[n] = \begin{bmatrix} x_1[n] \\ x_2[n] \end{bmatrix} \tag{4-23}$$

Φ 是转换矩阵，表示为

$$\Phi = \begin{bmatrix} 1 & T_s \\ 0 & 1 \end{bmatrix} \tag{4-24}$$

$\eta[n-1]$ 是均值和协方差均为零的高斯随机变量的二分量向量表示为

$$Q = \begin{bmatrix} \sigma_2^2 & 0 \\ 0 & 0 \end{bmatrix} \tag{4-25}$$

并且 $d[n] = d(nT_s)$ 是确定性漂移，初始条件为

$$x[n] = \begin{bmatrix} 0 \\ 0 \end{bmatrix} \tag{4-26}$$

白噪声 WFN 可视为附加测量噪声 $v[n]$，得到

$$z[n] = Hx[n] + v[n] \qquad (4\text{-}27)$$

其中，$H = [1 \quad 0]$ 是测量，$v[n]$ 是均值为 0 且方差 $R = \sigma_1^2$ 的高斯随机变量，因此，表示离散时间平均频差 $z[n]$ 对应式（4-18）的频差数据 $y(t)$，由式（4-28）得出

$$z[n] = \frac{1}{T_s} \int_{(n-1)T_s}^{nT_s} y(t')\mathrm{d}t' \qquad (4\text{-}28)$$

基于卡尔曼滤波的检测器系统模型方程如下

$$z[n] = \Phi x[n-1] + \overline{\eta}[n-1] \qquad (4\text{-}29)$$

其中，$\overline{\eta}[n-1]$ 是均值和协方差矩阵为零的高斯随机变量的二分量向量

$$\overline{Q} = \begin{bmatrix} \overline{\sigma}_2^2 & 0 \\ 0 & 0 \end{bmatrix} \qquad (4\text{-}30)$$

取 $\overline{\sigma}_2$ 远大于 σ_2，以加速发生跳频时的瞬态相位。卡尔曼滤波器的测量方程与式（4-27）相同。

在时刻 n 处，首先得到先前估计的值为

$$\hat{x}[n \mid n-1] = \Phi \hat{x}[n \mid n-1] \qquad (4\text{-}31)$$

然后，构建创造方程

$$v[n] = z[n] - H\hat{x}[n \mid n-1] \qquad (4\text{-}32)$$

其方差为

$$\sigma_v[n] = HP[n \mid n-1]H^{\mathrm{T}} + R \qquad (4\text{-}33)$$

其中，$P[n \mid n-1]$ 是外推误差协方差矩阵。最后，在以下情况检测到频率异常

$$|v[n]| > k\sigma_v[n] \qquad (4\text{-}34)$$

其中，k 是影响检测器性能的参数。

4.4.2　时间产生技术

时间基准建立过程中，时间产生一般分为自由原子时计算、综合原子时驾驭以及实时信号控制 3 个阶段。

4.4.2.1 自由原子时计算

设理想时标为 t，原子钟 A 给出的时间为 $T_A(t)$，令

$$\Delta T_A(t) \equiv T_A(t) - t \qquad (4\text{-}35)$$

则

$$t = T_A(t) - \Delta T_A(t) \qquad (4\text{-}36)$$

守时是在已知 $\Delta T_A(t_0)$ 的情况下求解 $\Delta T_A(t)$ 的过程。除了先验值 $\Delta T_A(t_0)$（通过外部比对获取），$\Delta T_A(t)$ 的量值主要取决于原子钟输出信号的内禀性质，其中主要包括频率偏差、频率漂移、频率噪声、频率突跳、相位突跳等误差成分。而且，大多数误差成分的影响是无法消除或减弱的，因此，需要多台原子钟或原子钟组进行联合守时。这里的误差成分并未考虑测量引入的误差成分，在天地一体化体系下，构建时间基准时，需要考虑到原子钟资源分散在天空、地表甚至深空、深海等区域，高精度的钟差测量将受到相对论效应影响，所有测量的坐标时应与原时秒相一致，这需要时间基准在相同的坐标系下开展钟差测量，从而消除或降低相对论效应的影响，具体技术细节参考文献[37]。

为解决不同原子钟输出信号的差异或矛盾，需要采用自由原子时算法对多原子钟的输出信号进行"综合"，以尽可能消除或减弱原子钟误差对守时结果的影响。自由原子时算法通过调整原子钟之间的相互关系，使计算出的自由原子时的不确定度最小，频率稳定度最高。国际上最重要的两种算法是 BIPM 的 ALGOS 算法和 NIST 的 AT1 算法。前者主要关注时间尺度的长期稳定度，后者则注重时间尺度的实时性。不同算法之间的差异主要体现在原子时计算的时间间隔和权重的计算方法上。

考虑应用对实时时间信号的需求，在实际守时过程中通常引入主钟的概念，并使其与理想时标可能保持一致，即

$$|\Delta T_M(t)| \equiv |T_M(t) - t| <\!< |\Delta T_A(t)| \qquad (4\text{-}37)$$

在一般情况下，主钟由稳定性好的原子钟经过相位和频率调整实现，因此一般不是自由运行的原子钟。由于

$$\Delta T_A(t) \equiv T_A(t) - t = [T_A(t) - T_M(t)] + T_M(t) - t \qquad (4\text{-}38)$$

或

$$\Delta T_A(t) = \Delta T_{MA}(t) + T_M(t) - t \qquad (4\text{-}39)$$

因此有

$$t = T_M(t) + \Delta T_{MA}(t) - \Delta T_A(t) \qquad (4\text{-}40)$$

其中，$T_M(t)$ 为 t 时刻主钟读数，$\Delta T_{MA}(t)$ 为 t 时刻钟 A 与主钟读数之差，$\Delta T_A(t)$ 为 t 时刻钟 A 相对于标准时间的偏差。

如果 $\Delta T_A(t_j)(j = 0,1,2,\cdots,i)$ 为已知，则可以通过建模预报 $\Delta T_A(t_{i+1})$ 的值，从而得到标准时刻的估值

$$\tilde{t}_{i+1} = T_A(t_{i+1}) - \Delta \tilde{T}_A(t_{i+1}) = T_M(t_{i+1}) + \Delta T_{MA}(t_{i+1}) - \Delta \tilde{T}_A(t_{i+1}) \qquad (4\text{-}41)$$

其中，$T_M(t)$ 为主钟时间信号，$\Delta T_{MA}(t_{i+1})$ 为 t_{i+1} 时刻钟 A 相对于主钟的实时钟差测量值，$\Delta \tilde{T}_A(t_{i+1})$ 为 t_{i+1} 时刻钟 A 的偏差预报值。

式（4-41）是单台原子钟守时的基本原理。为了减弱钟差预报偏差的影响，多台原子钟联合守时采用加权平均方法实现。

若记

$$\Delta T_{MA}(t) = \Delta \tilde{T}_{MA}(t) + V_{MA} \qquad (4\text{-}42)$$

$$\Delta T_A(t) = \Delta \tilde{T}_A(t) + \delta T_A(t) \qquad (4\text{-}43)$$

其中，$\Delta \tilde{T}_{MA}(t)$、V_{MA} 分别为 $\Delta T_{MA}(t)$ 的测量值和测量误差，$\Delta \tilde{T}_A(t)$、$\delta T_A(t)$ 分别为 $\Delta T_A(t)$ 的预报值和预报偏差，则理想时标 t 可以表示为

$$t = T_M(t) + \Delta \tilde{T}_{MA}(t) - \Delta \tilde{T}_A(t) - \delta T_A(t) + V_{MA} \qquad (4\text{-}44)$$

显然，对原子钟守时结果的主要影响因素是钟差预报误差 $\delta T_A(t)$ 和测量误差 V_{MA}。为了充分发挥原子钟的守时能力，在守时过程中通常要求测量误差尽可能小，以不影响原子钟的稳定度特性，即

$$|V_{MA}| << |\delta T_A(t)| \qquad (4\text{-}45)$$

根据加权平均原则，标准时间的估计值（纸面时）可以表示为

$$\tilde{t} = \sum_{i=1}^{N} P_i[T_M(t) + \Delta \tilde{T}_{Mi}(t) - \Delta \tilde{T}_i(t)] \qquad (4\text{-}46)$$

其中，N 为原子钟台数，P_i 为 T_i 的权重，并取 $\sum\limits_{i=1}^{N} P_i = 1$。

上述综合原子时计算方法的实质是假定下列条件成立

$$\delta T_M(t) \equiv \sum_{i=1}^{N} P_i \delta T_i(t) - \sum_{i}^{N} P_i V_{Mi} = 0 \qquad (4\text{-}47)$$

在这个阶段计算得到的是自由原子时，或称其为"自由纸面时"。

4.4.2.2 综合原子时驾驭

自由纸面时来自于多个自由运行的原子钟。由于原子钟存在频率漂移等因素，自由纸面时的速率随着时间的变化而变化，与外部参考基准相比，存在一定的频率偏差，需要通过修正或驾驭自由纸面时，使其频率准确度满足要求。

一般通过最小二乘法，对自由纸面时相对于外部参考基准的数据做线性拟合，预报计算未来一段时间内自由纸面时相对外部参考基准的频率偏差，将其负值作为补偿量对自由纸面时进行调整，使得自由纸面时与外部参考基准速率基本保持一致。

4.4.2.3 实时信号控制

实时信号控制包含实时信号驾驭和主备路信号同步两部分。

实时信号驾驭与自由纸面时驾驭的思想类似，利用本地纸面时或外部参考基准评估本地主钟频率信号的频率偏差，将其负值作为补偿量植入实时信号调整设备，使实时信号相对于本地纸面时或外部参考基准的频率偏差趋近于零，同时还需调整实时信号的相位，在不影响短期稳定度的情况下实施相位调整。

主备路信号同步首先要保障主备路初始同步，利用相位微调设备将主备路实时信号的相位和频率对齐，其次，利用一定的算法控制备路实时信号跟随主路信号，可根据不同的需求，调整主备路控制的周期、信号调整量等参数，确保主备路实时信号保持良好的性能。

4.4.3 时间基准评估技术

时间基准测试评估的基本原理如图 4-10 所示[38]，首先需要明确测试评估的对象即待测对象，然后选择具有更高性能的参考对象，评估是比对待测对象与参考对象的过程。

图 4-10 测试评估的基本原理

在比较参考对象与待测对象的过程中，采用的评估方法包含仪器、设备、技术手段等，都会给评估结果引入误差。任何一种评估方法，在测量上表现出的特征都要优于待测对象，最好是测量的精度高于待测对象一个数量级。要达到这样的测试评估要求，有如下两种方法：

- 选择高精度的仪器、设备和技术手段，满足测试评估的要求；
- 通过测试方法的优化，测试数据的长期积累，以及事后对测试数据进行数学方法的处理，从而减小误差以满足测试评估的要求。

4.4.3.1 天地协同时间基准评估方法

天地协同时间基准的测试评估首先需要确立待测对象[38]。天地协同时间基准一般采用综合原子时算法得到的纸面时间，并不能作为实际的参考点，实际的参考点是经过驾驭后的主钟物理实现的系统时间，因此将经相位和频率调整后的主钟信号作为待测对象。

其次，选择比评估对象具有更高准确度和稳定度的参考对象，即需要外部已知性能的、高可靠性的时间基准进行测试评估，一般来说，参考对象有频率基准装置、GNSST、UTC(k)、UTC/UTCr。天地协同时间基准与上述参考关联的基本方案如下。

（1）与频率基准装置关联

利用频率基准装置可以驾驭氢原子钟，驾驭后的氢原子钟与天地协同时间基准的主钟信号进行比对，通过比对对时间基准实时信号进行测试评估。

（2）与 GNSST 关联

利用共视接收机接收 GNSS 卫星导航信号，共视接收机在本地输出 GNSST 复现信号，将该信号与天地协同时间基准的主钟信号进行比对，利用比对数据开展测试评估。

（3）与 UTC(k)关联

利用某守时实验室的标准时间UTC(k)作为参考,在天地协同时间基准和UTC(k)之间建立时间比对链路，获得天地协同时间基准与 UTC(k)时差，进而开展性能评估。

（4）与 UTC/UTCr 关联

通过 UTC(k)实现天地协同时间基准与 UTC/UTCr 间接时间比对，溯源 UTC，将 UTC/UTCr 作为参考对象，获取时差结果。

最后，需要在参考对象与待测对象之间建立时间频率比对链路，由于天地协同时间基准性能（如长期稳定度）需要长期观测数据才能进行评估，且评估精度依赖于比对链路的观测精度，因此需要建立长期运行、稳定有效的高精度远程时间频率比对链路，常用比对链路包括 GNSS 共视法、卫星双向时间频率比对法、光纤时频传递法等。

4.4.3.2　天地协同时间基准评估参数

衡量天地协同时间基准的标准主要有性能、可靠性及实时性[39]。其中性能评估分为时域信号性能评估和频域信号性能评估。时域性能评估通常以相对于参考频率信号的频率准确度、频率稳定度、频率漂移、时间间隔误差、最大时间间隔误差、时间偏差等指标评估时频信号的时域性能。在频域上，用谱密度衡量频率源的性能，谱密度能直观地观察连续的相位调制边带及离散寄生信号分量等，较时域观察更为细致。

可靠性是指守时系统保持稳定运行的能力。不论是原子钟还是钟组都会在运行的过程中遇到突发问题，比如：某台原子钟出现了突然失锁、时刻和速率发生突跳等情况。同时，为了避免钟组中加入新钟或剔除旧钟造成时刻和速率的突跳，保证时间基准的连续性，需要及时在计算中加以修正。天地协同时间基准的可靠性只能在产生和保持标准时间的过程中通过计算保证，并不能用具体的数字作定量描述。

在不同领域中对时间基准的实时性要求各不相同，衡量一个时间基准实时性的好坏，取决于该时间基准的用途，比如：国际原子时计算需要应用大量来自全球各个地方多种类型的原子钟数据，收集数据的工作量较大且周期较长，故该时间基准的实时性相对较差。而对于卫星导航系统，因其需要及时向卫星注导航电文和时间信息，其时间基准的实时性相对较好。

｜ 参考文献 ｜

[1]　董绍武. 守时中的若干重要技术问题研究[D]. 西安: 中国科学院研究生院(国家授时中心), 2007.

[2]　王正明, 屈俐俐. 地方原子时 TA(NTSC)计算软件设计[J]. 时间频率学报, 2003, 26(2): 96-102.

[3]　张首刚. 新型原子钟发展现状[J]. 时间频率学报, 2009, 32(2): 81-91.

[4]　钦伟瑾, 韦沛, 杨旭海, 等. 导航卫星自主时间维持算法影响因素分析[J]. 天文学报, 2018, 59(1): 13-25.

[5] 刘丽丽, 王跃科, 陈建云, 等. 导航星座自主时间基准的相对论效应[J]. 宇航学报, 2015, 36(4): 470-476.

[6] WEISS M A, ALLAN D W, PEPPLER T K. A study of the NBS time scale algorithm[J]. IEEE Transactions on Instrumentation and Measurement, 1989, 38(2): 631-635.

[7] TAVELLA P, THOMAS C. Comparative study of time scale algorithms[J]. Metrologia, 1991, 28(2): 57-63.

[8] JONES R H, TRYON P V. Continuous time series models for unequally spaced data applied to modeling atomic clocks[J]. SIAM Journal on Scientific and Statistical Computing, 1987, 8(1): 71-81.

[9] PERCIVAL D B. Stochastic models and statistical analysis for clock noise[J]. Metrologia, 2003, 40(3): S289-S304.

[10] 杨帆, 杨军, 张然. 本地标准时间频率的产生与保持[J]. 宇航计测技术, 2019, 39(5): 19-22, 43.

[11] 殷海啸. 美国 GPS 系统在轨运行管理[J]. 卫星应用, 2017(7): 22-24.

[12] 陈国通, 张璞, 张晓旭, 等. 基于 iGMAS 的星载原子钟性能评估[J]. 无线电工程, 2018, 48(10): 831-836.

[13] 曹远洪, 蒲晓华, 刘勇军, 等. 铷原子频标小型化发展现状[J]. 时间频率学报, 2007, 30(2): 132-137.

[14] 刘昶, 贺玉玲, 杜二旺, 等. 数字技术在星载铷原子钟的应用[C]//第十二届中国卫星导航年会论文集——S05 空间基准与精密定位. 2021: 70-78.

[15] 陈锐志, 蔚保国, 王甫红, 等. 联合少量地面控制源的空间信息网轨道确定与时间同步[J]. 测绘学报, 2021, 50(9): 1211-1221.

[16] 杨玉婷, 刘晨帆, 蔺玉亭, 等. 我国守时系统发展现状与性能分析[J]. 自动化仪表, 2021, 42(7): 93-97,102.

[17] 李变, 屈俐俐, 高玉平, 等. 地方原子时算法研究[J]. 天文学报, 2010, 51(4): 404-411.

[18] 侯冬, 张大年, 孙富宇, 等. 高精度自由空间时间与频率传递研究[J]. 时间频率学报, 2018, 41(3): 219-227.

[19] 王威雄. 守时系统国际时间比对数据融合方法研究[D]. 西安: 中国科学院大学(中国科学院国家授时中心), 2021.

[20] 赵书红, 董绍武, 袁海波, 等. 异地多站联合守时方法研究[J]. 时间频率学报, 2021, 44(04): 288-299.

[21] 屈俐俐, 李变. 2014 版 EAL 算法中原子钟的权重分析[J]. 时间频率学报, 2018, 41(4): 332-339.

[22] 卢建福, 高玉平, 林思佳, 等. 时频系统中主备钟一致性保持方法的研究[J]. 时间频率学报, 2013, 36(4): 222-228.

[23] 赵学军. GNSS 系统时间及星载钟研究[J]. 现代导航, 2018, 9(6): 399-404.

[24] 卢鋆, 武建峰, 袁海波, 等. 北斗三号系统时频体系设计与实现[JL]. 武汉大学学报(信息科学版), 2022: 1-8.

[25] 赵爽. 2012 年美国 GPS 系统发展综述[J]. 卫星应用, 2013(2): 18-20.

[26] 刘天雄. GPS 现代化及其影响下篇[J]. 卫星与网络, 2015(6): 56-61.

[27] 肖寅. 导航卫星自主导航关键技术研究[D]. 北京: 中国科学院研究生院(上海技术物理研究所), 2015.

[28] RAJAN J, BRODIE P, RAWICZ H. Modernizing GPS autonomous navigation with anchor capability[C]//ION GPS/GNSS 2003, 2003.

[29] 王冬霞, 辛洁, 薛峰, 等. GNSS 星间链路自主导航技术研究进展及展望[J]. 宇航学报, 2016, 37(11): 1279-1288.

[30] 冯遂亮. 原子钟数据预处理与钟性能分析方法研究[D]. 郑州: 解放军信息工程大学, 2009.

[31] 王宇谱. 导航卫星原子钟钟差预报理论与方法研究[D]. 郑州: 解放军信息工程大学, 2014.

[32] 黄观文. GNSS 星载原子钟质量评价及精密钟差算法研究[D]. 西安: 长安大学, 2012.

[33] 张倩倩, 韩松辉, 杜兰, 等. 星地时间同步钟差异常处理的 Bayesian 方法[J]. 武汉大学学报·信息科学版, 2016, 41(6): 772-777.

[34] 胡锦伦. 原子时水平与原子钟性能的相关特性分析[J]. 中国科学院上海天文台年刊, 1997(18): 220-226.

[35] RILEY W. Algorithms for frequency jump detection[J]. Metrologia, 45(2008), S154-S161.

[36] GÖDEL M, SCHMIDT TOBIAS D, FURTHNER J. Kalman filter approaches for a mixed clock ensemble[C]//Proceedings of 2017 Joint Conference of the European Frequency and Time Forum and IEEE International Frequency Control Symposium. Piscataway: IEEE Press, 2017: 666-672.

[37] 韩春好. 时空测量原理[M]. 北京: 科学出版社, 2017.

[38] 李玮. 卫星导航系统时间测试评估方法研究[D]. 西安: 中国科学院研究生院(国家授时中心), 2013.

[39] 惠恬. 铯原子钟数据噪声处理及时间尺度算法研究[D]. 西安: 西安科技大学, 2021.

第 5 章

高精度时间比对技术

高精度天地协同时间基准是提供天地协同 PNT 服务的重要前提。时间比对维持技术是天地协同时间基准建立的重要组成部分。不同于地基时间同步技术，天地一体化信息网络包含多种类型的节点，因此具有多种时间同步应用模式。本章分别介绍了卫星共视时间比对、卫星双向时间比对、星地双向时间比对、星间双向时间比对与光纤双向时间比对技术的原理及误差分析与数据处理方法。构建地基、天基、星间等节点间网络化高精度时间比对维持技术，是天地一体化信息网络的重点研究方向之一。

时间同步技术研究是建立在误差理论研究基础上的，天地一体化信息网络具有高动态、多层次和多节点特性，也包含多种时间同步应用模式，因此在时间同步过程中存在较多且更为复杂的影响因素。面向天地一体化信息网络时间同步方式的误差理论研究，将是一项覆盖范围十分广泛的跨学科研究。

目前地面站间时间同步误差理论研究相对成熟，有大量文献可供参考。但是天地一体化信息网络时间同步误差理论研究则相对较少，一方面受限于影响因素多且复杂，另一方面因为空间环境试验难度较大，研究深度受限。

本章将以卫星共视、卫星双向、星地双向、星间双向和光纤双向时间比对技术为主要对象，基于现有时间同步误差理论研究成果，对天地一体化信息网络的主要时间比对技术进行描述。

| 5.1 卫星共视时间比对技术 |

5.1.1 基本原理及数学模型

GNSS 共视时间比对技术本质上将相同的共视卫星作为共同的参考，位于异地的待同步地面站按照共视时间表接收卫星信号，通过数据处理获得本地时间与观测卫星间的相对钟差，比较两地面站的相对钟差，即可获得异地待同步地面站间的钟差[1-2]。

假定对于位于异地的任意地面站 A 和地面站 B,相同时刻接收的相同的 GNSS　j 均有

$$\begin{cases} P_A^{(j)} / C = T_A(t_A^R) - T^{(j)}(t^e) \\ P_B^{(j)} / C = T_B(t_B^R) - T^{(j)}(t^e) \end{cases} \tag{5-1}$$

其中,$P_A^{(j)}$ 和 $P_B^{(j)}$ 分别表示地面站 A 和地面站 B 的伪距观测量;c 表示光速;$T_A(t_A^R)$ 和 $T_B(t_B^R)$ 分别表示地面站 A、地面站 B 接收到卫星信号的本地接收时刻;t_A^R 和 t_B^R 分别表示地面站 A 和地面站 B 接收卫星信号的系统时刻;$T^{(j)}(t^e)$ 表示卫星发射信号的本地时刻;t^e 表示卫星发射信号的系统时刻。由于 $T_A(t_A^R)$ 和 $T_B(t_B^R)$ 分别是 t_A^R 和 t_B^R 的函数,而 t_A^R 和 t_B^R 可以表示为

$$\begin{cases} t_A^{(j)} = t^e + \tau^{(j),T} + \tau_A^{(j),spa} + \tau_A^R \\ t_B^{(j)} = t^e + \tau^{(j),T} + \tau_B^{(j),spa} + \tau_B^R \end{cases} \tag{5-2}$$

因此将式（5-2）展开有

$$\begin{cases} P_A^{(j)} / C = T_A(t^e) - t^e + \tau^{(j),T} + \tau_A^{(j),spa} + \tau_A^R - \Delta T^{(j)} \\ P_B^{(j)} / C = T_A(t^e) - t^e + \tau^{(j),T} + \tau_A^{(j),spa} + \tau_A^R - \Delta T^{(j)} \end{cases} \tag{5-3}$$

其中,$T_A(t^e)$ 和 $T_B(t^e)$ 分别表示地面站 A、地面站 B 在系统 t^e 时刻的本地时间;$\tau^{(j),T}$ 表示卫星信号的发射时延误差;$\tau_A^{(j),spa}$ 和 $\tau_B^{(j),spa}$ 分别表示卫星至地面站 A、地面站 B 的大气传输时延误差,其中主要包括电离层时延误差、对流层时延误差;τ_A^R 和 τ_B^R 分别表示地面站 A、地面站 B 的接收时延误差,其中主要包括共视接收设备的内部接收时延误差、电缆传输时延误差;$\Delta T^{(j)}$ 表示卫星星钟误差,主要包括相对论效应误差,可通过卫星播发的导航电文计算获得。卫星至地面站 A、地面站 B 的空间传输误差可表示为

$$\begin{cases} \tau_A^{(j),spa} = \tau_A^{(j),tro} + \tau_A^{(j),ion} + \tau_A^{(j),G} \\ \tau_B^{(j),spa} = \tau_B^{(j),tro} + \tau_B^{(j),ion} + \tau_B^{(j),G} \end{cases} \tag{5-4}$$

其中,$\tau_i^{(j),tro}$、$\tau_i^{(j),ion}$、$\tau_i^{(j),G}$（i=A,B）分别为卫星 j 到地面站 i 的对流层时延、电离层时延和相对论效应时延。

由此得

$$\begin{aligned} \Delta T_{AB} = T_A - T_B = & (P_A^{(j)} - P_B^{(j)}) / C - (\tau_A^R - \tau_B^R) - \\ & (\tau_A^{(j),tro} - \tau_B^{(j),tro}) - (\tau_A^{(j),ion} - \tau_B^{(j),ion}) - (\tau_A^{(j),G} - \tau_B^{(j),G}) \end{aligned} \tag{5-5}$$

其中,ΔT_{AB} 表示地面站 A、地面站 B 间的钟差,$\tau_i^R (i=A,B)$ 表示地面站 A、地面

站 B 的接收时延。上述即地面站 A、地面站 B 间进行卫星共视时间比对的计算模型，由式（5-5）可知，地面站 A 和地面站 B 的共视卫星钟差及发射时延被完全抵消了。

5.1.2　误差分析及改正模型

5.1.2.1　与信号传播有关的误差

信号空间传播误差主要包括电离层时延误差和对流层时延误差。

1. 电离层时延误差

电离层分布在距离地面 60～1000km 的大气层中，在太阳光的作用下处于部分电离或完全电离的状态，会产生自由电子[3]。GNSS 的导航信号是一种电磁波，其穿越电离层时，会受到电离层中自由电子的影响，在 GNSS 比对接收机的接收过程中，反映在伪距上会产生附加时延[4]，因此需要对电离层时延进行修正。对于单频率的 GNSS 比对接收机，可使用模型法对电离层时延误差进行修正；对于多频率的 GNSS 比对接收机，可使用多频组合法对电离层时延误差进行修正。

（1）Klobuchar 电离层时延修正模型

对于单频率的 GNSS 比对接收机或短距离的比对用户，可通过数学模型进行电离层时延修正，其中 Klobuchar 模型使用频率较高[5]，其表达式为

$$I_z = \begin{cases} 5\times10^{-9} + A\cos\left(\dfrac{t-50400}{T}2\pi\right), & |t-50400| < \dfrac{T}{4} \\ 5\times10^{-9}, & |t-50400| \geqslant \dfrac{T}{4} \end{cases} \tag{5-6}$$

电离层时延修正模型如图 5-1 所示。

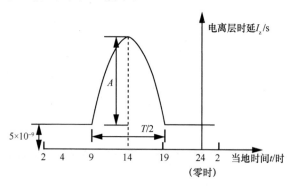

图 5-1　电离层时延修正模型

其中，t 表示 GNSS 比对接收机的当地时间，A 表示电离层余弦函数的振幅，可由卫星播发的导航电文中的 α_0、α_1、α_2、α_3 计算获得

$$A = \begin{cases} \sum_{n=0}^{3} \alpha_n \left| \phi_p \right|^n, A \geqslant 0 \\ 0, A < 0 \end{cases} \tag{5-7}$$

其中，T 表示余弦函数的周期，由导航电文中的参数 β_0、β_1、β_2、β_3 确定。

$$T = \begin{cases} 172800, T \geqslant 172800 \\ \sum_{n=0}^{3} \beta_n \left| \phi_p \right|^n, 72000 \leqslant T < 172800 \\ 72000, T < 72000 \end{cases} \tag{5-8}$$

其中，ϕ_p 表示以弧度（rad）为单位的电离层穿刺点地理纬度，穿刺点地理经度可表示为

$$\phi_p = \arcsin \left(\sin \phi_u \cos \psi + \cos \phi_u \sin \psi \cos \xi \right) \tag{5-9}$$

$$\lambda_p = \lambda_u + \arcsin \left(\frac{\sin \psi \sin \xi}{\cos \phi_p} \right) \tag{5-10}$$

其中，ϕ_u 表示以 rad 为单位的 GNSS 比对接收机所在地的纬度；λ_u 表示以 rad 为单位的 GNSS 比对接收机所在地的经度；ξ 表示以 rad 为单位的卫星的方位角；ψ 表示以 rad 为单位的 GNSS 比对接收机所在地与电离层穿刺点的地心张角，地心张角的计算式为

$$\psi = \frac{\pi}{2} - \theta - \arcsin \left(\frac{R_e}{R_e + h_i} \cos \theta \right) \tag{5-11}$$

其中，R_e 表示地球半径，取值 6378km；θ 表示以 rad 为单位的卫星高度角；h_i 表示单层电离层高度，取值 350km。

I_z 表示由地心指向天顶方向的电离层时延，而在时间比对中需要修正的 I 是从 GNSS 比对接收机到卫星信号传播方向上的电离层时延。I 计算式为

$$I = \frac{I_z}{\cos \zeta'} = F I_z \tag{5-12}$$

其中，ζ' 表示卫星在点 P 处的天顶角，系数 F 为斜率，与卫星相对于 GNSS 比对接

收机的信号传播路径有关，计算式为

$$F = \left(1 - \left(\frac{R_e \cos\theta}{R_e + h_i}\right)^2\right)^{-\frac{1}{2}} \qquad (5\text{-}13)$$

其中，R_e 表示地球平均半径，取值 6368km，h_i 表示单层电离层高度，取值 350km。

电离层时延的倾斜率如图 5-2 所示。

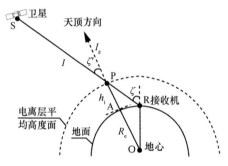

图 5-2　电离层时延的倾斜率

系数 F 可近似表示为

$$F = 1 + 16 \times \left(0.53 - \frac{\theta}{\pi}\right)^3 \qquad (5\text{-}14)$$

其中，θ 表示以 rad 为单位的卫星 S 相对于 GNSS 比对接收机位置 R 点处的仰角，且 $\theta = \frac{\pi}{2} - \zeta$。通过式（5-6）与式（5-13）计算得到天顶方向电离层时延 I_z 和斜率 F，再根据式（5-12）计算得到卫星至 GNSS 比对接收机信号传播路径的实际电离层时延 I，至此，可通过模型法计算出电离层时延，从而将电离层时延作为已知量代入钟差计算方程。

（2）多频电离层时延修正模型

多频电离层时延修正在一般条件下可使用双频数据修正，双频电离层法可修正绝大部分的电离层时延，其利用 GNSS 比对接收机的双频伪距观测信息，通过组合进行修正[6-7]。

$\rho_{f_1}^{(S)}$ 表示 GNSS 比对接收机接收到的卫星 S 发射的载波频率为 f_1 的伪距信息，$\rho_{f_2}^{(S)}$ 表示 GNSS 比对接收机接收到的卫星 S 发射的载波频率为 f_2 的伪距信息，则伪距的方程可表示为

$$\rho_{f_1}^{(S)} = r + \delta t_u - \delta t^{(S)} + I_1 + T + \varepsilon_{\rho_1} \tag{5-15}$$

$$\rho_{f_2}^{(S)} = r + \delta t_u - \delta t^{(S)} + I_2 + T + \varepsilon_{\rho_2} \tag{5-16}$$

其中，对于两个不同频率的 GNSS 卫星信号，其电离层时延 I_1 和 I_2 不相等；因为对流层属于非弥散性介质，因此式（5-15）与式（5-16）中的对流层时延 T 相等；式（5-15）与式（5-16）中的几何距离 r、接收机钟差 δt_u 与卫星钟差 $\delta t^{(S)}$ 也同样相等，在不考虑伪距测量噪声的条件下，式（5-15）与式（5-16）中只有不同频率的电离层时延不同，其他项均可以通过做差进行消除。

电离层时延与 GNSS 卫星信号的载波频率之间的函数关系为

$$I_1 = 40.28\frac{N_e}{f_1^2}, \quad I_2 = 40.28\frac{N_e}{f_2^2} \tag{5-17}$$

其中，N_e 表示信号传播路径上横截面积为 $1m^2$ 的管状通道内所包含的电子总含量（Total Electron Content，TEC）；f_1 表示与伪距 $\rho_{f_1}^{(S)}$ 相对应的载波频率，f_2 表示与伪距 $\rho_{f_2}^{(S)}$ 相对应的载波频率。由此可得，两个电离层时延 I_1 和 I_2 之间的数值关系为

$$\frac{I_2}{I_1} = \frac{f_1^2}{f_2^2} = \frac{\lambda_2^2}{\lambda_1^2} = \gamma_{12} \tag{5-18}$$

其中，λ_1 表示与载波频率 f_1 相对应的波长，λ_2 表示与载波频率 f_2 相对应的波长，γ_{12} 的表示式为

$$\gamma_{12} = \left(\frac{f_1}{f_2}\right)^2 \tag{5-19}$$

将式（5-15）和式（5-16）做差，再将式（5-19）代入并进行整理，可得电离层时延 I_1 和 I_2 为

$$I_1 = \frac{f_2^2}{f_1^2 - f_2^2}\left(\rho_{f_2}^{(S)} - \rho_{f_1}^{(S)}\right) = \frac{1}{1 - \gamma_{12}}\left(\rho_{f_2}^{(S)} - \rho_{f_1}^{(S)}\right), \quad I_2 = \frac{\gamma_{12}}{1 - \gamma_{12}}\left(\rho_{f_2}^{(S)} - \rho_{f_1}^{(S)}\right) \tag{5-20}$$

（3）格网电离层时延修正模型

若能够获得电离层格网信息，则可以通过电离层格网法进行电离层时延修正。

电离层格网法是将电离层人为描述为地球表面上空约 350km 的格网球面，将此格网球面划分为矩形或其他形状的网格，依据电离层的空间相关性，在 55°N 与 55°S 之间，网格为 5°×5°，高纬度地区的网格为 10°×10° 或 15°×15°[7-8]。GNSS 利用地面站数据计算出当前可见星的电离层时延，同时计算出信号传播路径与格网球面的穿

刺点的经纬度，并将这些数据实时传输至主控站，主控站综合各站上报的数据计算得到垂直电离层时延及误差，然后上传至卫星进行播发，或通过网络定期发布，在用户端可通过接收到的格网信息，按照一定的算法计算本地的电离层时延。

① 格网点垂直电离层时延计算

GNSS 的地面站计算当前可视范围内的电离层穿刺点（Ionospheric Pierce Point，IPP），电离层穿刺点离散分布在电离层格网球面上，地面站通过数据处理，能够获得穿刺点的垂直实验值，对于格网球面上待求的格网点，可根据周边一定范围内的已知穿刺点计算获得相应的垂直电离层时延，计算方法为

$$D_{\text{IGPV}}^{j} = \begin{cases} \sum_{i=1}^{n} \left(\dfrac{I_{\text{nominal},j}}{I_{\text{nominal},i}} \right) \dfrac{D_{\text{IPPV}}^{i} \dfrac{1}{d_{ji}}}{\sum_{i=1}^{n} \dfrac{1}{d_{ji}}}, d_{ij} \neq 0 \\ D_{\text{IPPV}}^{i}, d_{ij} = 0 \end{cases} \quad (5\text{-}21)$$

其中，$I_{\text{nominal},j}$ 表示格网点 j 的垂直电离层时延；$I_{\text{nominal},i}$ 表示穿刺点 i 的垂直电离层时延；n 表示参与计算的穿刺点总数；D_{IGPV}^{j} 表示地面站计算得到的第 i 个穿刺点处的垂直电离层时延；d_{ij} 表示穿刺点 i 与格网点 j 之间的大圆距离。由于穿刺点的垂直电离层时延是分散的，因此需要将穿刺点的测量值转换为格网点位置对应的数值，使得整个格网模型是连续的，表达式为

$$T_{\text{iono}} = \text{DC} + A\cos\left[\frac{2\pi(t - T_{\text{p}})}{P}\right] \quad (5\text{-}22)$$

其中，T_{iono} 表示垂直电离层时延；t 表示本地时间；DC 表示夜间的垂直电离层时延常数，取 5ns；A 表示余弦函数的幅度；P 表示余弦函数的周期；T_{p} 表示余弦函数最大值的本地时间，取值 50400s（本地时间 14:00），即假设任意位置天顶方向总电子含量（Vertical Total Electron Content，VTEC）的极值在 14 时出现。

② 用户电离层穿刺点垂直电离层时延计算

根据用户电离层穿刺点的经纬度，即可确定所在格网及一定范围内的格网信息，利用一定范围内已知的格网信息进行内插，即可获得用户电离层穿刺点的垂直电离层时延为

$$\tau_{\text{vpp}}(\phi_{\text{pp}}, \lambda_{\text{pp}}) = \sum_{i=1}^{k} \omega_i(x_{\text{pp}}, y_{\text{pp}})\tau_{\text{vi}} \quad (5\text{-}23)$$

其中，ϕ_{pp} 表示穿刺点的纬度；λ_{pp} 表示穿刺点的经度；τ_{vpp} 表示穿刺点处的垂直电离层时延；τ_{vi} 表示已知的格网点处的垂直电离层时延；k 表示用于内插的格网点个数，通常选取 4 个格网点，不满足时可选取 3 个格网点，当不足 3 个格网点时，认为不满足电离层格网法条件。4 点内插如图 5-3 所示，加权函数 $\omega_1 = x_{\text{pp}} y_{\text{pp}}$，$\omega_2 = (1 - x_{\text{pp}}) y_{\text{pp}}$，$\omega_3 = (1 - x_{\text{pp}})(1 - y_{\text{pp}})$，$\omega_4 = x_{\text{pp}}(1 - y_{\text{pp}})$；3 点内插如图 5-4 所示，加权函数 $\omega_1 = y_{\text{pp}}$，$\omega_2 = 1 - x_{\text{pp}} - y_{\text{pp}}$，$\omega_3 = x_{\text{pp}}$。

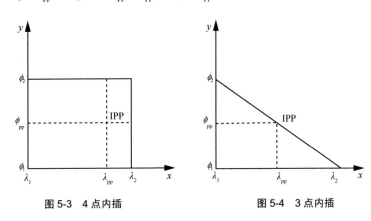

图 5-3　4 点内插　　　　　　　图 5-4　3 点内插

x_{pp}、y_{pp} 分别为内插点的相对经度和相对纬度，且 $x_{\text{pp}} = \dfrac{\lambda_{\text{pp}} - \lambda_1}{\lambda_2 - \lambda_1}$，$y_{\text{pp}} = \dfrac{\phi_{\text{pp}} - \phi_1}{\phi_2 - \phi_1}$。

对于大于 85°N 或 85°S 的穿刺点纬度，$x_{\text{pp}} = \dfrac{\lambda_{\text{pp}} - \lambda_1}{90°}\left(1 - 2y_{\text{pp}}\right) + y_{\text{pp}}$，

$y_{\text{pp}} = \dfrac{\left|\phi_{\text{pp}}\right| - 85°}{10°}$，其中 ϕ_{pp} 和 λ_{pp} 分别是穿刺点的纬度和经度；ϕ_1、ϕ_2 和 λ_1、λ_2 分别是格网点的纬度与经度。

③ GIVE 及 UIVE 估计

格网垂直电离层误差（Grid Ionosphere Vertical Error，GIVE）是格网点垂直电离层时延允许的最大误差限值，在有效的更新周期内，使用统计的方法计算地面站的穿刺点垂直电离层时延允许的最大误差限值，通过这些值来确定 GIVE，具体计算如下。

对于任意位置的用户电离层穿刺点，用内插法计算垂直电离层时延 $\hat{I}_{\text{IPP}}(t)$。

将地面站穿刺点垂直电离层时延观测值 $I_{\text{IPP}}(t)$ 与计算值 $\hat{I}_{\text{IPP}}(t)$ 做差，即

$$e_{\text{IPP}}(t) = I_{\text{IPP}}(t) - \hat{I}_{\text{IPP}}(t) \tag{5-24}$$

在一个有效更新周期（一般为 5 min）内，统计 $e_{IPP}(t)$ 的误差限值，即

$$E_{IPP} = \left|\overline{e}_{IPP}\right| + \kappa(\Pr)\sigma_e \qquad (5\text{-}25)$$

其中，$\left|\overline{e}_{IPP}\right| = \dfrac{1}{n}\sum_{k=1}^{n} e_{IPP}(t_k)$；$\sigma_e = \sqrt{\dfrac{1}{n-1}\sum_{k=1}^{n}\left(e_{IPP}(t_k) - \overline{e}_{IPP}\right)^2}$；$\kappa(\Pr)$ 为 99.9% 的置信分位数，当样本空间 $n=30$ 时取值 5.43，$n=5$ 时取值 23.54。

通过地面站穿刺点的残差 $e_{IPP}(t)$，估计格网点的电离层时延的绝对误差为

$$\hat{e}_{IGP} = \sum_{i=1}^{n} \frac{1/d_{ji}}{\displaystyle\sum_{i=1}^{n} 1/d_{ji}}\left|e_{IPP}\right| \qquad (5\text{-}26)$$

若第 j 个格网点在一定范围内的 4 个格网中至少有 3 个含有一个垂直误差序列，则该格网点的 GIVE 可表示为

$$GIVE_j = \max\left\{E_{IPP}, i\right\} + e_{IGP} + \frac{q_u}{2} \qquad (5\text{-}27)$$

其中，第 1 项为所有穿刺点最大的误差限值，q_u 表示该格网点的量化误差（$q_u = 0.0625\text{m}$）。

用户电离层垂直误差（User Ionosphere Vertical Error，UIVE）是用户电离层穿刺点垂直电离层时延误差限值，计算方法采用内插法，即

$$UIVE(\phi_{pp}, \lambda_{pp}) = \sum_{i=1}^{k} \omega_i(\phi_{IGP,i}, \lambda_{IGP,i}) GIVE_i \qquad (5\text{-}28)$$

其中，ϕ_{pp}、λ_{pp} 分别表示用户穿刺点的纬度和经度，$\phi_{IGP,i}$、$\lambda_{IGP,i}$ 分别表示穿刺点的纬度和经度。

2. 对流层误差

对流层在大气层中 0～50km 的近地面区域，在大气层中的密度最高，质量占大气层总量的 99% 左右，主要由氧气、氮气、水蒸气等组成，上述 3 种气体对 GNSS 导航信号的传输有较大影响，通常使用以下几类模型进行时延修正[9-10]。

（1）Hopfield 经典模型

GNSS 导航信号在对流层中的传输示意图如图 5-5 所示。在图 5-5 中，S 表示卫星位置，C 表示 GNSS 比对接收机位置，O 表示地心，AC 之间表示对流层中的干分量，H_d 表示高度，BC 之间表示对流层中的湿分量，H_w 表示高度，GNSS 导航信号在 AB 间传输时只受到对流层湿分量的影响，GNSS 导航信号在 BC 间传输时会

受到干分量及湿分量的共同影响[9]。

在下述对流层的计算式中，将对流层的折射率 n 用折射数 N 替代，n 与 N 的关系为

$$N = (n-1) \times 10^6 \tag{5-29}$$

对流层的折射数可分为两部分：一部分为干分量折射数（氧气和氮气等），另一部分为湿分量折射数（水蒸气）。干分量与湿分量折射数的经验式为[8]

$$N_d = 77.64 \frac{P}{T_k} \tag{5-30}$$

$$N_w = 3.73 \times 10^5 \frac{e_0}{T_k^2} \tag{5-31}$$

其中，P 表示总大气压，T_k 表示热力学温度，e_0 表示水汽压。上述 3 个参数的取值与 GNSS 比对接收机位置距离地面的高度有关。

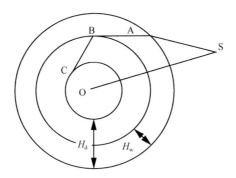

图 5-5　GNSS 导航信号在对流层中的传输示意图

Hopfield 模型将对流层时延分为干分量时延与湿分量时延两种。

H 表示地面至天顶方向上的信号传播路径，则对流层时延 T_z 可表示为

$$T_z = c \int_H \left(\frac{1}{c/n} - \frac{1}{c} \right) dh = 10^{-6} \int_H \left(N_d + N_w \right) dh = T_{zd} + T_{zw} \tag{5-32}$$

其中，T_{zd} 表示天顶方向上的对流层时延的干分量，T_{zw} 表示天顶方向上的对流层时延的湿分量，即

$$T_{zd} = 10^{-6} \int_0^{H_d} N_d dh \tag{5-33}$$

$$T_{zw} = 10^{-6} \int_0^{H_w} N_w dh \tag{5-34}$$

其中，假设高度在 H_d 以上的干分量折射数 N_d 为零，高度在 H_w 以上的湿分量折射数 N_w 为零，其中 H_d 取值为 43km，H_w 取值为 11km。

在高度 h 不超过 H_d 时，对流层时延干分量的折射数 N_d 取值估算式为

$$N_d = N_{d0} \left(\frac{H_d - h}{H_d} \right)^4 \tag{5-35}$$

其中，N_{d0} 表示地面干分量折射数。

综上，对流层时延的干分量 T_{zd} 的估算式为

$$T_{zd} = 1.552 \times 10^{-5} \frac{P_0}{T_{k0}} H_d \tag{5-36}$$

其中，P_0 表示地面高度为零处的总大气压，T_{k0} 表示地面高度为零处的热力学温度。

Hopfield 模型利用全球高空气象探测资料进行分析，之后总结出经验式为

$$H_d = 40136 + 148.72 \times (T_k - 273.16) \tag{5-37}$$

其中，T_k 表示热力学温度，单位为开尔文（K）。天顶方向上的对流层时延的干分量 T_{zd} 约为 2.3m，约占天顶方向上总对流层时延的 90%。

大气湿度因地域的不同而不同，对流层时延的湿分量也因此不同，建立统一有效的湿分量计算模型相对比较复杂，然而，天顶方向上的对流层时延湿分量一般较小，利用 Hopfield 模型建立天顶方向上的对流层时延湿分量 T_{zw} 的估算式为

$$T_{zw} = 0.0746 \frac{e_{00}}{T_{k0}^2} H_w \tag{5-38}$$

其中，$e_{00} = 11.691\text{mbar}$，为地面零高度处的水汽压。

在估算出天顶方向上的对流层时延干分量 T_{zd} 和天顶方向上的对流层时延湿分量 T_{zw} 后，为获得信号传输路径上的对流层时延 T，还需要分别将天顶方向上的对流层时延干分量与天顶方向上的对流层时延湿分量乘以相应的倾斜因子，即

$$T = T_{zd} F_d + T_{zw} F_w \tag{5-39}$$

天顶方向上的对流层时延干分量的倾斜因子 F_d 的估算模型为

$$F_d = \frac{1}{\sin \sqrt{\theta^2 + \left(\frac{2.5\pi}{180} \right)^2}} \tag{5-40}$$

天顶方向上的对流层时延湿分量的倾斜因子 F_w 的估算模型为

$$F_{\mathrm{w}} = \frac{1}{\sin\sqrt{\theta^2 + \left(\dfrac{1.5\pi}{180}\right)^2}} \tag{5-41}$$

其中，θ 表示卫星与 GNSS 卫星时间比对接收机之间的仰角，单位为弧度。

（2）Hopfield 改进模型

Hopfield 改进模型的计算式为

$$\delta = \delta_{\mathrm{d}} + \delta_{\mathrm{w}} \tag{5-42}$$

$$\delta_i = 10^{-6} N_i \sum_{k=1}^{9} \frac{f_{k,i}}{k} r_i^k, i = \mathrm{d, w} \tag{5-43}$$

其中，各变量按照干分量、湿分量分别定义为

$$r_i = \sqrt{\left(R_{\mathrm{e}} + h_i\right)^2 - R_{\mathrm{e}}^2 \sin^2 z} - R_{\mathrm{e}} \cos z \tag{5-44}$$

$$f_{1,i} = 1, f_{2,i} = 4a_i, f_{3,i} = 6a_i^2 + 4b_i, f_{4,i} = 4a_i\left(a_i^2 + 3b_i\right), f_{5,i} = a_i^4 + 12a_i^2 b_i + 6b_i^2 \tag{5-45}$$

$$f_{6,i} = 4a_i b_i\left(a_i^2 + 3b_i\right), f_{7,i} = b_i^2\left(6a_i^2 + 4b_i\right), f_{8,i} = 4a_i b_i^3, f_{9,i} = b_i^4 \tag{5-46}$$

变量 a_i、b_i 定义为

$$a_i = -\frac{\cos z}{h_i}, b_i = -\frac{\sin^2 z}{2h_i R_{\mathrm{e}}} \tag{5-47}$$

R_{e}、N_{d}、N_{w} 的定义同 Hopfield 经典模型，分别为

$$R_{\mathrm{e}} = 6378137\mathrm{m}, N_{\mathrm{d}} = \frac{77.64P}{T}, N_{\mathrm{w}} = -\frac{12.96e}{T} + \frac{371800e}{T^2} \tag{5-48}$$

（3）Saastamoinen 经典模型

Saastamoinen 经典模型将对流层分为两层，第一层是地面至高度 12km 左右的对流层顶，其大气温度随高程的变化递减；第二层是对流层顶至 50km 左右的平流层顶，其大气温度为常数[10]。

由天顶方向上的对流层时延干分量和对流层时延湿分量共同组成的天顶方向上的对流层时延可表示为

$$\delta^z = \delta_{\mathrm{d}}^z + \delta_{\mathrm{w}}^z \tag{5-49}$$

$$\delta_{\mathrm{d}}^z = 10^{-6} \frac{k_1 R_{\mathrm{d}}}{g_{\mathrm{m}}} P_{\mathrm{s}} = 0.002277 \times P \tag{5-50}$$

$$\delta_{\mathrm{w}}^{z}=0.002277\left(\frac{1255}{T}+0.05\right)e_{\mathrm{w}} \tag{5-51}$$

其中，e_{w} 表示水汽压，P 表示大气压，当引入地面站位置和高程作为参数时，式（5-49）改写为

$$\delta^{z}=\frac{0.002277}{f(B,H)}\left[P+\left(\frac{1255}{T}+0.05\right)e_{\mathrm{w}}\right] \tag{5-52}$$

$$f(B,H)=1-0.00266\times\cos 2\phi-0.00028\times H \tag{5-53}$$

其中，ϕ 表示地面站纬度，H 表示地面站高程。

（4）Saastamoinen 改进模型

Bauersima 在 1983 年给出的 Saastamoinen 改进模型为

$$\delta=\frac{0.0027}{\cos z}\left[P+\left(\frac{1255}{T}+0.05\right)e_{\mathrm{w}}-B\tan^{2}z\right]+\delta R \tag{5-54}$$

$$B=\frac{R}{rg}\left[\frac{P_{0}T_{0}-\left(\frac{R\beta}{g}\right)p^{0}T^{0}}{1-\frac{R\beta}{g}}\right] \tag{5-55}$$

其中，R 表示气体常数，r 表示地球半径，p^{0} 表示离地面 12km 左右的对流层顶的气压，T^{0} 表示离地面 12km 左右的对流层顶的温度，β 表示温度垂直梯度。

$$e_{\mathrm{w}}=\mathrm{RH}\times\exp\left(=37.2465+0.213166T-0.000256908T^{2}\right) \tag{5-56}$$

其中，z 表示卫星天顶距，T 表示 GNSS 卫星时间比对接收机所处地面站温度，单位为 K；P 表示大气压，单位为 mbar；e_{w} 表示水汽压，单位为 mbar。式（5-56）中的参数均可在标准大气参数中获得，气压、温度、相对湿度与高程的关系在式（5-57）～式（5-59）中获得。

$$P=P_{0}\left[1-0.000226\left(H-H_{0}\right)\right]^{5.225} \tag{5-57}$$

$$T=T_{0}-0.0065\left(H-H_{0}\right) \tag{5-58}$$

$$\mathrm{RH}=\mathrm{RH}_{0}\times\exp\left[-0.0006396\left(H-H_{0}\right)\right] \tag{5-59}$$

其中，P_{0}、T_{0}、RH_{0} 是标准气压，温度和相对湿度的默认值为

$$H_{0}=0\mathrm{m},P_{0}=1013.25\mathrm{mbar},T_{0}=18℃,\mathrm{RH}_{0}=50\% \tag{5-60}$$

（5）Saastamoinen 映射函数模型

在使用计算模型获得天顶方向上的对流层时延后，还需要构建映射函数，从而计算得到信号在传输路径上的总对流层时延，可用式（5-61）表示[10]。

$$\delta = \delta^z \text{MF}(E) \tag{5-61}$$

分别从天顶方向上的对流层时延的干分量和天顶方向上的对流层时延的湿分量两个部分进行考虑，可以将式（5-61）改写为

$$\delta = \delta_d^z \cdot \text{MF}_d(E) + \delta_w^z \cdot \text{MF}_d(E) \tag{5-62}$$

其中，δ 表示信号在传输路径上的总对流层时延，δ^z 表示天顶方向上的对流层时延，δ_d^z 表示天顶方向上的对流层时延的干分量，δ_w^z 表示天顶方向上的对流层时延的湿分量；而 $\text{MF}(E)$、$\text{MF}_d(E)$ 和 $\text{MF}_w(E)$ 分别表示总映射函数、干映射函数和湿映射函数。信号在传输路径上的总对流时延与天顶方向上的对流层时延之间的角度关系为

$$\delta = \delta_d^z \cdot \sec z \tag{5-63}$$

Saastamoinen 映射函数通过对式（5-63）中的三角函数 $\sec z$ 采用泰勒级数展开的方式，可以得到

$$\sec z = \sec z_0 + \sec z_0 \tan z_0 \Delta z \tag{5-64}$$

根据任意方向斜对流层时延的计算式，可以得到

$$\delta^S = 10^{-6} \int N_0(r) \sec z \mathrm{d}r = 10^{-6} \int N_0(r) \cdot \left(\sec z_0 + \sec z_0 \tan z_0 \Lambda z \right) \mathrm{d}r \tag{5-65}$$

Saastamoinen 模型将对流层分为两层，因此将天顶方向上的折射数代入式（5-65）并进行相应简化，可获得对流层时延在信号传播方向的计算模型为

$$\delta^S = 0.002277 \sec z_0 \left[P_0 + \left(\frac{1225}{T_0} + 0.05 \right) e_0 - B(r) \tan^2 z_0 \right] \tag{5-66}$$

其中，z_0 表示卫星的天顶距，$B(r)$ 表示地面站纬度。

5.1.2.2　与卫星相关误差

与卫星相关的误差主要包括卫星星钟误差、卫星轨道误差、相对论效应误差、地球自转效应误差等[11-13]。

1. 卫星星钟误差

卫星星钟误差指卫星搭载的原子钟存在的频偏或频漂。卫星星钟误差可通过卫星播发的电文进行修正，具体计算式为

$$\Delta t = a_0 + a_1(t - t_{oe}) + a_2(t - t_{oe})^2 \qquad (5\text{-}67)$$

其中，t_{oe} 表示星历的参考时刻，a_0 表示卫星原子钟钟差，a_1 表示卫星原子钟钟速，a_2 表示卫星原子钟钟速变化率。

2. 卫星轨道误差

卫星轨道误差是卫星受到各类摄动力的作用而引起的，是导航、定位、授时的一项重要误差。

卫星在轨道空间受到的摄动力无法精确测定，因而卫星的轨道误差估计相对困难。

根据不同的精度要求，可选取以下 3 种方法中的一种进行卫星轨道误差处理。

（1）忽略卫星轨道误差。

（2）进行卫星轨道修正，使用星历中计算得到的卫星坐标作为轨道的近似值，引入卫星轨道偏差修正参数进行数据处理，并将修正参数作为常数初值，将其作为待估计量同其他未知参数共同求解[13]。

（3）站间求差，利用异地的不同地面站同时观测相同的卫星，将观测结果做差，卫星轨道误差作为公共误差被明显抵消。

3. 相对论效应误差

相对论效应指由于卫星与地面站所处的空间状态不同，卫星星钟与地面站钟产生相对钟差的现象，相对论效应受卫星的运动速度及卫星位置影响，以卫星星钟总差的形式表现[14]。由于相对论效应的存在，卫星星载原子钟的频率相对于地面时钟频率会发生变化，假设卫星在空间进行圆周运动，为消除相对论效应的影响，须在卫星发射前对卫星星载原子钟频率进行校准，但由于实际的卫星运动轨道并非圆周，而是椭圆，所以卫星星载原子钟虽在地面上经过校准，但在实际运行的过程中仍会产生部分残差，可通过式（5-68）来修正[12-13]。

$$\Delta t_r = F \times e \times \sqrt{a} \times \sin E_k \qquad (5\text{-}68)$$

其中，e 表示卫星轨道偏心率，a 表示卫星轨道长半轴，E_k 表示卫星轨道偏近点角，上述 3 个参数均可由卫星星历获得，F 可通过式（5-69）得到。

$$F = -\frac{2\sqrt{\mu}}{c^2} \qquad (5\text{-}69)$$

其中，$\mu = 3.986004418 \times 10^{14}\,\mathrm{m^3/s^2}$，$c = 2.99792458 \times 10^8\,\mathrm{m/s}$。

4. 地球自转效应误差

地球自转效应原理如图 5-6 所示，地球自转示意图如图 5-7 所示，(X, Y, Z) 表示卫星信号发射时刻的地心地固坐标系，(X',Y',Z') 表示 GNSS 卫星时间比对接收机接收时刻的地心地固坐标系，θ 表示卫星发射信号到 GNSS 卫星时间比对接收机接收信号过程中地球自转产生的角度。

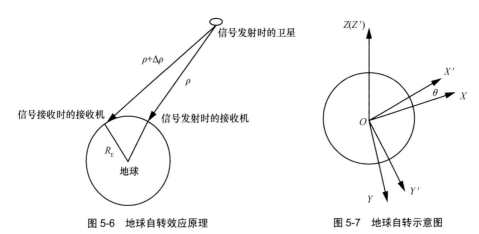

图 5-6　地球自转效应原理　　　　　　图 5-7　地球自转示意图

在使用卫星星历进行卫星轨道位置的计算时，其计算的是卫星信号发射时刻 t 对应的卫星地心地固坐标系位置，在进行钟差解算时，需要计算卫星信号在发射时刻 t 的卫星位置与 GNSS 卫星时间比对接收机在接收机接收时刻 $t+\tau$ 的接收机位置间的几何距离，由于地球自转效应的存在，地心地固坐标系在时间 τ 内也进行了相应的旋转，因此需要对卫星信号发射时刻的地心地固坐标系下的卫星位置进行地球自转修正，将其修正为卫星信号接收时刻的地心地固坐标系下的位置坐标[13]。

导航卫星信号在空间中的传输时间很短，如 GPS 卫星的信号平均传输时间约为 78ms，则在此时间间隔内，地球自转的角度 θ 可表示为

$$\theta = \dot{\Omega}_e \tau \tag{5-70}$$

其中，地球的自转角速度 $\dot{\Omega}_e$ 为已知值（单位为 rad/s），对于 GPS 及伽利略导航卫星系统，$\dot{\Omega}_e$ 为

$$\dot{\Omega}_e = 7.2921151467 \times 10^{-5} \, \text{rad/s} \tag{5-71}$$

对于格洛纳斯导航卫星系统和北斗卫星导航系统，$\dot{\Omega}_e$ 为

$$\dot{\Omega}_e = 7.292115 \times 10^{-5} \, \text{rad/s} \tag{5-72}$$

假设卫星 n 在信号发射时刻 t 的位置坐标表示为 (x_k, y_k, z_k)，在卫星信号的传输过程中，地球始终在做自转运动，即地心地固坐标系也一直在旋转，在信号传输时

间 τ 内，地球转过了角度 θ ，则在 $t+\tau$ 时刻，卫星在地心地固坐标系下的位置坐标 $(x^{(n)}, y^{(n)}, z^{(n)})$ 可通过式（5-73）进行坐标变换得到。

$$\begin{bmatrix} x^{(n)} \\ y^{(n)} \\ z^{(n)} \end{bmatrix} = \begin{bmatrix} \cos\theta & \sin\theta & 0 \\ -\sin\theta & \cos\theta & 0 \\ 0 & 0 & 1 \end{bmatrix} \begin{bmatrix} x_k \\ y_k \\ z_k \end{bmatrix} \tag{5-73}$$

由式（5-73）可知，为求地球自转角度 θ ，需要计算出传播时间 τ 。假设在 $t+\tau$ 时刻的接收机位置坐标为 (x, y, z) ，那么接收机至卫星的空间几何距离 $r^{(n)}$ 可表示为

$$r^{(n)} = \sqrt{(x_k - x)^2 + (y_k - y)^2 + (z_k - z)^2} \tag{5-74}$$

则 τ 为

$$\tau = \frac{r^{(n)}}{c} \tag{5-75}$$

其中，c 表示真空中光速。根据式（5-75）可得，卫星在 t 时刻的位置坐标和在 $t+\tau$ 时刻的地心地固坐标系中的位置坐标为 $(x^{(n)}, y^{(n)}, z^{(n)})$ ， $(x^{(n)}, y^{(n)}, z^{(n)})$ 即可用于定位、授时计算。

5.1.2.3 与地面站接收机有关误差

与地面站接收机硬件相关的误差主要包括伪距观测误差、接收机时延误差、天线相位中心误差等[13,15-16]。

1. 伪距观测误差

伪距观测误差主要指接收机对卫星信号的测量误差，不能对其进行消除，只能通过合理设计计算机捕获跟踪参数来降低影响。

2. 接收机时延误差

用户位置的解算及授时均需要伪距信息作为基础，伪距信息的获得是接收机利用相关器对内部产生的本地伪码序列与卫星发射的伪码序列做相关运算，尽管接收机在做相关运算的过程中会产生一定的偏差，但是码型、调制方式、带宽等均相同，则不同接收通道产生的偏差也应相同[15]，在定位过程中此部分偏差不会影响定位结果，但在授时过程中，此部分偏差会以固定偏差的形式存在，即接收机时延，该误差是时间比对中的重要误差项，接收机时延可通过校准的方式进行消除，常用的校准方法有两种[16]：一种是相对校准，标准接收机与待校准接收机同源零基线校准；另一种是绝对校准，使用导航信号模拟器对接收机进行校准。

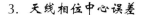

3. 天线相位中心误差

接收机伪距测量以接收天线的相位中心为基准，该相位中心随信号强度及方位的变化而变化，天线相位中心可在微波暗室中进行精确标定，在时间比对过程中，选用相同类型相同型号的天线，在不同地面站观测相同卫星时，通过做差可在很大程度上减弱由相位中心位置变化带来的误差[11]，其次进行时间比对可选用扼流圈天线，扼流圈天线在具有良好的抗多径性能同时，具有稳定的相位中心，其稳定性一般优于 2mm，使得该误差在时间比对过程中不是主要误差成分。

| 5.2　卫星双向时间比对技术 |

5.2.1　基本原理及数学模型

在地心地固（Earth-Centered，Earth-Fixed，ECEF）坐标系下进行卫星双向时间比对的解算，对于地球自转及卫星运动引起的附加时延，并不能直观地表示，因此有研究者提出在地心惯性（Earth Centered Inertial，ECI）坐标系下进行钟差解算[17]。本节将详细推导在 ECI 坐标系下卫星双向时间比对的计算模型，从而展示在卫星双向时间比对的计算模型中各误差项的数学表达。

卫星双向时间比对的基本原理[18]为：地面上两个不同的地面站（地面站 A 和地面站 B）在自身的本地时刻发送测距信号，信号发送时刻会触发 A、B 两地面站配套的时间间隔计数器开始计数。地面站 A 发出的测距信号（上行）经通信卫星转发后变为下行信号，该信号在某个时刻被地面站 B 的接收设备接收，同时会触发地面站 B 的时间间隔计数器结束计数。根据 A、B 两地面站的时间间隔计数器的读数，可以得出地面站 A 发出的测距信号的路径传播时延。同样地，地面站 B 发出的测距信号经通信卫星转发后在某时刻被地面站 A 的接收设备接收，并触发地面站 A 的时间间隔计数器结束计数。根据 A、B 两地面站的时间间隔计数器的读数，可以得出地面站 B 发出的测距信号的路径传播时延。经计算可得到地面站 A、B 之间的钟差 ΔT_{AB}。卫星双向时间比对原理如图 5-8 所示。

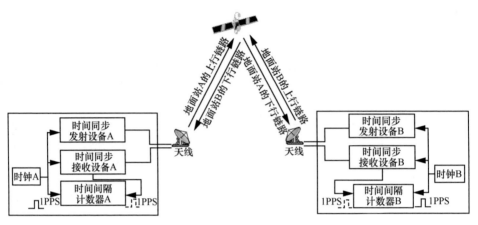

图 5-8 卫星双向时间比对原理

地面站 A、B 之间卫星双向时间比对的钟差 ΔT_{AB} 可表示为

$$\Delta T_{AB} = t_{TB} - t_{TA} \tag{5-76}$$

$$\begin{cases} T_B = t_{RB} - t_{TB} = -\Delta T_{AB} + \tau_{AB} \\ T_A = t_{RA} - t_{TA} = \Delta T_{AB} + \tau_{BA} \end{cases} \tag{5-77}$$

因此，A、B 两地面站之间的钟差为

$$\Delta T_{AB} = \frac{1}{2}(T_A - T_B) + \frac{1}{2}(\tau_{AB} - \tau_{BA}) \tag{5-78}$$

其中，T_A、T_B 分别为地面站 A、B 的时间间隔计数器的计数，$\frac{1}{2}(\tau_{AB} - \tau_{BA})$ 为地面站 A、B 之间卫星双向时间比对的总系统误差，这里的总系统误差指的是所有系统误差之和。由式（5-78）可知，当 A、B 两地面站的时间信号上下行链路绝对对称时（理想情况），卫星双向时间比对可以消除全部系统误差项，这是因为其在方法体制上拥有最大优势，这也是该方法能够获得高精度时间比对的主要原因。由于在卫星双向时间比对过程中获得的直接观测量只有 T_A 和 T_B，因此需要通过其他技术手段测量或计算得到 $\frac{1}{2}(\tau_{AB} - \tau_{BA})$ 来消除系统误差。

卫星双向时间比对过程中除了包含系统误差，还包含大气折射时延误差和几何距离时延误差。几何距离时延误差的产生一方面是由于地面站随地球一起自转，另一方面是由于卫星运动。大气折射时延误差主要是时间信号在传播过程中经过对流层、电离层等折射率不为 1 的介质时改变了原来的传播路径而引起的传播时延修正量，上述误差分别被称为地球自转效应（Sagnac 效应）、对流层时延修正和电离层时延修正。信号传播时延 τ_{AB} 和 τ_{BA} 可进一步表示为[19]

$$\begin{cases} \tau_{AB} = \tau_A^T + R_{AS}^{geo}/c + \tau_{AS}^{ion} + \tau_{AS}^{tro} + \tau_{AS}^{rel} + \tau_S^{AB} + R_{SB}^{geo}/c + \tau_{SB}^{ion} + \tau_{SB}^{tro} + \tau_{SB}^{rel} + \tau_B^R \\ \tau_{BA} = \tau_B^T + R_{BS}^{geo}/c + \tau_{BS}^{ion} + \tau_{BS}^{tro} + \tau_{BS}^{rel} + \tau_S^{BA} + R_{SA}^{geo}/c + \tau_{SA}^{ion} + \tau_{SA}^{tro} + \tau_{SA}^{rel} + \tau_A^R \end{cases} \quad (5\text{-}79)$$

其中，τ_i^T、τ_i^R 分别为地面站 i（i=A 或 B）的发射时延和接收时延，R_{iS}^{geo}、R_{Si}^{geo} 分别为卫星双向时间比对过程中信号从地面站 i 发射到卫星和从卫星转发到地面站 i 的空间几何距离，τ_{iS}^{ion}、τ_{Si}^{ion} 分别为卫星双向时间比对过程中地面站 i 到卫星和卫星到地面站 i 的电离层时延，τ_{iS}^{tro}、τ_{Si}^{tro} 分别为卫星双向时间比对过程中地面站 i 到卫星和卫星到地面站 i 的对流层时延，τ_{iS}^{rel}、τ_{Si}^{rel} 分别为卫星双向时间比对过程中地面站 i 到卫星和卫星到地面站 i 的相对论时延，c 为光传播的速度（c 取光在真空中的传播速度）。

将式（5-79）代入式（5-78）得

$$\begin{aligned} \Delta T_{AB} = {} & \frac{1}{2}(T_A - T_B) + \frac{1}{2c}\Big[\big(R_{AS}^{geo} - R_{SA}^{geo}\big) - \big(R_{BS}^{geo} - R_{SB}^{geo}\big)\Big] + \\ & \frac{1}{2}\Big[\big(\tau_A^T - \tau_B^T\big) - \big(\tau_A^R - \tau_B^R\big)\Big] + \frac{1}{2}\Big[\big(\tau_{AS}^{ion} - \tau_{SA}^{ion}\big) - \big(\tau_{BS}^{ion} - \tau_{SB}^{ion}\big)\Big] + \\ & \frac{1}{2}\Big[\big(\tau_{AS}^{tro} - \tau_{SA}^{tro}\big) - \big(\tau_{BS}^{tro} - \tau_{SB}^{tro}\big)\Big] + \frac{1}{2}\Big[\big(\tau_{AS}^{rel} - \tau_{SA}^{rel}\big) - \big(\tau_{BS}^{rel} - \tau_{SB}^{rel}\big)\Big] + \frac{1}{2}\big(\tau_S^{AB} - \tau_S^{BA}\big) \end{aligned} \quad (5\text{-}80)$$

式（5-80）即标准的卫星双向时间比对的函数模型。式（5-80）等号右端的第 2 项表示 A、B 两地面站的时间信号在空间传播中引起的几何距离时延误差；第 3 项表示 A、B 两地面站发射、接收设备的时延误差；第 4 项表示 A、B 两地面站时间信号的电离层时延误差；第 5 项表示 A、B 两地面站时间信号的对流层时延误差；第 6 项表示 A、B 两地面站时间信号的相对论效应时延误差；第 7 项表示 A、B 两地面站时间信号的卫星转发时延误差。

由于地球自转、转发卫星运动和地面站运动，时间信号走过的几何距离不等于使用地面站和卫星的初始位置计算出来的几何距离。令 $\boldsymbol{x}_A(t)$、$\boldsymbol{x}_B(t)$、$\boldsymbol{x}_S(t)$ 分别为 t 时刻地面站 A、B 和卫星 S 的天线在 ECI 坐标系下的位置向量，以地面站 A 发射时间信号的时刻 t_{TA} 为归算时刻 t_0，则地面站 A 上行链路的空间几何距离可表示为

$$R_{AS}^{geo} = \big|\boldsymbol{x}_S(t_S^A) - \boldsymbol{x}_A(t_{TA} + \tau_A^T)\big| = R_{AS} + \Delta R_{AS} \quad (5\text{-}81)$$

其中，t_S^A 为地面站 A 的时间信号到达卫星天线相位中心的时刻，R_{AS} 为 t_0 时刻地面站 A 与卫星 S 间的几何距离，ΔR_{AS} 为地面站 A 上行链路的距离改正项，且有

$$R_{AS} = \left| \boldsymbol{x}_S(t_0) - \boldsymbol{x}_A(t_0) \right| \tag{5-82}$$

将 R_{AS}^{geo} 在 t_0 时刻做二阶泰勒级数展开，并结合式（5-82），得到

$$R_{AS}^{geo} = \left| \begin{array}{l} \boldsymbol{R}_{AS} + \dot{\boldsymbol{x}}_S \cdot \left(t_S^A - t_0\right) + \dfrac{1}{2} \ddot{\boldsymbol{x}}_S \cdot \left(t_S^A - t_0\right)^2 - \dot{\boldsymbol{x}}_A \cdot \left(t_{TA} + \tau_A^T - t_0\right) \\ -\dfrac{1}{2} \ddot{\boldsymbol{x}}_A \cdot \left(t_{TA} + \tau_A^T - t_0\right)^2 + r_{AS1} \end{array} \right| \tag{5-83}$$

r_{AS1} 为泰勒级数余项：

$$r_{AS1} = \frac{\dddot{\boldsymbol{x}}_S(\xi_1)}{6}\left(t_S^A - t_0\right)^3 - \frac{\dddot{\boldsymbol{x}}_A(\xi_2)}{6}\left(t_{TA} + \tau_A^T - t_0\right)^3 \tag{5-84}$$

其中，$\dot{\boldsymbol{x}}_A$、$\ddot{\boldsymbol{x}}_A$、$\dddot{\boldsymbol{x}}_A$、$\dot{\boldsymbol{x}}_S$、$\ddot{\boldsymbol{x}}_S$、$\dddot{\boldsymbol{x}}_S$ 分别为地面站 A 和卫星 S 在 t_0 时刻的速度、加速度及加速度的导数。

将式（5-83）等号两端平方，并省略所有 $\left(t_S^A - t_0\right)$ 和 $\left(t_{TA} + \tau_A^T - t_0\right)$ 三次方以上的项及地面站 A 和卫星 S 的速度、加速度的交叉项，得到

$$\begin{aligned} \left(R_{AS}^{geo}\right)^2 = {} & R_{AS}^2 + \dot{\boldsymbol{x}}_S^2 \cdot \left(t_S^A - t_0\right)^2 + \dot{\boldsymbol{x}}_A^2 \cdot \left(t_{TA} + \tau_A^T - t_0\right)^2 + \\ & 2\boldsymbol{R}_{AS} \cdot \dot{\boldsymbol{x}}_S \cdot \left(t_S^A - t_0\right) + \boldsymbol{R}_{AS} \cdot \ddot{\boldsymbol{x}}_S \cdot \left(t_S^A - t_0\right)^2 - \\ & 2\boldsymbol{R}_{AS} \cdot \dot{\boldsymbol{x}}_A \cdot \left(t_{TA} + \tau_A^T - t_0\right) - \boldsymbol{R}_{AS} \cdot \ddot{\boldsymbol{x}}_A \cdot \left(t_{TA} + \tau_A^T - t_0\right)^2 \end{aligned} \tag{5-85}$$

将式（5-85）等号两端开方并展开为泰勒级数，得到

$$\begin{aligned} R_{AS}^{geo} = {} & R_{AS} + \frac{\boldsymbol{R}_{AS} \cdot \dot{\boldsymbol{x}}_S}{R_{AS}}\left(t_S^A - t_0\right) + \frac{1}{2} \cdot \frac{\boldsymbol{R}_{AS} \cdot \ddot{\boldsymbol{x}}_S}{R_{AS}}\left(t_S^A - t_0\right)^2 + \\ & \frac{1}{2} \cdot \frac{\dot{\boldsymbol{x}}_S \cdot \dot{\boldsymbol{x}}_S}{R_{AS}}\left(t_S^A - t_0\right)^2 - \frac{1}{2} \cdot \frac{\left(\boldsymbol{R}_{AS} \cdot \ddot{\boldsymbol{x}}_S\right)^2}{R_{AS}^3}\left(t_S^A - t_0\right)^2 - \\ & \frac{\boldsymbol{R}_{AS} \cdot \dot{\boldsymbol{x}}_A}{R_{AS}}\left(t_{TA} + \tau_A^T - t_0\right) - \frac{1}{2} \cdot \frac{\boldsymbol{R}_{AS} \cdot \ddot{\boldsymbol{x}}_A}{R_{AS}}\left(t_{TA} + \tau_A^T - t_0\right)^2 + \\ & \frac{1}{2} \cdot \frac{\dot{\boldsymbol{x}}_A \cdot \dot{\boldsymbol{x}}_A}{R_{AS}}\left(t_{TA} + \tau_A^T - t_0\right)^2 - \frac{1}{2} \cdot \frac{\left(\boldsymbol{R}_{AS} \cdot \dot{\boldsymbol{x}}_A\right)^2}{R_{AS}^3}\left(t_{TA} + \tau_A^T - t_0\right)^2 + r_{AS2} \end{aligned} \tag{5-86}$$

其中，r_{AS2} 为泰勒级数余项，令 $f(t) = \dfrac{R_{AS}^{geo}}{R_{AS}}$，得到

$$r_{\mathrm{AS2}} = \frac{(t_{\mathrm{S}}^{\mathrm{A}} - t_0)^3}{6} \left. \frac{\mathrm{d}^3 f(t)}{\mathrm{d}(t_{\mathrm{S}}^{\mathrm{A}} - t_0)^3} \right|_{\xi_3} + \frac{(t_{\mathrm{TA}} + \tau_{\mathrm{A}}^{\mathrm{T}} - t_0)^3}{6} \left. \frac{\mathrm{d}^3 f(t)}{\mathrm{d}(t_{\mathrm{TA}} + \tau_{\mathrm{A}}^{\mathrm{T}} - t_0)^3} \right|_{\xi_4} \tag{5-87}$$

省略式（5-87）中的余项，可得地面站 A 上行链路的距离改正项为

$$\begin{aligned}
\Delta R_{\mathrm{AS}} &= \frac{\boldsymbol{R}_{\mathrm{AS}} \cdot \dot{\boldsymbol{x}}_{\mathrm{S}}}{R_{\mathrm{AS}}} \left(t_{\mathrm{S}}^{\mathrm{A}} - t_0\right) + \frac{1}{2} \cdot \frac{\boldsymbol{R}_{\mathrm{AS}} \cdot \ddot{\boldsymbol{x}}_{\mathrm{S}}}{R_{\mathrm{AS}}} \left(t_{\mathrm{S}}^{\mathrm{A}} - t_0\right)^2 + \\
&\quad \frac{1}{2} \cdot \frac{\dot{\boldsymbol{x}}_{\mathrm{S}} \cdot \dot{\boldsymbol{x}}_{\mathrm{S}}}{R_{\mathrm{AS}}} \left(t_{\mathrm{S}}^{\mathrm{A}} - t_0\right)^2 - \frac{1}{2} \cdot \frac{\left(\boldsymbol{R}_{\mathrm{AS}} \cdot \dot{\boldsymbol{x}}_{\mathrm{S}}\right)^2}{R_{\mathrm{AS}}^3} \left(t_{\mathrm{S}}^{\mathrm{A}} - t_0\right)^2 - \\
&\quad \frac{\boldsymbol{R}_{\mathrm{AS}} \cdot \dot{\boldsymbol{x}}_{\mathrm{A}}}{R_{\mathrm{AS}}} \left(t_{\mathrm{TA}} + \tau_{\mathrm{A}}^{\mathrm{T}} - t_0\right) - \frac{1}{2} \cdot \frac{\boldsymbol{R}_{\mathrm{AS}} \cdot \ddot{\boldsymbol{x}}_{\mathrm{A}}}{R_{\mathrm{AS}}} \left(t_{\mathrm{TA}} + \tau_{\mathrm{A}}^{\mathrm{T}} - t_0\right)^2 + \\
&\quad \frac{1}{2} \cdot \frac{\dot{\boldsymbol{x}}_{\mathrm{A}} \cdot \dot{\boldsymbol{x}}_{\mathrm{A}}}{R_{\mathrm{AS}}} \left(t_{\mathrm{TA}} + \tau_{\mathrm{A}}^{\mathrm{T}} - t_0\right)^2 - \frac{1}{2} \cdot \frac{\left(\boldsymbol{R}_{\mathrm{AS}} \cdot \dot{\boldsymbol{x}}_{\mathrm{A}}\right)^2}{R_{\mathrm{AS}}^3} \left(t_{\mathrm{TA}} + \tau_{\mathrm{A}}^{\mathrm{T}} - t_0\right)^2
\end{aligned} \tag{5-88}$$

同理可得

$$\begin{cases}
R_{\mathrm{SA}}^{\mathrm{geo}} = \left| \boldsymbol{x}_{\mathrm{A}} \left(t_{\mathrm{RA}} - \tau_{\mathrm{A}}^{\mathrm{R}}\right) - \boldsymbol{x}_{\mathrm{S}} \left(t_{\mathrm{S}}^{\mathrm{B}} + \tau_{\mathrm{S}}^{\mathrm{BA}}\right) \right| = R_{\mathrm{SA}} + \Delta R_{\mathrm{SA}} \\
R_{\mathrm{BS}}^{\mathrm{geo}} = \left| \boldsymbol{x}_{\mathrm{S}} \left(t_{\mathrm{S}}^{\mathrm{B}}\right) - \boldsymbol{x}_{\mathrm{B}} \left(t_{\mathrm{TB}} + \tau_{\mathrm{B}}^{\mathrm{T}}\right) \right| = R_{\mathrm{BS}} + \Delta R_{\mathrm{BS}} \\
R_{\mathrm{SB}}^{\mathrm{geo}} = \left| \boldsymbol{x}_{\mathrm{B}} \left(t_{\mathrm{RB}} - \tau_{\mathrm{B}}^{\mathrm{R}}\right) - \boldsymbol{x}_{\mathrm{S}} \left(t_{\mathrm{S}}^{\mathrm{A}} + \tau_{\mathrm{S}}^{\mathrm{AB}}\right) \right| = R_{\mathrm{SB}} + \Delta R_{\mathrm{SB}}
\end{cases} \tag{5-89}$$

$$\begin{cases}
R_{\mathrm{SA}} = \left| \boldsymbol{x}_{\mathrm{A}}(t_0) - \boldsymbol{x}_{\mathrm{S}}(t_0) \right| \\
R_{\mathrm{BS}} = \left| \boldsymbol{x}_{\mathrm{S}}(t_0) - \boldsymbol{x}_{\mathrm{B}}(t_0) \right| \\
R_{\mathrm{SB}} = \left| \boldsymbol{x}_{\mathrm{B}}(t_0) - \boldsymbol{x}_{\mathrm{S}}(t_0) \right|
\end{cases} \tag{5-90}$$

其中，$t_{\mathrm{S}}^{\mathrm{B}}$ 为地面站 B 的时间信号到达卫星天线相位中心的时刻，ΔR_{SA}、ΔR_{BS}、ΔR_{SB} 分别为地面站 A 下行链路的距离改正项、地面站 B 上行链路的距离改正项及地面站 B 下行链路的距离改正项，可展开为

$$\begin{aligned}
\Delta R_{\mathrm{SA}} &= \frac{\boldsymbol{R}_{\mathrm{SA}} \cdot \dot{\boldsymbol{x}}_{\mathrm{A}}}{R_{\mathrm{SA}}} \left(t_{\mathrm{RA}} - \tau_{\mathrm{A}}^{\mathrm{R}} - t_0\right) + \frac{1}{2} \cdot \frac{\boldsymbol{R}_{\mathrm{SA}} \cdot \ddot{\boldsymbol{x}}_{\mathrm{A}}}{R_{\mathrm{SA}}} \left(t_{\mathrm{RA}} - \tau_{\mathrm{A}}^{\mathrm{R}} - t_0\right)^2 + \\
&\quad \frac{1}{2} \cdot \frac{\dot{\boldsymbol{x}}_{\mathrm{A}} \cdot \dot{\boldsymbol{x}}_{\mathrm{A}}}{R_{\mathrm{SA}}} \left(t_{\mathrm{RA}} - \tau_{\mathrm{A}}^{\mathrm{R}} - t_0\right)^2 - \frac{1}{2} \cdot \frac{\left(\boldsymbol{R}_{\mathrm{SA}} \cdot \dot{\boldsymbol{x}}_{\mathrm{A}}\right)^2}{R_{\mathrm{SA}}^3} \left(t_{\mathrm{RA}} - \tau_{\mathrm{A}}^{\mathrm{R}} - t_0\right)^2 - \\
&\quad \frac{\boldsymbol{R}_{\mathrm{SA}} \cdot \dot{\boldsymbol{x}}_{\mathrm{S}}}{R_{\mathrm{SA}}} \left(t_{\mathrm{S}}^{\mathrm{B}} + \tau_{\mathrm{S}}^{\mathrm{BA}} - t_0\right) - \frac{1}{2} \cdot \frac{\boldsymbol{R}_{\mathrm{SA}} \cdot \ddot{\boldsymbol{x}}_{\mathrm{S}}}{R_{\mathrm{SA}}} \left(t_{\mathrm{S}}^{\mathrm{B}} + \tau_{\mathrm{S}}^{\mathrm{BA}} - t_0\right)^2 + \\
&\quad \frac{1}{2} \cdot \frac{\dot{\boldsymbol{x}}_{\mathrm{S}} \cdot \dot{\boldsymbol{x}}_{\mathrm{S}}}{R_{\mathrm{SA}}} \left(t_{\mathrm{S}}^{\mathrm{B}} + \tau_{\mathrm{S}}^{\mathrm{BA}} - t_0\right)^2 - \frac{1}{2} \cdot \frac{\left(\boldsymbol{R}_{\mathrm{SA}} \cdot \dot{\boldsymbol{x}}_{\mathrm{S}}\right)^2}{R_{\mathrm{SA}}^3} \left(t_{\mathrm{S}}^{\mathrm{B}} + \tau_{\mathrm{S}}^{\mathrm{BA}} - t_0\right)^2
\end{aligned} \tag{5-91}$$

$$\Delta R_{BS} = \frac{\boldsymbol{R}_{BS} \cdot \dot{\boldsymbol{x}}_S}{R_{BS}}\left(t_S^B - t_0\right) + \frac{1}{2} \cdot \frac{\boldsymbol{R}_{BS} \cdot \ddot{\boldsymbol{x}}_S}{R_{BS}}\left(t_S^B - t_0\right)^2 + \frac{1}{2} \cdot \frac{\dot{\boldsymbol{x}}_S \cdot \dot{\boldsymbol{x}}_S}{R_{BS}}\left(t_S^B - t_0\right)^2 -$$
$$\frac{1}{2} \cdot \frac{\left(\boldsymbol{R}_{BS} \cdot \dot{\boldsymbol{x}}_S\right)^2}{R_{BS}^3}\left(t_S^B - t_0\right)^2 - \frac{\boldsymbol{R}_{BS} \cdot \dot{\boldsymbol{x}}_B}{R_{BS}}\left(t_{TB} + \tau_B^T - t_0\right) -$$
$$\frac{1}{2} \cdot \frac{\boldsymbol{R}_{BS} \cdot \ddot{\boldsymbol{x}}_B}{R_{BS}}\left(t_{TB} + \tau_B^T - t_0\right)^2 + \frac{1}{2} \cdot \frac{\dot{\boldsymbol{x}}_B \cdot \dot{\boldsymbol{x}}_B}{R_{BS}}\left(t_{TB} + \tau_B^T - t_0\right)^2 - \tag{5-92}$$
$$\frac{1}{2} \cdot \frac{\left(\boldsymbol{R}_{BS} \cdot \dot{\boldsymbol{x}}_B\right)^2}{R_{BS}^3}\left(t_{TB} + \tau_B^T - t_0\right)^2$$

$$\Delta R_{SB} = \frac{\boldsymbol{R}_{SB} \cdot \dot{\boldsymbol{x}}_B}{R_{SB}}\left(t_{RB} - \tau_B^R - t_0\right) + \frac{1}{2} \cdot \frac{\boldsymbol{R}_{SB} \cdot \ddot{\boldsymbol{x}}_B}{R_{SB}}\left(t_{RB} - \tau_B^R - t_0\right)^2 +$$
$$\frac{1}{2} \cdot \frac{\dot{\boldsymbol{x}}_B \cdot \dot{\boldsymbol{x}}_B}{R_{SB}}\left(t_{RB} - \tau_B^R - t_0\right)^2 - \frac{1}{2} \cdot \frac{\left(\boldsymbol{R}_{SB} \cdot \dot{\boldsymbol{x}}_B\right)^2}{R_{SB}^3}\left(t_{RB} - \tau_B^R - t_0\right)^2 -$$
$$\frac{\boldsymbol{R}_{SB} \cdot \dot{\boldsymbol{x}}_S}{R_{SB}}\left(t_S^A + \tau_S^{AB} - t_0\right) - \frac{1}{2} \cdot \frac{\boldsymbol{R}_{SB} \cdot \ddot{\boldsymbol{x}}_S}{R_{SB}}\left(t_S^A + \tau_S^{AB} - t_0\right)^2 + \tag{5-93}$$
$$\frac{1}{2} \cdot \frac{\dot{\boldsymbol{x}}_S \cdot \dot{\boldsymbol{x}}_S}{R_{SB}}\left(t_S^A + \tau_S^{AB} - t_0\right)^2 - \frac{1}{2} \cdot \frac{\left(\boldsymbol{R}_{SB} \cdot \dot{\boldsymbol{x}}_S\right)^2}{R_{SB}^3}\left(t_S^A + \tau_S^{AB} - t_0\right)^2$$

以上各式中的各时间量满足如下关系。

将式（5-81）、式（5-82）、式（5-88）~式（5-93）代入式（5-80），并注意 $R_{AS} = R_{SA}$、$R_{BS} = R_{SB}$，可得到 ECI 坐标系下的卫星双向时间比对的计算模型为

$$\begin{cases} t_S^A - t_0 = \tau_A^T + \dfrac{R_{AS}^{geo}}{c} + \tau_{AS}^{ion} + \tau_{AS}^{tro} + \tau_{AS}^{rel} \\[2mm] t_{TA} + \tau_A^T - t_0 = \tau_A^T \\[2mm] t_{RA} + \tau_A^R - t_0 = \tau_B^T + \dfrac{R_{BS}^{geo}}{c} + \tau_{BS}^{ion} + \tau_{BS}^{tro} + \tau_{BS}^{rel} + \tau_S^{BA} + \dfrac{R_{SA}^{geo}}{c} + \tau_{SA}^{ion} + \tau_{SA}^{tro} + \tau_{SA}^{rel} + \Delta T_{AB} \\[2mm] t_S^B + \tau_S^{BA} - t_0 = \tau_B^T + \dfrac{R_{BS}^{geo}}{c} + \tau_{BS}^{ion} + \tau_{BS}^{tro} + \tau_{BS}^{rel} + \tau_S^{BA} + \Delta T_{AB} \\[2mm] t_S^B - t_0 = \tau_B^T + \dfrac{R_{BS}^{geo}}{c} + \tau_{BS}^{ion} + \tau_{BS}^{tro} + \tau_{BS}^{rel} + \Delta T_{AB} \\[2mm] t_{TB} + \tau_B^T - t_0 = \tau_B^T + \Delta T_{AB} \\[2mm] t_{RB} + \tau_B^R - t_0 = \tau_A^T + \dfrac{R_{RS}^{geo}}{c} + \tau_{AS}^{ion} + \tau_{AS}^{tro} + \tau_{AS}^{rel} + \tau_S^{AB} + \dfrac{R_{SB}^{geo}}{c} + \tau_{SB}^{ion} + \tau_{SB}^{tro} + \tau_{SB}^{rel} \\[2mm] t_S^A + \tau_S^{AB} - t_0 = \tau_A^T + \dfrac{R_{AS}^{geo}}{c} + \tau_{AS}^{ion} + \tau_{AS}^{tro} + \tau_{AS}^{rel} + \tau_S^{AB} \end{cases} \tag{5-94}$$

$$\Delta T_{AB} = \frac{1}{2}\left(T_A - T_B\right) + \frac{1}{2c}\Big[\left(\Delta R_{AS} - \Delta R_{SA}\right) - \left(\Delta R_{BS} - \Delta R_{SB}\right)\Big] +$$

$$\frac{1}{2}\Big[\left(\tau_{AS}^{ion} - \tau_{SA}^{ion}\right) - \left(\tau_{BS}^{ion} - \tau_{SB}^{ion}\right)\Big] + \frac{1}{2}\Big[\left(\tau_{AS}^{tro} - \tau_{SA}^{tro}\right) - \left(\tau_{BS}^{tro} - \tau_{SB}^{tro}\right)\Big] + \qquad（5\text{-}95）$$

$$\frac{1}{2}\Big[\left(\tau_A^T - \tau_B^T\right) - \left(\tau_A^R - \tau_B^R\right)\Big] + \frac{1}{2}\Big[\left(\tau_{AS}^{rel} - \tau_{SA}^{rel}\right) - \left(\tau_{BS}^{rel} - \tau_{SB}^{rel}\right)\Big] + \frac{1}{2}\left(\tau_S^{AB} - \tau_S^{BA}\right)$$

其中，式（5-20）等号右端的第 2 项可根据式（5-88）、式（5-91）～式（5-93）计算得到。在式（5-95）中，等号右端的第 1 项包含由观测噪声引入的观测误差，通常为随机误差；第 2 项为卫星和地面站的运动导致它们在 ECI 坐标系下坐标不固定而引入的误差，包括地球自转产生的 Sagnac 效应和卫星、地面站相对 ECEF 坐标系的运动而产生的运动误差；第 3 项为电离层时延误差；第 4 项为对流层时延误差；第 5 项为地面站设备时延误差；第 6 项为相对论效应误差；第 7 项为卫星转发时延误差。从上面的计算式中可以看出，所有误差项的表现形式均为对 A、B 两地面站的差分，这进一步说明链路对称对于卫星双向时间比对的重要性。本章将对式（5-95）中的各主要误差项分别建立模型，并针对北斗卫星导航系统中的卫星双向时间比对误差进行仿真和实验研究，给出真实的误差水平和时变特性。

5.2.2　误差分析及改正模型

5.2.2.1　Sagnac 效应误差

ECI 坐标系属于惯性坐标系，在该坐标系下信号以固定的速率沿直线传播，与信号发射端的运行速率无关；而 ECEF 坐标系属于非惯性坐标系，信号在该坐标系真空环境中的传播路径是非直线的，若还认为信号沿直线传播，则与它的实际传播路径不相符。Sagnac 效应的定义是在 ECI 坐标系下观察到的信号传播路径时延与在 ECEF 坐标系下仍认为真空中光沿直线传播而判断的信号传播路径时延之差[19]。

对于卫星双向时间比对而言，Sagnac 效应原理如图 5-9 所示。以地面站 A 发射的时间信号经卫星转发后到达地面站 B 并被接收为例，假设信号从地面站 A 发射天线离开的时刻是 t_{TA}，随后在大气中传播并于 t_S^A 时刻到达卫星接收天线，该信号经变频处理后于 $(t_S^A + \tau_S^{AB})$ 时刻离开卫星的发射天线，变频处理后的信号继续在大气中传播，并于 t_{RB} 时刻到达地面站 B 的接收天线。信号在传播过程中，由于地球自转的影响,实际的上行链路传输距离和下行链路传输距离分别为 R_2、R_4,而理论的上、下行链路传输距离是利用卫星和地面站的固定位置计算得到的 R_1 和 R_3,可以看出两者之间存在差别。($R_2 - R_1$)、($R_4 - R_3$)即上、下行链路的 Sagnac 效应误差。若信号传播方向与地球自转方向相同,其传播路径会被拉长,此时 Sagnac 效应为正,反之为负。

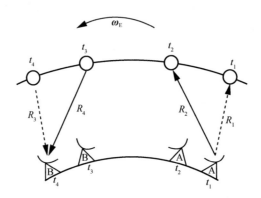

图 5-9　卫星双向时间比对中的 Sagnac 效应原理

基于第 5.2.1 节中 ECI 坐标系下的卫星双向时间比对计算的函数模型,推导了卫星双向时间比对中 Sagnac 效应误差的精确表达式[20]。设 (X_A, Y_A)、(X_B, Y_B) 和 (X_S, Y_S) 分别表示地面站 A、B 及卫星 S 在 ECEF 坐标系下的坐标,则卫星双向时间比对的 Sagnac 效应(精确到二阶项)误差可采用式(5-96)表示[20]

$$
\begin{aligned}
\Delta\tau_{\text{tw}}^{\text{sag}} = {} & \frac{1}{2}\Big[\big(\Delta\tau_{\text{AS}}^{\text{sag}} - \Delta\tau_{\text{SA}}^{\text{sag}}\big) - \big(\Delta\tau_{\text{BS}}^{\text{sag}} - \Delta\tau_{\text{SB}}^{\text{sag}}\big)\Big] = \\
& \frac{\omega_E}{c^2}\big[Y_S(X_A - X_B) - X_S(Y_A - Y_B)\big] + \\
& \frac{\omega_E(X_S Y_B - X_B Y_S)}{2c \cdot R_{\text{SB}}}\big(\tau_{\text{BS}}^{\text{ion}} + \tau_{\text{BS}}^{\text{tro}} + \tau_{\text{BS}}^{\text{rel}} + \tau_{\text{SB}}^{\text{ion}} + \tau_{\text{SB}}^{\text{tro}} + \tau_{\text{SB}}^{\text{rel}}\big) - \\
& \frac{\omega_E(X_S Y_A - X_A Y_S)}{2c \cdot R_{\text{SA}}}\big(\tau_{\text{AS}}^{\text{ion}} + \tau_{\text{AS}}^{\text{tro}} + \tau_{\text{AS}}^{\text{rel}} + \tau_{\text{SA}}^{\text{ion}} + \tau_{\text{SA}}^{\text{tro}} + \tau_{\text{SA}}^{\text{rel}}\big) + \\
& \frac{\omega_E(X_S Y_B - X_B Y_S)}{2c \cdot R_{\text{SB}}} \cdot \Delta\tau_{\text{SB}}^{\text{sag}} - \frac{\omega_E(X_S Y_A - X_A Y_S)}{2c \cdot R_{\text{SA}}} \cdot \Delta\tau_{\text{SA}}^{\text{sag}}
\end{aligned}
\tag{5-96}
$$

式(5-96)中所有符号的定义同第 5.2.1 节中的符号定义。当单条路径的电离层时延为 10ns、对流层时延为 100ns 时,等式右端的第 2 项或第 3 项约为 0.165ps;当单条路径的 Sagnac 效应时延为 200ns 时，等式右端第 4 项或第 5 项的影响约为 0.15ps。

因此，在 1ps 量级上分析 Sagnac 效应误差，可将其表达为

$$\Delta\tau_{tw}^{sag} \approx \frac{\omega_E}{c^2}\left[Y_S\left(X_A - X_B\right) - X_S\left(Y_A - Y_B\right)\right] =$$
$$\frac{\omega_E}{c^2}\left[\left(X_S Y_B - X_B Y_S\right) - \left(X_S Y_A - X_A Y_S\right)\right] = \frac{2\omega_E}{c^2}\left(A_{AS} - A_{BS}\right) \qquad (5\text{-}97)$$

其中，$A_{AS} = \left(X_S Y_A - X_A Y_S\right)/2$ 为地面站 A、卫星 S 及地心 O 所组成的三角形在赤道面上的投影面积；$A_{BS} = \left(X_S Y_B - X_B Y_S\right)/2$ 为地面站 B、卫星 S 及地心 O 所组成的三角形在赤道面上的投影面积。Sagnac 效应计算方法示意图如图 5-10 所示。令地面站 A、B 及卫星 S 的大地坐标分别为 $(\varphi_A, \lambda_A, h_A)$、$(\varphi_B, \lambda_B, h_B)$ 和 $(\varphi_S, \lambda_S, h_S)$，则

$$\begin{cases} A_{AS} = \dfrac{1}{2}\left(R_e + h_S\right)\cdot\left(R_e + h_A\right)\cdot\cos\varphi_A\cdot\sin\left(\lambda_S - \lambda_A\right) \\ A_{BS} = \dfrac{1}{2}\left(R_e + h_S\right)\cdot\left(R_e + h_B\right)\cdot\cos\varphi_B\cdot\sin\left(\lambda_S - \lambda_B\right) \end{cases} \qquad (5\text{-}98)$$

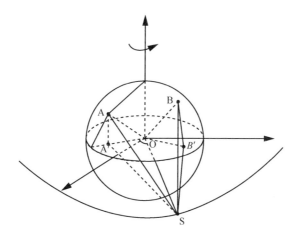

图 5-10　Sagnac 效应计算方法示意图

Sagnac 效应误差可通过理论计算进行补偿，补偿后的残差取决于计算中使用的卫星及地面站的位置精度。假设 $\Delta\tau_{tw}^{sag}$ 具有最大值（两地面站位于赤道且经度相差 90°），则当卫星位置含有 1km 误差时，补偿后的 $\Delta\tau_{tw}^{sag}$ 残差约为 7ps；当前卫星双向时间比对使用的高轨道卫星定轨误差约为 7km，则引起的最大 $\Delta\tau_{tw}^{sag}$ 残差约为

50ps。当地面站位置误差为 1km 时，$\Delta\tau_{\mathrm{tw}}^{\mathrm{sag}}$ 残差约为 100ps；地面站的位置精度一般优于 10m，故由此引起的 $\Delta\tau_{\mathrm{tw}}^{\mathrm{sag}}$ 残差优于 1ps。因此，经过补偿后的 Sagnac 效应残差优于 50ps，在亚纳秒级精度的传递中可以被忽略。

5.2.2.2 电离层时延误差

使用多频观测量的组合消除卫星双向时间比对中电离层时延误差的基本方法已经在 1989 年被提出[21]。其基本原理是同一地面站 A 使用多个上行频率向转发卫星发射时间信号，这些信号经卫星转发后被地面站 A 自己接收，获得多频伪距观测量。通过多频观测量间的线性组合可求解出地面站与卫星连线上的 TEC 值。由于电离层一阶修正量约占总修正量的 99%，因此对于一般的应用，使用双频观测量组合即可满足电离层时延误差修正的需求。

令地面站 A 发射的上行信号频率为 f_{up1}、f_{up2}，经卫星转发后变频为 f_{dn1}、f_{dn2}，对应上、下行频点信号的电离层时延分别为 $\tau_{\mathrm{up1}}^{\mathrm{ion}}$、$\tau_{\mathrm{up2}}^{\mathrm{ion}}$、$\tau_{\mathrm{dn1}}^{\mathrm{ion}}$、$\tau_{\mathrm{dn2}}^{\mathrm{ion}}$，地面站 A 两发射通道的设备时延为 $\tau_{\mathrm{A1}}^{\mathrm{T}}$、$\tau_{\mathrm{A2}}^{\mathrm{T}}$，两接收通道的设备时延为 $\tau_{\mathrm{A1}}^{\mathrm{R}}$、$\tau_{\mathrm{A2}}^{\mathrm{R}}$，卫星 S 对两信号的转发时延为 τ_{S1}、τ_{S2}，A、S 间的几何距离为 $R_{\mathrm{AS}}^{\mathrm{geo}}$，两信号的上、下行总 Sagnac 效应时延为 τ_1^{sag}、τ_2^{sag}，则地面站 A 获得的双频伪距观测量为

$$
\begin{cases}
\rho_1 = R_{\mathrm{AS}}^{\mathrm{geo}} + \tau_{\mathrm{A1}}^{\mathrm{T}} + \tau_{\mathrm{A1}}^{\mathrm{R}} + \tau_{\mathrm{S1}} + \tau_1^{\mathrm{sag}} + \tau_{\mathrm{up1}}^{\mathrm{ion}} + \tau_{\mathrm{dn1}}^{\mathrm{ion}} \\
\rho_2 = R_{\mathrm{AS}}^{\mathrm{geo}} + \tau_{\mathrm{A2}}^{\mathrm{T}} + \tau_{\mathrm{A2}}^{\mathrm{R}} + \tau_{\mathrm{S2}} + \tau_2^{\mathrm{sag}} + \tau_{\mathrm{up2}}^{\mathrm{ion}} + \tau_{\mathrm{dn2}}^{\mathrm{ion}}
\end{cases} \tag{5-99}
$$

将双频观测量组合可得到

$$
\begin{aligned}
\rho_1 - \rho_2 &= \left[\left(\tau_{\mathrm{A1}}^{\mathrm{T}} + \tau_{\mathrm{A1}}^{\mathrm{R}}\right) - \left(\tau_{\mathrm{A2}}^{\mathrm{T}} + \tau_{\mathrm{A2}}^{\mathrm{R}}\right)\right] + \left(\tau_{\mathrm{S1}} - \tau_{\mathrm{S2}}\right) + \\
&\quad \left(\tau_1^{\mathrm{sag}} - \tau_2^{\mathrm{sag}}\right) + \left[\left(\tau_{\mathrm{up1}}^{\mathrm{ion}} + \tau_{\mathrm{dn1}}^{\mathrm{ion}}\right) - \left(\tau_{\mathrm{up2}}^{\mathrm{ion}} + \tau_{\mathrm{dn2}}^{\mathrm{ion}}\right)\right]
\end{aligned} \tag{5-100}
$$

其中，$\left[\left(\tau_{\mathrm{A1}}^{\mathrm{T}} + \tau_{\mathrm{A1}}^{\mathrm{R}}\right) - \left(\tau_{\mathrm{A2}}^{\mathrm{T}} + \tau_{\mathrm{A2}}^{\mathrm{R}}\right)\right]$ 为两收发通道的组合时延差，可通过地面站设备时延标校获得；$\left(\tau_{\mathrm{S1}} - \tau_{\mathrm{S2}}\right)$ 为卫星转发通道时延差，可通过动力学定轨的方法测得；$\left(\tau_1^{\mathrm{sag}} - \tau_2^{\mathrm{sag}}\right)$ 为两信号的上、下行总 Sagnac 效应时延差，对于地面站 A 自发自收，$\tau_1^{\mathrm{sag}} = \tau_2^{\mathrm{sag}}$。令 $\Delta\tau_{\mathrm{A}} = \left(\tau_{\mathrm{A1}}^{\mathrm{T}} + \tau_{\mathrm{A1}}^{\mathrm{R}}\right) - \left(\tau_{\mathrm{A2}}^{\mathrm{T}} + \tau_{\mathrm{A2}}^{\mathrm{R}}\right)$、$\Delta\tau_{\mathrm{S}} = \tau_{\mathrm{S1}} - \tau_{\mathrm{S2}}$，则式（5-100）可改写为

$$
\rho_1 - \rho_2 = \Delta\tau_{\mathrm{A}} + \Delta\tau_{\mathrm{S}} + \left[\left(\tau_{\mathrm{up1}}^{\mathrm{ion}} + \tau_{\mathrm{dn1}}^{\mathrm{ion}}\right) - \left(\tau_{\mathrm{up2}}^{\mathrm{ion}} + \tau_{\mathrm{dn2}}^{\mathrm{ion}}\right)\right] \tag{5-101}
$$

整合式（5-26）可得到

$$\left(\tau_{\text{up1}}^{\text{ion}}+\tau_{\text{dn1}}^{\text{ion}}\right)-\left(\tau_{\text{up2}}^{\text{ion}}+\tau_{\text{dn2}}^{\text{ion}}\right)=\frac{40.3\cdot\text{TEC}}{c}\left[\left(\frac{1}{f_{\text{up1}}^2}+\frac{1}{f_{\text{dn1}}^2}\right)-\left(\frac{1}{f_{\text{up2}}^2}+\frac{1}{f_{\text{dn2}}^2}\right)\right] \quad（5\text{-}102）$$

经推导得到

$$\text{TEC}=c\cdot\frac{(\rho_1-\rho_2)-\Delta\tau_{\text{A}}-\Delta\tau_{\text{S}}}{40.3\cdot\left[\left(\dfrac{1}{f_{\text{up1}}^2}+\dfrac{1}{f_{\text{dn1}}^2}\right)-\left(\dfrac{1}{f_{\text{up2}}^2}+\dfrac{1}{f_{\text{dn2}}^2}\right)\right]} \quad（5\text{-}103）$$

由式（5-103）获得 TEC 值后即可对卫星双向时间比对的电离层时延误差进行修正。

李慧茹等人[22]使用该方法建立了测试系统，并对方法的有效性进行了验证。将使用双频观测量组合法获得的 TEC 值与基于 IGS TEC Map 求得的 TEC 值进行比较，结果显示使用双频观测量组合法获得的 TEC 值曲线与基于 IGS TEC Map 求得的 TEC 值曲线有相似的变化趋势，但二者之间仍存在 100TECU 的偏差。

对于这一结果，其误差成分可能由以下几部分组成。

首先是地面站设备时延差 $\Delta\tau_{\text{A}}$ 的标校残差。对于包含射频前端和天线的地面站设备时延，标校误差在 1ns 或亚纳秒量级。令 $f_{\text{up1}}=6075\text{MHz}$ 、 $f_{\text{up2}}=5575\text{MHz}$ 、 $f_{\text{dn1}}=3850\text{MHz}$ 、 $f_{\text{dn2}}=3350\text{MHz}$ ，代入式（5-103）得到

$$\text{TEC}=-2.7841\times10^{16}\cdot\left[(\rho_1-\rho_2)-\Delta\tau_{\text{A}}-\Delta\tau_{\text{S}}\right] \quad（5\text{-}104）$$

则 1ns 的标校误差将引起约 27.8TECU 的 TEC 值误差。

其次是卫星转发时延差 $\Delta\tau_{\text{S}}$ 的测量误差。 $\Delta\tau_{\text{S}}$ 无法直接测量，而通过动力学定轨的方法进行测量将存在较大残差，因此其对 TEC 值误差的影响将大于 $\Delta\tau_{\text{A}}$ 标校残差的影响。显然，在目前的标校技术水平下，使用该方法进行 TEC 值测量不具备太高的实用性。

综上所述，对于卫星双向时间比对中的电离层时延误差，应视时间统一的精度需求和对双向电离层时延 $\Delta\tau_{\text{tw}}^{\text{ion}}$ 的量级评估采用不同的处理策略。对 1ns 精度量级的 C 波段卫星双向时间比对，需要采用高精度 TEC Map 进行电离层时延消除。随着卫星双向时间比对技术的发展，对于将来更高精度的时间统一技术来说，电离层时延误差将成为无法忽略的误差因素。对于采用多频观测量组合消除电离层时延误差，由于目前对地面站设备时延和卫星转发时延的标校误差量级要大于 $\Delta\tau_{\text{tw}}^{\text{ion}}$ 的量级，这种校正手段对于现阶段的卫星双向时间比对应用来说是不具有实际意义的。

5.2.2.3　对流层时延误差

处于地球大气层最底层的是中性气体，覆盖范围是从地球表面到高度为 50km 的空

间范围，当时间信号在大气层中传播时，中性气体中的平流层和对流层也会对信号的传输造成影响，其中对流层部分的影响超过 80%，因此通常将电磁波信号在中性气体中因折射而产生的附加时延称为对流层时延。对于单点定位或单向时间统一而言，对流层时延误差是一个重要的误差项，当高度角为 10°时，对流层的时延量可达 20m[23]；但对于卫星双向时间比对，由于观测量的双站双向差分，对流层时延误差大大地降低了。在卫星双向时间比对中，对流层时延误差为

$$\Delta \tau_{\text{tw}}^{\text{tro}} = \frac{1}{2} \Big[\big(\tau_{\text{AS}}^{\text{tro}} - \tau_{\text{SA}}^{\text{tro}} \big) - \big(\tau_{\text{BS}}^{\text{tro}} - \tau_{\text{SB}}^{\text{tro}} \big) \Big] \tag{5-105}$$

对流层是非色散介质，穿过对流层的信号时延大小相等，符号相同。故理论上当 20GHz 以下的电磁波信号穿过对流层时，同一个地面站的上下行链路具有相同的对流层时延。通过双向对消，对流层时延误差为零。而实际上在这个频段上对流层是具有微弱色散特性的，从下面的分析可以看出，对于 Ku 波段信号，由于这种微弱的色散特性，可能会在卫星双向时间比对中引入 10ps 量级的对流层时延误差。对于 C 波段信号，这一误差则在 1～10ps 量级。

对流层对电磁波信号的影响体现为幅度的衰落和传播速率的减慢。令对流层的复折射率为

$$n = n' - \text{j} \cdot n'' \tag{5-106}$$

则频率为 f 的电磁波在对流层中传播距离 L 后产生的频率响应为[24]

$$
\begin{aligned}
E(L) &= E_0 \cdot \exp[-\text{j}(2\pi f / c) \cdot L \cdot n] = \\
&\{E_0 \cdot \exp[-(2\pi f / c) \cdot L \cdot n'']\} \cdot \exp[-\text{j}(2\pi f / c) \cdot L \cdot n']
\end{aligned} \tag{5-107}
$$

可见，复折射率中的实部导致电磁波信号产生群时延，而虚部导致电磁波信号的幅度衰落。

定义对流层的复折射指数为

$$N = 10^6 \cdot (n-1) \tag{5-108}$$

Liebe H J 和 Layton D H 通过大量实测实验建立了被称为 MPM 模型的复折射指数为 N 的宽带模型[24-25]，其适用性覆盖了 1～1000GHz 的电磁波信号。

在 MPM 模型中，复折射指数被分解为

$$N = N_0 + N'(f) - \text{j}N''(f) \tag{5-109}$$

其中，f 的单位为 GHz。在式（5-109）中，N_0 为非色散分量，由 4 个分量组成：

$$N_0 = N_{\mathrm{p}}^0 + N_{\mathrm{e}}^0 + N_{\mathrm{w}}^0 + N_{\mathrm{R}}^0 \tag{5-110}$$

其中，N_{p}^0 分量为干燥空气的贡献；N_{e}^0 分量为水蒸气的贡献；N_{w}^0 分量为悬浮水滴（Suspended Water Droplet，SWD）的贡献；N_{R}^0 分量为雨水的贡献。对于微波频段，实验结果显示，N_{p}^0 和 N_{e}^0 为非色散的，表达式为

$$N_{\mathrm{p}}^0 = 2.588 \cdot p \cdot \theta \tag{5-111}$$

$$N_{\mathrm{e}}^0 = 2.39 \cdot e \cdot \theta + 41.6 \cdot e \cdot \theta^2 \tag{5-112}$$

其中，p 为干燥空气压力系数，e 为水蒸气压力系数，θ 为温度系数。N_{w}^0 和 N_{R}^0 的计算方法将在介绍 SWD 复折射指数和雨水复折射指数时给出。

在式（5-109）中，等号右端的后两项为对流层复折射指数中的色散分量，可进一步分解为氧气吸收线分量、水蒸气吸收线分量、干燥空气连续分量、水蒸气连续分量、SWD 连续分量及雨水连续分量。

$$N''(f) = \sum_{i=1}^{n_{\mathrm{a}}} (S \cdot F'')_i + N_{\mathrm{p}}'' + \sum_{j=1}^{n_{\mathrm{b}}} (S \cdot F'')_j + N_{\mathrm{e}}'' + N_{\mathrm{w}}'' + N_{\mathrm{R}}'' \tag{5-113}$$

$$N'(f) = \sum_{i=1}^{n_{\mathrm{a}}} (S \cdot F')_i + N_{\mathrm{p}}' + \sum_{j=1}^{n_{\mathrm{b}}} (S \cdot F')_j + N_{\mathrm{e}}' + N_{\mathrm{w}}' + N_{\mathrm{R}}' \tag{5-114}$$

其中，S 为以 kHz 为单位的线强度；F' 和 F'' 为线性函数的实部和虚部，单位为 GHz^{-1}；n_{a} 和 n_{b} 分别为线性函数实部与虚部级数展开的阶数。

干燥空气连续分量为

$$N_{\mathrm{p}}'(f) = f \left(2a_0 \left\{ \gamma_0 \left[1 + (f / \gamma_0)^2 \right] \right\}^{-1} + a_{\mathrm{p}} \cdot p \cdot \theta^{1.5} \right) p\theta^2 \tag{5-115}$$

$$N_{\mathrm{p}}'(f) = a_0 \left\{ \left[1 + (f / \gamma_0)^2 \right]^{-1} - 1 \right\} p\theta^2 \tag{5-116}$$

其中，$\gamma_0 = 4.8 \times 10^{-3}(p + 1.1e)\theta^{0.8}$（GHz），$a_0 = 3.07 \times 10^{-4}$，$a_{\mathrm{p}} = 1.40 \times (1 - 1.2 f^{1.5} 10^{-5}) \times 10^{-10}$。

水蒸气连续分量为

$$N_{\mathrm{e}}''(f) = f(b_{\mathrm{f}} p + b_{\mathrm{e}} e) e\theta^3 \tag{5-117}$$

$$N_{\mathrm{e}}'(f) = f^2 b_0 e\theta^3 \tag{5-118}$$

其中，$b_{\mathrm{f}} = 1.13 \times 10^{-6}$，$b_{\mathrm{e}} = 3.57 \times 10^{-5} \cdot \theta^{7.5}$，$b_0 = 6.47 \times 10^{-6}$。

SWD 连续分量为

$$N_{\mathrm{w}}''(f) = \frac{9}{2} w \left[\varepsilon'' (1 + \eta^2) \right]^{-1} \tag{5-119}$$

$$N'_\mathrm{w}(f) = \frac{9}{2}w\left\{\left(\varepsilon_0+2\right)^{-1} - \eta\cdot\left[\varepsilon''\left(1+\eta^2\right)\right]^{-1}\right\} \tag{5-120}$$

$$N^0_\mathrm{w} = \frac{3}{2}w\left[1-3/\left(\varepsilon_0+2\right)\right] \tag{5-121}$$

其中，$\eta=(2+\varepsilon')/\varepsilon''$，$\varepsilon'(f)=\varepsilon_2+(\varepsilon_0-\varepsilon_1)\cdot\left[1+(f/f_\mathrm{D})^2\right]^{-1}+(\varepsilon_1-\varepsilon_2)\cdot\left\{f_\mathrm{S}\left[1+(f/f_\mathrm{S})^2\right]\right\}^{-1}$，

$\varepsilon''(f)=f(\varepsilon_0-\varepsilon_1)\cdot\left[1+(f/f_\mathrm{D})^2\right]^{-1}+(\varepsilon_1-\varepsilon_2)\cdot\left\{f_\mathrm{S}\left[1+(f/f_\mathrm{S})^2\right]\right\}^{-1}$，$\varepsilon_0=77.66+103.3(\theta-1)$。

雨水连续分量为

$$N''_\mathrm{R}(f) = a\cdot R^\mathrm{b} \tag{5-122}$$

$$N'_\mathrm{R}(f) = -N^0_\mathrm{R}\left[x^{2.5}/\left(1+x^{2.5}\right)\right] \tag{5-123}$$

$$N^0_\mathrm{R} = R(3.68-0.012R)/f_\mathrm{R} \tag{5-124}$$

其中，$f_\mathrm{R}=53-R(370-1.5R)\times10^{-3}$，$x=f/f_\mathrm{R}$。

由复折射指数引起的能量衰减率 α（单位为 dB/km）和群时延率 β（单位为 ps/km）（相对于真空而言）分别为

$$\alpha = 0.1820\cdot f\cdot N''(f) \tag{5-125}$$

$$\beta = 3.336\left[N_0+N'(f)\right] \tag{5-126}$$

令 $\beta_1=3.336\cdot N_0$，$\beta_2=3.336\cdot N'(f)$，则可将 β 分为非色散分量和色散分量，对于卫星双向时间比对而言，非色散分量不会在传递结果中引入误差。

利用 MPM 模型，对不同气象条件下的 α 和 β 进行计算。MPM 模型仿真参数见表 5-1。

表 5-1 MPM 模型仿真参数

气象参数	大气压/kPa	温度/℃	相对湿度	悬浮水气浓度/（g·m⁻³）	降雨量/（mm·h⁻¹）
case 1	101.3	25	0	0	0
case 2	101.3	25	10%	0	0
case 3	101.3	25	50%	0	0
case 4	101.3	25	95%	0	0
case 5	101.3	25	95%	0	1
case 6	101.3	25	95%	0	10
case 7	101.3	25	95%	0	50
case 8	101.3	25	95%	0	100

利用表 5-1 中的气象参数获得的 α、β_1 和 β_2 如图 5-11 所示。在图 5-11 中，图 5-11（c）显示了随着信号频率的增加，对流层的群时延率 β 将出现显著的色散特性。从图 5-11（d）可以看出，对于卫星双向时间比对常用的 C 波段和 Ku 波段而言，β 仍具有微弱的色散特性，尤其是当降雨量较大时。

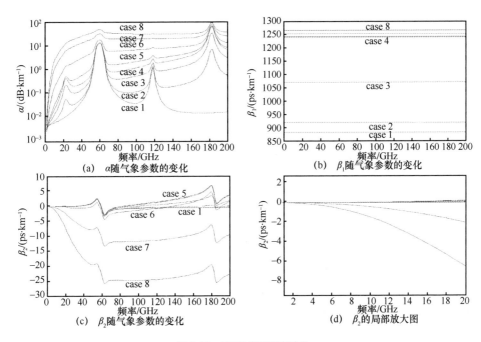

图 5-11　MPM 模型仿真结果

为了利用 MPM 模型对 $\Delta \tau_{tw}^{tro}$ 进行分析，需要确定信号在对流层中的传播路径长度 L，它等于天顶对流层高度与投影函数的乘积。有多种投影函数可用来计算传播路径长度 L[26]，在卫星高度角大于 15° 时，这些投影函数差异不大[27]。在此采用精度较高的 UNBabc 投影函数[22]进行计算

$$m(E) = \cfrac{1 + \cfrac{a}{1 + \cfrac{b}{1 + c}}}{\sin E + \cfrac{a}{\sin E + \cfrac{b}{\sin E + \cfrac{c}{\sin E}}}} \qquad （5\text{-}127）$$

其中，a、b、c 为模型参数。

获得信号在对流层中的传播路径长度 L 后, 可得到

$$
\begin{aligned}
\Delta \tau_{\text{tw}}^{\text{tro}} = & \frac{1}{2}\Big[\big(\tau_{\text{AS}}^{\text{tro}} - \tau_{\text{SA}}^{\text{tro}}\big) - \big(\tau_{\text{BS}}^{\text{tro}} - \tau_{\text{SB}}^{\text{tro}}\big)\Big] = \\
& \frac{1}{2}\Big[\big(\beta_{\text{AS}} \cdot L_{\text{AS}} - \beta_{\text{SA}} \cdot L_{\text{SA}}\big) - \big(\beta_{\text{BS}} \cdot L_{\text{BS}} - \beta_{\text{SB}} \cdot L_{\text{SB}}\big)\Big]
\end{aligned}
\tag{5-128}
$$

对于同一地面站来说, 卫星双向时间比对上、下行链路的时间间隔通常不超过 1s。在这么短的时间内, 可认为气象参数没有变化。因此, 对于同一地面站和卫星间的对流层群时延率的计算, 可使用相同的气象参数。在不同的气象参数下对 $\Delta \tau_{\text{tw}}^{\text{tro}}$ 进行仿真, 使用的气象参数见表 5-2。

表 5-2 在 $\Delta \tau_{\text{tw}}^{\text{tro}}$ 仿真中使用的气象参数

情况	气象参数			
	温度/℃	湿度	气压/kPa	降雨量/ (mm·h^{-1})
case 1	25	0	101.3	0
case 2	25	50%	101.3	0
case 3	25	100%	101.3	50
case 4	25	100%	101.3	100

使用上述气象参数, 对若干地面站间时间统一的对流层误差进行计算, 计算分别针对 C 波段和 Ku 波段进行, 结果见表 5-3 和表 5-4。由表中数据可知, 由于对流层对 20GHz 以下的信号仅具有微弱的色散特性, 经过卫星双向时间比对的双向对消, 可将对流层误差降到 10ps 量级以下, 在目前的亚纳秒级精度的传递中可以忽略。在影响对流层时延的气象参数中, 降雨量对对流层时延误差有较大影响。在干燥天气下, C 波段的单地面站双向对流层时延小于 1ps; 当降雨量较大时, 该误差可大于 10ps。同时, 当参与卫星双向时间比对的两地面站间天气差异较小时, $\Delta \tau_{\text{tw}}^{\text{tro}}$ 很小, 对 C 波段信号的影响不超过 10ps; 当两地面站间有较大的天气差异时, 对于 C 波段信号, $\Delta \tau_{\text{tw}}^{\text{tro}}$ 会大于 10ps。同时, 对比表 5-3 和表 5-4 可以看出, 基于 C 波段信号进行卫星双向时间比对, 其对流层时延误差比 Ku 波段信号要小得多, 这与电离层时延误差的情况正好相反。但由于对流层时延误差比电离层时延误差小得多, 因此综合来看, 在卫星双向时间比对中, Ku 波段信号的误差性能比 C 波段信号优越。

表 5-3　C 波段卫星双向时间比对中的对流层时延计算结果

卫星	地面站	气象参数	单地面站双向对流层时延/ps	$\Delta\tau_{tw}^{tro}$ /ps
C 波段转发器卫星	2 号站，1 号站	2 号站：case 1	0.15	11.80
		1 号站：case 4	−24.46	
	3 号站，1 号站	3 号站：case 3	−5.60	−4.00
		1 号站：case 2	0.41	
	4 号站，1 号站	4 号站：case 4	−17.32	−8.86
		1 号站：case 2	−24.46	

表 5-4　Ku 波段卫星双向时间比对中的对流层时延计算结果

卫星	地面站	气象参数	单地面站双向对流层时延/ps	$\Delta\tau_{tw}^{tro}$ /ps
Ku 波段转发器卫星	2 号站，1 号站	2 号站：case 1	0.64	36.76
		1 号站：case 4	−72.87	
	3 号站，1 号站	3 号站：case 3	−18.77	−10.13
		1 号站：case 2	1.49	
	4 号站，1 号站	4 号站：case 4	−54.79	−27.64
		1 号站：case 2	−72.87	

5.2.2.4　卫星转发时延误差

卫星转发时延误差是转发卫星对 A、B 两地面站所发射的时间信号的转发时延不一致造成的，当 A、B 两地面站使用卫星的同一转发通道和天线时，二者的卫星转发时延相等。但当卫星对 A、B 两地面站使用不同的转发通道或不同的天线波束时，则会因转发时延不一致而引入卫星转发时延误差。典型的例子是欧洲和美国之间的洲际卫星双向时间比对经常使用的国际通信卫星（International Telecommunications Satellite，Intelsat），Intelsat 会使用不同的转发通道对 A、B 两地面站的信号进行转发，从而产生转发时延误差。同时，信号干扰和阻塞也会引起卫星转发时延误差。信号干扰会导致卫星转发时延不稳定；而信号阻塞则会导致卫星使用另一空闲通道对信号进行转发。有研究人员在跨大西洋的洲际卫星双向时间比对中观察到了信号干扰和阻塞所引起的卫星转发时延变化。其中，信号阻塞所引起的转发通道切换可能引入 5ns 的卫星转发时延误差[19]。一般来说，卫星转发时延误差不会超过 80ps[28]。

为了减小卫星转发时延误差，应在发射卫星之前对卫星的转发时延进行标定，同时应尽量避免使用较为繁忙的卫星进行时间信号的转发。

| 5.3 星地双向时间比对技术 |

5.3.1 基本原理及数学模型

5.3.1.1 星地无线电双向时间比对

星地无线电双向时间比对原理如图 5-12 所示，星地无线电双向法的基本原理是：卫星 S 和地面站 A 分别在本地钟的控制下产生并播发伪码测距信号，地面站 A 在本地 1PPS 对应的钟面时 $T_A(t_0)$ 时刻观测得到下行伪距 $\rho'_{SA}(t_0)$，卫星 S 在本地 1PPS 对应的钟面时 $T_S(t_1)$ 时刻观测得到上行伪距 $\rho'_{AS}(t_1)$，同时，基于上述下行伪距 $\rho'_{SA}(t_0)$ 和上行伪距 $\rho'_{AS}(t_1)$ 求差，得到卫星相对于地面站 A 的钟差，完成星地之间的时间比对。

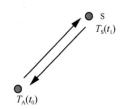

图 5-12 星地无线电双向时间比对原理

对于卫星与地面站之间的时间比对，需要计算的是卫星钟差，一般将地面站钟作为参考，即地面站钟差已知或 $\Delta T_A(t) = 0$。因此，对于下行伪距，根据无线电时间比对的基本原理[29]有

$$\Delta T_S(t_0) = \frac{1}{c}\left[\rho_{SA}^{geo}(t_0) - \rho'_{SA}(t_0)\right] + \Delta \tau'_{SA} \qquad (5-129)$$

其中，$\Delta T_S(t_0)$ 为下行伪距观测时刻 t_0 对应的卫星钟差，$\rho_{SA}^{geo}(t_0)$ 为信号由卫星传播到地面站 A 的空间延迟，$\rho'_{SA}(t_0)$ 为地面站 A 在 t_0 时刻观测的伪距，$\Delta \tau'_{SA}$ 为信号由卫星传播到地面站 A 的路径上引力时延、大气时延和设备时延等引起的时延改正。

同理，上行伪距可以表示为

$$\Delta T_S(t_1) = \frac{1}{c}\left[\rho'_{AS}(t_1) - \rho^{geo}_{AS}(t_1)\right] - \Delta\tau'_{AS} \tag{5-130}$$

其中，$\Delta T_S(t_1)$ 为上行伪距观测时刻 t_1 对应的卫星钟差，$\rho^{geo}_{AS}(t_1)$ 为信号由地面站 A 传播到卫星的空间时延，$\rho'_{AS}(t_1)$ 为卫星在 t_1 时刻观测的伪距，$\Delta\tau'_{AS}$ 为信号由地面站 A 传播到卫星的路径上引力时延、大气时延和设备时延等引起的时延改正。

根据星地无线电双向时间比对的基本原理[29]，有

$$\Delta T_S(t_0) + \Delta T_S(t_1) = \frac{1}{c}\left[\rho^{geo}_{SA}(t_0) - \rho'_{SA}(t_0)\right] + \Delta\tau'_{SA} - \frac{1}{c}\left[\rho^{geo}_{AS}(t_1) - \rho'_{AS}(t_1)\right] - \Delta\tau'_{AS} \tag{5-131}$$

可见，为了准确地求得星地钟差，必须详细计算式（5-131）中的信号传播空间时延及各项时延改正。

1. 下行伪距测量模型

根据基于伪距测量钟差计算模型，在地心非旋转坐标系中有[30]

$$\Delta T_S(t_0) = \frac{1}{c}\left\{\rho_{SA} + \frac{\boldsymbol{\rho}_{SA}\cdot\dot{\boldsymbol{x}}_S}{c} + \frac{\boldsymbol{\rho}_{SA}}{2c^2}\left[\dot{\boldsymbol{x}}_S^2 + \boldsymbol{\rho}_{SA}\cdot\ddot{\boldsymbol{x}}_S + \frac{(\boldsymbol{\rho}_{SA}\cdot\dot{\boldsymbol{x}}_S)^2}{\rho_{SA}^2}\right] - \rho'_{SA}(t_0)\right\} + \Delta\tau'_{SA} \tag{5-132}$$

其中，ρ_{SA} 和 $\Delta\tau'_{SA}$ 分别表示 t_0 时刻地面站 A 接收天线中心到卫星 S 发射天线中心的几何距离和几何距离改正，可以进一步表示为

$$\rho_{SA}(t_0) \equiv |\boldsymbol{x}_A(t_0) - \boldsymbol{x}_S(t_0)| \tag{5-133}$$

其中，$\boldsymbol{x}_A(t_0)$、$\boldsymbol{x}_S(t_0)$ 分别为 t_0 时刻地面站 A 和卫星 S 在地心非旋转坐标系的坐标，$\boldsymbol{\rho}_{SA}$ 为 t_0 时刻卫星 S 到地面站 A 的空间矢量，$\dot{\boldsymbol{x}}_S$、$\ddot{\boldsymbol{x}}_S$ 分别为 t_0 时刻卫星 S 在地心非旋转坐标系的速度和加速度。

若只考虑到卫星速度一阶项，则有

$$\Delta T_S(t_0) = \frac{1}{c}\left[P_{SA} + \frac{\boldsymbol{P}_{SA}\cdot\dot{\boldsymbol{X}}_S(t_0)}{c} + \frac{\omega}{c}(X_S Y_A - X_A Y_S) - \rho'_{SA}(t_0)\right] + \Delta\tau'_{SA} \tag{5-134}$$

其中，$\boldsymbol{P}_{SA}$ 为 t_0 时刻地面站 A 和卫星 S 在地固系中的空间矢量，$P_{SA} = |\boldsymbol{P}_{SA}|$ 为 $\boldsymbol{P}_{SA}$ 的模，$\dot{\boldsymbol{X}}_S(t_0)$ 为 t_0 时刻卫星 S 在地固系的速度矢量，ω 为地球自转角速度，X_k、Y_k 分别为 t_0 时刻地面站 A 在地固系 X 和 Y 方向的坐标分量，X_S、Y_S 为对应 t_0 时刻卫星 S 的坐标分量。

结合式（5-134）并考虑引力时延、大气时延以及设备时延等改正项，则有

$$\begin{aligned}\Delta T_S(t_0) = &\frac{1}{c}\left[P_{SA} + \frac{\boldsymbol{P}_{SA}\cdot\dot{\boldsymbol{X}}_S(t_0)}{c} + \frac{\omega}{c}(X_S Y_A - X_A Y_S) - \rho'_{SA}(t_0)\right] + \\ &\tau^G_{SA} + \tau^{ion}_{SA} + \tau^{tro}_{SA} + \tau^e_S + \tau^r_A\end{aligned} \tag{5-135}$$

其中，τ_{SA}^{G}、τ_{SA}^{ion}、τ_{SA}^{tro}、τ_{S}^{e}、τ_{A}^{r} 分别为信号由卫星传播到地面站 A 路径上的引力时延、电离层时延、对流层时延、卫星发射设备时延和地面站接收设备时延。

2. 上行伪距测量模型

同理，上行伪距测量模型在地心非旋转坐标系中有[30]

$$\Delta T_S(t_1) = \frac{1}{c}\left\{ \rho'_{AS}(t_1) - \rho_{AS} - \frac{\rho_{AS} \cdot \dot{x}_A}{c} - \frac{\rho_{AS}}{2c^2}\left[\dot{x}_A^2 + \rho_{AS} \cdot \ddot{x}_A + \frac{(\rho_{AS} \cdot \dot{x}_A)^2}{\rho_{AS}^2} \right] \right\} - \Delta\tau'_{AS} \quad (5\text{-}136)$$

其中，ρ_{AS} 和 $\Delta\tau'_{AS}$ 分别表示 t_1 时刻地面站 A 发射天线中心到卫星 S 接收天线中心的几何距离和几何距离改正，可以进一步表示为

$$\rho_{AS} \equiv |x_S(t_1) - x_A(t_1)| \quad (5\text{-}137)$$

其中，$x_A(t_1)$、$x_S(t_1)$ 分别为 t_1 时刻地面站 A 和卫星 S 在地心非旋转坐标系的坐标，ρ_{AS} 为 t_1 时刻地面站 A 到卫星 S 的空间矢量，$\dot{x}_A$、$\ddot{x}_A$ 分别为 t_1 时刻地面站 A 在地心非旋转坐标系的速度和加速度。

如果只考虑到地面站速度一阶项，则有

$$\Delta T_S(t_1) = \frac{1}{c}\left[\rho'_{AS}(t_1) - P_{AS} - \frac{P_{AS} \cdot X_A(t_1)}{c} - \frac{\omega}{c}(X_A Y_S - X_S Y_A) \right] - \Delta\tau'_{AS} \quad (5\text{-}138)$$

其中，P_{AS} 为 t_1 时刻地面站 A 和卫星 S 在地固系中的空间矢量，$P_{AS} = |P_{AS}|$ 为 P_{AS} 的模，$X_A(t_1)$ 为 t_1 时刻地面站 A 在地固系的速度矢量，X_A、Y_A 分别为 t_1 时刻地面站 A 在地固系 X 和 Y 方向的坐标分量，X_S、Y_S 分别为 t_1 时刻卫星 S 在地固系 X 和 Y 方向的坐标分量。

对于第二项，地面站在地固系中的运动速度很小，因此，该项可以忽略，式（5-138）简化为

$$\Delta T_S(t_1) = \frac{1}{c}\left[\rho'_{AS}(t_1) - P_{AS} - \frac{\omega}{c}(X_A Y_S - X_S Y_A) \right] - \Delta\tau'_{AS} \quad (5\text{-}139)$$

同样，考虑到引力时延、大气时延以及设备时延等改正项，有

$$\Delta T_S(t_1) = \frac{1}{c}\left[\rho'_{AS}(t_1) - P_{AS} - \frac{\omega}{c}(X_A Y_S - X_S Y_A) \right] - \tau_{AS}^{G} - \tau_{AS}^{ion} - \tau_{AS}^{tro} - \tau_{A}^{e} - \tau_{S}^{r} \quad (5\text{-}140)$$

其中，τ_{AS}^{G}、τ_{AS}^{ion}、τ_{AS}^{tro}、τ_{A}^{e}、τ_{S}^{r} 分别为信号由地面站 A 传播到卫星路径上的引力时延、电离层时延、对流层时延、地面站发射设备时延和卫星接收设备时延。

3. 钟差计算模型

由于原子钟不可避免地存在频率准确度偏差，也就是说，钟差也是时间的函数，不同时间的钟差结果会存在差异，基于上面推导得到的上行伪距测量模型对应的时间与下行伪距时间不一致，因此，为得到真实的星地钟差值，需要对其中的至少一个伪距计算模型进行不同时刻归算。考虑到星地时间同步的参考钟为地面钟，即下行伪距的观测时刻与系统时间一致，所以需要对上行伪距观测值进行时间归算。上述伪距归算需要计算 $\dot{\rho}'_{\mathrm{AS}}(t_0)$ 和 $\ddot{\rho}'_{\mathrm{AS}}(t_0)$，而二者的计算又涉及卫星和地面站坐标及其偏导数，计算过程比较复杂，为此，下面给出一种相对简单又能保证计算精度的计算模型。

考虑到

$$\Delta T_{\mathrm{S}}(t_1) \approx \Delta T_{\mathrm{S}}(t_0) + R_{\mathrm{S}} \cdot (t_1 - t_0) \tag{5-141}$$

其中，R_{S} 为卫星钟的钟速。

如果忽略大气时延和设备时延等引起的上、下行时间不一致问题，则 $t_1 - t_0 \approx \Delta T_{\mathrm{S}}$，那么式（5-141）可以表示为[30]

$$2\Delta T_{\mathrm{S}}(t_0) + R_{\mathrm{S}} \cdot \Delta T_{\mathrm{S}}(t_0) = \frac{1}{c}\Big[\rho^{\mathrm{geo}}_{\mathrm{SA}}(t_0) - \rho'_{\mathrm{SA}}(t_0)\Big] + \Delta \tau'_{\mathrm{SA}} - \frac{1}{c}\Big[\rho^{\mathrm{geo}}_{\mathrm{AS}}(t_1) - \rho'_{\mathrm{AS}}(t_1)\Big] - \Delta \tau'_{\mathrm{AS}} \tag{5-142}$$

由于导航卫星星载原子钟的频率准确度一般均优于 1×10^{-10}，ΔT_{S} 也会控制在 1ms 之内，因此，通常情况下可以近似认为 $\Delta T_{\mathrm{S}}(t_1) \approx \Delta T_{\mathrm{S}}(t_0)$。在此近似下，即使钟差接近 1s，产生的误差一般也不会超过 0.1ns。

综上所述，在 0.1ns 精度范围内，式（5-141）可以表示为

$$\Delta T_{\mathrm{S}}(t_0) \approx \frac{1}{2c}\Big[\rho^{\mathrm{geo}}_{\mathrm{SA}}(t_0) - \rho'_{\mathrm{SA}}(t_0)\Big] - \frac{1}{2c}\Big[\rho^{\mathrm{geo}}_{\mathrm{AS}}(t_1) - \rho'_{\mathrm{AS}}(t_1)\Big] + \frac{1}{2}\big(\Delta \tau'_{\mathrm{SA}} - \Delta \tau'_{\mathrm{AS}}\big) \tag{5-143}$$

在地心非旋转坐标系中，考虑到引力时延、大气时延及设备时延等改正项，有

$$
\begin{aligned}
\Delta T_{\mathrm{S}}(t_0) = &\frac{1}{2c}\left\{\rho_{\mathrm{SA}} + \frac{\boldsymbol{\rho}_{\mathrm{SA}} \cdot \boldsymbol{x}_{\mathrm{S}}}{c} + \frac{\rho_{\mathrm{SA}}}{2c^2}\left[\dot{\boldsymbol{x}}_{\mathrm{S}}^2 + \boldsymbol{\rho}_{\mathrm{SA}} \cdot \dot{\boldsymbol{x}}_{\mathrm{S}} + \frac{(\boldsymbol{\rho}_{\mathrm{SA}} \cdot \dot{\boldsymbol{x}}_{\mathrm{S}})^2}{\rho_{\mathrm{SA}}^2}\right] - \rho'_{\mathrm{SA}}(t_0)\right\} - \\
&\frac{1}{2c}\left\{\rho_{\mathrm{AS}} + \frac{\boldsymbol{\rho}_{\mathrm{AS}}\dot{\boldsymbol{x}}_{\mathrm{A}}}{c} + \frac{\rho_{\mathrm{AS}}}{2c^2}\left[\dot{\boldsymbol{x}}_{\mathrm{A}}^2 + \boldsymbol{\rho}_{\mathrm{AS}} \cdot \dot{\boldsymbol{x}}_{\mathrm{A}} + \frac{(\boldsymbol{\rho}_{\mathrm{AS}} \cdot \dot{\boldsymbol{x}}_{\mathrm{A}})^2}{\rho_{\mathrm{AS}}^2}\right] - \rho'_{\mathrm{AS}}(t_1)\right\} + \\
&\frac{1}{2}\big(\tau^{\mathrm{G}}_{\mathrm{SA}} - \tau^{\mathrm{G}}_{\mathrm{AS}}\big) + \frac{1}{2}\big(\tau^{\mathrm{ion}}_{\mathrm{SA}} - \tau^{\mathrm{ion}}_{\mathrm{AS}}\big) + \frac{1}{2}\big(\tau^{\mathrm{tro}}_{\mathrm{SA}} - \tau^{\mathrm{tro}}_{\mathrm{AS}}\big) + \frac{1}{2}\big(\tau^{\mathrm{e}}_{\mathrm{S}} + \tau^{\mathrm{r}}_{\mathrm{A}} - \tau^{\mathrm{e}}_{\mathrm{A}} - \tau^{\mathrm{r}}_{\mathrm{S}}\big)
\end{aligned}
\tag{5-144}
$$

在地固系中，考虑到引力时延、大气时延及设备时延等改正项，有

$$
\begin{aligned}
\Delta T_{\mathrm{S}}(t_0) = {} & \frac{1}{2c}\left[P_{\mathrm{SA}} + \frac{\boldsymbol{P}_{\mathrm{SA}} \cdot \dot{\boldsymbol{X}}_{\mathrm{S}}(t_0)}{c} + \frac{\omega}{c}\left(X_{\mathrm{S}}Y_{\mathrm{A}} - X_{\mathrm{A}}Y_{\mathrm{S}} \right) - \rho'_{\mathrm{SA}}(t_0) \right] - \\
& \frac{1}{2c}\left[P_{\mathrm{AS}} + \frac{\omega}{c}\left(X_{\mathrm{A}}Y_{\mathrm{S}} - X_{\mathrm{S}}Y_{\mathrm{A}} \right) - \rho'_{\mathrm{AS}}(t_1) \right] + \frac{1}{2}\left(\tau_{\mathrm{SA}}^{\mathrm{G}} - \tau_{\mathrm{AS}}^{\mathrm{G}} \right) + \\
& \frac{1}{2}\left(\tau_{\mathrm{SA}}^{\mathrm{ion}} - \tau_{\mathrm{AS}}^{\mathrm{ion}} \right) + \frac{1}{2}\left(\tau_{\mathrm{SA}}^{\mathrm{tro}} - \tau_{\mathrm{AS}}^{\mathrm{tro}} \right) + \frac{1}{2}\left(\tau_{\mathrm{S}}^{\mathrm{e}} + \tau_{\mathrm{A}}^{\mathrm{r}} - \tau_{\mathrm{A}}^{\mathrm{e}} - \tau_{\mathrm{S}}^{\mathrm{r}} \right)
\end{aligned}
\tag{5-145}
$$

上、下行信号的传播路径基本相同，因此，经过双向求差，一些公共误差源（如对流层时延、卫星星历误差和地面站站址坐标误差等）的影响基本可以消除，与信号频率有关的电离层时延也被大幅削弱，从而使时间比对精度得到很大提高。

5.3.1.2　星地激光双向时间比对

星地激光双向时间比对原理如图 5-13 所示，激光双向法的基本原理是：地面站 A 在本地钟面时 $T_{\mathrm{A}}(t_0)$ 时刻向卫星发射激光信号，该信号在卫星钟面时 $T_{\mathrm{s}}(t_1)$ 时刻到达卫星并被卫星接收，从而测得时延观测量 $R_{\mathrm{AS}}(t_1) = T_{\mathrm{S}}(t_1) - T_{\mathrm{A}}(t_0)$，同时地面站发射的激光信号经卫星反射器反射，被地面站 A 在 $T_{\mathrm{A}}(t_2)$ 时刻接收，从而测得另一个时延观测量 $R_{\mathrm{AA}}(t_0) = t_2 - t_0$。由于卫星上的激光观测量含有卫星相对于地面的钟差，而地面上的激光观测量不含卫星钟差，因此，在卫星上测得的激光观测量上扣除地面激光观测量测得的真实星地距离，就能得到卫星钟差。这时，只要卫星将自己测得的观测量通过通信链路发送给地面站，地面站就可以利用两个观测量得到卫星钟差，从而完成星地之间的时间比对。

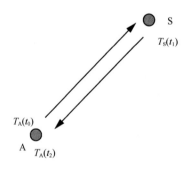

图 5-13　星地激光双向时间比对原理

根据激光双向法基本原理[31]，有

$$\Delta T_{AS} = \left(R_{AS} - \Delta \tau_{AS}^{spa} \right) - \frac{\left(R_{AA} - \Delta \tau_{AA}^{spa} \right)}{2} \qquad (5\text{-}146)$$

其中，ΔT_{AS} 为星地间相对钟差，R_{AA}、R_{AS} 分别为地面站 A 和卫星 S 的观测量，$\Delta \tau_{AS}^{spa}$ 为上行激光信号传播时延改正，$\Delta \tau_{AA}^{spa}$ 为激光信号往返路径传播时延改正。

考虑到各种影响，有

$$\Delta T_{AS} = R_{AS} - \frac{R_{AA}}{2} - \left(\tau_{AS}^{ion} + \tau_{AS}^{tro} + \tau_{AS}^{G} + \Delta \tau_{AS} + \tau_{S}^{R} \right) + \\ \frac{1}{2} \left(\tau_{AA}^{ion} + \tau_{AA}^{tro} + \tau_{AA}^{G} + \Delta \tau_{AA} + \tau_{AA}^{T} + \tau_{AA}^{R} \right) \qquad (5\text{-}147)$$

其中，τ_{AS}^{ion}、τ_{AS}^{tro}、τ_{AS}^{G} 和 $\Delta \tau_{AS}$ 分别为上行激光信号由地面站 A 到卫星 S 的电离层时延、对流层时延、引力时延和由地面站运动引起的时延，τ_{S}^{R} 为卫星接收上行激光信号的接收设备时延，τ_{AA}^{ion}、τ_{AA}^{tro}、τ_{AA}^{G} 和 $\Delta \tau_{AA}$ 分别为激光信号由地面站 A 发射到地面站 A 接收的电离层时延、对流层时延、引力时延和由地面站和卫星运动引起的时延，τ_{AA}^{T} 为地面站 A 发射激光信号的发射设备时延，τ_{AA}^{R} 为地面站 A 接收激光信号的接收设备时延。

式（5-147）中，除了 $\Delta \tau_{AS}$ 和 $\Delta \tau_{AA}$，其他改正项的修正模型参考第 5.2.2 节。下面给出 $\Delta \tau_{AS}$ 和 $\Delta \tau_{AA}$ 的详细计算模型。

根据钟差计算模型[31]，有

$$\Delta \tau_{AS} = \frac{\boldsymbol{\rho}_{AB} \cdot \dot{\boldsymbol{x}}_{A}}{c^2} + \frac{\boldsymbol{\rho}_{AB}}{2c^3} \left[\dot{\boldsymbol{x}}_{A}^2 + \boldsymbol{\rho}_{AB} \cdot \boldsymbol{a}_{A} + \frac{\left(\boldsymbol{\rho}_{AB} \cdot \dot{\boldsymbol{x}}_{A} \right)^2}{\rho_{AB}^2} \right] \qquad (5\text{-}148)$$

$$\Delta \tau_{AA} = \Delta \tau_{AS} + \Delta \tau_{SA} =$$

$$\frac{\boldsymbol{\rho}_{AS} \cdot \dot{\boldsymbol{x}}_{S}}{c^2} + \frac{1}{2} \frac{\boldsymbol{\rho}_{AS} \boldsymbol{\rho}_{AS} \cdot \ddot{\boldsymbol{x}}_{S}}{c^3} + \frac{1}{2} \frac{\boldsymbol{\rho}_{AS} \dot{\boldsymbol{x}}_{S} \cdot \dot{\boldsymbol{x}}_{S}}{c^3} - \frac{1}{2} \frac{\left(\boldsymbol{\rho}_{AS} \cdot \dot{\boldsymbol{x}}_{S} \right)^2}{c^3 \rho_{AS}} - $$

$$\frac{\boldsymbol{\rho}_{SA} \cdot \dot{\boldsymbol{x}}_{S}}{c^2} - \frac{1}{2} \frac{\boldsymbol{\rho}_{SA} \boldsymbol{\rho}_{SA} \cdot \ddot{\boldsymbol{x}}_{S}}{c^3} + \frac{1}{2} \frac{\boldsymbol{\rho}_{SA} \dot{\boldsymbol{x}}_{S} \cdot \dot{\boldsymbol{x}}_{S}}{c^3} + \frac{1}{2} \frac{\left(\boldsymbol{\rho}_{SA} \cdot \dot{\boldsymbol{x}}_{S} \right)^2}{c^3 \rho_{SA}} + \qquad (5\text{-}149)$$

$$2 \frac{\boldsymbol{\rho}_{SA} \cdot \dot{\boldsymbol{x}}_{A}}{c^2} + 2 \frac{\boldsymbol{\rho}_{SA} \boldsymbol{\rho}_{SA} \cdot \ddot{\boldsymbol{x}}_{A}}{c^3} + 2 \frac{\boldsymbol{\rho}_{SA} \dot{\boldsymbol{x}}_{A} \cdot \dot{\boldsymbol{x}}_{A}}{c^3} - 2 \frac{\left(\boldsymbol{\rho}_{SA} \cdot \dot{\boldsymbol{x}}_{A} \right)^2}{c^3 \rho_{SA}}$$

其中，各符号含义同前文。

5.3.2　误差分析及改正模型

5.3.2.1　误差分析

星地双向时间比对技术的误差源主要包括测量误差、设备时延误差、电离层时延误差、对流层时延误差、多路径效应、卫星星历误差、地面站位置误差等[29]。值得说明的是：激光双向时间比对技术中的电离层时延误差可以忽略[32]。下面分别对它们进行详细分析。

1. 测量误差

星地双向法的测量值主要是地面和卫星的双向伪距观测量，因此，测量误差主要包括地面设备测量误差和卫星设备测量误差。目前，星地无线电双向的地面接收机和卫星接收机的测量精度约为 0.5ns，而激光双向的测量精度约为 0.1ns。

2. 设备时延误差

设备时延主要包括卫星和地面设备的发射天线时延、接收天线时延、电缆时延、调制解调时延等。这部分误差相当于系统误差，它可以在卫星和地面设备出厂前进行检定，也可以在正式工作前进行解算标定，以确定其时延值，所以，卫星和地面收发设备时延一般作为已知值进行处理。

3. 电离层时延误差

电离层时延与信号频率的平方成反比，因此，对于星地无线电双向时间比对的卫星与地面站的上、下行路径，电离层时延可以采用式（5-150）进行改正。

$$\tau_i^{\text{ion}} = \frac{40.28\text{TEC}_{iS}}{c}\left(\frac{1}{f_U^{\ 2}} - \frac{1}{f_D^{\ 2}}\right) \tag{5-150}$$

其中，f_U 和 f_D 分别为地面站 i 的上、下行信号频率。

由于电离层时延是地方时、太阳活动状况、测站纬度等的函数，在短时间内，电离层时延变化较小，因此，电离层时延的改正误差需要看作系统误差。如果将信号传播路径的总电子含量 TEC 取为典型值 $1\times10^{18}/\text{m}^2$，对于星地无线电双向法中采用的 L 波段频率（上行 $f_U \approx 1.34\text{GHz}$ 和下行 $f_D \approx 1.268\text{GHz}$），上、下行路径电离层时延分别为 7.48ns 和 8.35ns，但是经过上、下行求差，该影响会进一步减小，如果不进行任何修正，则电离层时延对计算的相对钟差影响约为 0.87ns。因此，电离层时延必须事先进行修正，当采用电离层时延模型进行修正时，假设上、下行电离层时延存在 50%的相关性，则电离层时延对计算钟差的影响最大约为 0.43ns。当采用双频观测数据修正时，电离层时延误差可以进一步减小到厘米级，此时其影响可以忽略。

4．对流层时延误差

对流层时延主要取决于卫星仰角、空气中的水蒸气含量、空气的密度和温度，一般采用对流层时延模型进行改正。由于对流层时延是频率不相关的，并且地面站与卫星上、下行链路的时间间隔小于 0.15s，在这么短的时间内，地面站的气象参数和地固系的卫星仰角基本不变，因此，经上、下两条路径相减，对流层时延能够得到很好的消除，它引起的不对称部分一般不再考虑。

5．多路径效应

由于多路径效应与周围环境以及卫星信号的相对方向等有关，在短时间内，该影响一般可被看作系统误差，但在长时间内可被看作随机误差。目前，时间同步所用的接收天线一般为抛物面天线，其受多路径效应的影响较小，误差约为 0.1m。但是经过上、下行求差，多路径效应误差也能进一步得到削弱。

6．卫星星历误差

卫星星历误差主要由地面监测站的数量及分布、监测站观测量的精度、卫星受力模型的精度、计算精度和卫星钟的稳定度等因素决定。这些影响具体表现为卫星星历预报误差和卫星钟预报误差，而它们又可以等效为伪距误差。由于卫星高度很高，它的位置误差之径向分量可被近似地认为等效于伪距误差。这样，卫星位置误差和卫星钟误差被认为是与接收机的位置无关的。例如，现在使用 GPS 或北斗导航电文的情况下，卫星星历的等效距离误差约为 1m，即 3ns。但是，卫星星历误差上、下行伪距都有影响，并且影响基本相同，因此，经上、下行数据求差后，该影响被尽可能地削弱，不会影响最后的钟差计算结果。

7．地面站位置误差

地面站位置误差对上、下行伪距也都有影响，但是影响基本相同，因此，经双向求差后，影响被尽可能地消除，不会影响最后的钟差计算结果。

5.3.2.2　精度分析

基于星地无线电双向时间比对方法，如果取最大误差可能情况，即将设备时延误差、电离层时延误差和多路径效应误差均作为系统误差并互相独立，则双向时间同步误差[30-31]可以表示为

$$m_{\Delta T} = \frac{1}{2}\sqrt{m_{Rs}^2 + m_{Ro}^2} + m_e + \frac{1}{2}m_{ion} + \frac{1}{2}m_w \qquad (5\text{-}151)$$

其中，$m_{\Delta T}$ 为钟差误差，m_{Rs} 为卫星测量误差，m_{Ro} 为地面测量误差，m_e 为设备时延误差，m_{ion} 为电离层时延误差，m_w 为地面站多路径效应误差。

根据上面对每一单独误差源的误差分析，星地无线电双向法计算的钟差精度见表 5-5。

表 5-5   星地无线电双向法计算的钟差精度（单位：ns）

误差项	m_{Rs}	m_{Ro}	m_e	m_{ion}	m_w	$m_{\Delta T}$
误差值	0.5	0.5	0.5	1	0.4	1.55

由表 5-5 可见，对于目前各误差源的精度水平，理论上，使用星地无线电双向法计算得到的星地钟差误差最大约为 1.55ns。

基于星地激光双向时间比对方法，如果假设各误差源互相独立，则激光双向时间同步计算的误差[32]可以表示为

$$m_{\Delta T} = \frac{1}{2\sqrt{2}}m_L + m_{Le} + m_{La} \qquad (5\text{-}152)$$

根据上面对每一单独误差源的误差分析，激光双向法计算的钟差精度见表 5-6。

表 5-6   激光双向法计算的钟差精度（单位：ns）

误差项	m_L	m_{Le}	m_{La}	$M_{\Delta T}$
误差值	0.1	0.5	0.15	0.7

由表 5-6 可见，对于目前各误差源的精度水平，使用激光双向法计算得到的星地钟差误差约为 0.7ns。

5.4 星间双向时间比对技术

5.4.1 基本原理及数学模型

卫星 A 和 B 分别在自己钟面时 T_A 和 T_B 时刻互发时间信号，则经时延 τ'_{AB} 后，卫

星 A 发出的时间信号在钟面时 T'_A 时刻被卫星 B 接收，从而测得时延值 R_{AB}；同样，经时延 τ'_{BA} 后，卫星 B 发出的时间信号在钟面时 T'_B 时刻被卫星 A 接收，从而测得时延值 R_{BA}。然后，两卫星交换各自测得的数据，并计算各自的相对钟差，最后根据相对钟差调整自己的时钟。

如果定义卫星 A、B 的相对钟差为

$$\Delta T_{AB} \equiv T_B - T_A = \Delta T_A - \Delta T_B \tag{5-153}$$

其中，ΔT_A 和 ΔT_B 分别为卫星 A、B 的钟差。

根据卫星双向时间同步的基本原理[33]，有

$$\begin{cases} R_{AB} = \tau'_{AB} - \Delta T_{AB} = \tau_{AB} + \tau^e_A + \tau^r_B + \Delta \tau_{AB} - \Delta T_{AB} \\ R_{BA} = \tau'_{BA} + \Delta T_{AB} = \tau_{BA} + \tau^e_B + \tau^r_A + \Delta \tau_{BA} + \Delta T_{AB} \end{cases} \tag{5-154}$$

其中，τ_{AB} 和 τ_{BA} 为卫星 A、B 之间在归算时刻的几何时延，τ^e_i 和 τ^r_i（i=A 或 B）为卫星 i 的发射和接收时延，$\Delta \tau_{AB}$ 和 $\Delta \tau_{BA}$ 为两条链路的传播路径时延（主要包括等离子体时延、引力时延以及运动引起的时延等）。

将式（5-153）和式（5-154）两式相减，有

$$T_{AB} = \frac{1}{2}\left(R_{BA} - R_{AB}\right) + \frac{1}{2}\left[\tau_{BA} - \tau_{AB}\right] +$$
$$\frac{1}{2}\left[\left(\tau^e_B + \tau^r_A\right) - \left(\tau^e_A + \tau^r_B\right)\right] + \frac{1}{2}\left(\Delta \tau_{BA} - \Delta \tau_{AB}\right) \tag{5-155}$$

式（5-155）即双向时间同步计算星间相对钟差的原理式。其中，第一项为两卫星测得的时差之差，第二项为两卫星间的几何时延之差，第三项为两卫星设备的发射和接收时延之差，最后一项为两条链路的传播时延之差。

对于用户来说，为了进行定位或定时，需要知道卫星星历。卫星星历的参考时间为导航系统的系统时间，因此，用户在进行计算前，需要将卫星钟的钟面时间换算为系统时间。卫星钟相对于系统时间的改正由卫星播发的 4 个参数 t_{oc}、a_{f0}、a_{f1} 和 a_{f2} 计算，即

$$\begin{cases} t = t_{SV} - \Delta t_{SV} \\ \Delta t_{SV} = a_{f0} + a_{f1}\left(t - t_{oc}\right) + a_{f2}\left(t - t_{oc}\right)^2 + \Delta \tau_R \end{cases} \tag{5-156}$$

其中，t 为卫星播发信号时对应的系统时间；t_{SV} 为卫星播发信号的钟面时间；a_{f0}、a_{f1} 和 a_{f2} 为多项式改正系数，含义分别为相位误差、频率误差和频率误差的变率；t_{oc} 为以 s 为单位的卫星钟改正的参考时间；$\Delta \tau_R$ 为卫星钟的相对论周期项改正。

将卫星轨道作为二体问题处理时，卫星钟的相对论周期项改正可表示为

$$\Delta\tau_{\mathrm{R}} = -\frac{2e}{c^2}\sqrt{a\mathrm{G}M_{\mathrm{E}}}\sin E \tag{5-157}$$

其中，G 为万有引力常数，M_{E} 为地球质量，a 为轨道长半径，e 为轨道偏心率，E 为偏近点角。

$\dfrac{\mathrm{G}M_{\mathrm{E}}}{c^2} \approx 4\mathrm{mm}$，因此，对于 GPS 类型的卫星，该周期项的振幅约为 2ns（轨道偏心率 e =0.01），此项可以在数据预处理时加以改正。可以看出，如果卫星的轨道长半径 a 和轨道偏心率 e 确定不变，经两条路径相减，最后的周期改正项仅取决于两颗卫星偏近点角 E 的差异。

在卫星 A、B 都进行了上述改正之后，就可以得到两卫星在信号发射时刻对应的系统时间，这里用 t_{A} 和 t_{B} 表示。如果忽略 t_{A} 和 t_{B} 的差别，则在系统时间 t_{A} 时刻，卫星 B 相对于卫星 A 的概略钟差为

$$\Delta T_{\mathrm{AB}} = \Delta t_{\mathrm{A}} - \Delta t_{\mathrm{B}} \tag{5-158}$$

当采用地心非旋转坐标系（地心惯性系）计算时，需要严格计算两卫星间传播路径时延的不对称部分，主要包括卫星间等离子体时延、运动和时间不完全同步引起的改正以及信号传播引力时延。

卫星间等离子体时延与电离层时延相似，它主要取决于传播路径的等离子体含量以及信号的频率。两颗卫星之间的传播路径相近，所用的频率相同或相近，因此，该项经两条路径相减可基本消除，现在的比对精度可不考虑该项的影响。

在地球附近，引力时延在非旋转地心坐标系中的表达式为

$$\Delta\tau_{\mathrm{G}} = \frac{2\mathrm{G}M_{\mathrm{E}}}{c^3}\ln\frac{r_{\mathrm{A}} + r_{\mathrm{B}} + \rho_{\mathrm{AB}}}{r_{\mathrm{A}} + r_{\mathrm{B}} - \rho_{\mathrm{AB}}} \tag{5-159}$$

其中，r_{A}、r_{B} 分别为卫星 A、B 到地心的向径，ρ_{AB} 为卫星 A、B 之间的几何距离。

$\dfrac{\mathrm{G}M_{\mathrm{E}}}{c^2} \approx 4\mathrm{mm}$，因此，在地球附近，引力时延 $\Delta\tau_{\mathrm{G}}$ 引起的距离改正约为厘米量级。对于两条路径，引力时延 $\Delta\tau_{\mathrm{G}}$ 引起的距离改正经过求差之后可基本消除，因此，这里不予考虑。

如果选取卫星 A 的信号发射时刻的系统时间 t_{A} 作为归算时刻，则在地心惯性坐标系中有如下结论。

对于由卫星 A 发出的信号，对应的卫星坐标为

$$\begin{cases} X_A'^i = X_A^i + V_A^i \cdot \delta\tau_A^e \\ X_B'^i = X_B^i + V_B^i \cdot \left(\delta\tau_A^e + \tau_{AB} + \Delta\tau_{AB} + \delta\tau_B^r\right) \end{cases} \tag{5-160}$$

其中，$X_j'^i$ 为卫星 j（j=A 或 B）在信号发射（或接收）时刻对应的坐标，X_j^i 和 V_j^i 分别为卫星 j 在归算时刻对应的坐标和速度。

对于由卫星 B 发出的信号，对应的卫星坐标为

$$\begin{cases} X_B''^i = X_B^i + V_B^i \cdot \left(\delta\tau_B^e + \Delta T_{AB}\right) \\ X_A''^i = X_A^i + V_A^i \cdot \left(\delta\tau_B^e + \Delta T_{AB} + \tau_{BA} + \Delta\tau_{BA} + \delta\tau_A^r\right) \end{cases} \tag{5-161}$$

其中，$X_j''^i$ 为卫星 j 在信号发射（或接收）时刻对应的坐标。

根据式（5-160）和式（5-161）可得，卫星运动引起的距离改正[34]为

$$\Delta\rho_{AB} = \frac{\partial\rho_{AB}}{\partial X_A^i}\frac{\partial X_A^i}{\partial t}\Delta t_A + \frac{\partial\rho_{AB}}{\partial X_B^i}\frac{\partial X_B^i}{\partial t}\Delta t_B = $$
$$\frac{\left(X_A^i - X_B^i\right)}{\rho_{AB}}V_A^i \delta\tau_A^e - \frac{\left(X_A^i - X_B^i\right)}{\rho_{AB}}V_B^i\left(\delta\tau_A^e + \tau_{AB} + \Delta\tau_{AB} + \delta\tau_B^r\right) \tag{5-162}$$

$$\Delta\rho_{BA} = \frac{\partial\rho_{BA}}{\partial X_A^i}\frac{\partial X_A^i}{\partial t}\Delta t_A + \frac{\partial\rho_{BA}}{\partial X_B^i}\frac{\partial X_B^i}{\partial t}\Delta t_B = $$
$$\frac{\left(X_A^i - X_B^i\right)}{\rho_{BA}}V_A^i\left(\delta\tau_B^e + \Delta T_{AB} + \tau_{BA} + \Delta\tau_{BA} + \delta\tau_A^r\right) - \frac{\left(X_A^i - X_B^i\right)}{\rho_{BA}}V_B^i\left(\delta\tau_B^e + \Delta T_{AB}\right) \tag{5-163}$$

在考虑卫星钟改正之后，如果忽略等离子体时延差和引力时延差的影响，则有

$$\Delta\tau_{AB} - \Delta\tau_{BA} = \frac{\left(\Delta\rho_{AB} - \Delta\rho_{BA}\right)}{c} = \frac{1}{c}\left[\frac{\left(X_A^i - X_B^i\right)}{\rho_{AB}}\left(V_A^i - V_B^i\right)\left(\delta\tau_A^e - \delta\tau_B^e - \Delta T_{AB}\right) - \right.$$
$$\left. \frac{\left(X_A^i - X_B^i\right)}{\rho_{AB}}V_A^i\left(\tau_{BA} + \Delta\tau_{BA} + \delta\tau_A^r\right) - \frac{\left(X_A^i - X_B^i\right)}{\rho_{AB}}V_B^i\left(\tau_{AB} + \Delta\tau_{AB} + \delta\tau_B^r\right)\right] \tag{5-164}$$

综上所述，可得星间相对钟差的计算式[34-35]为

$$\Delta T_{AB} = \frac{1}{2}\left(R_{AB} - R_{BA}\right) + \frac{1}{2}\left[\tau_{AB} - \tau_{BA}\right] + \frac{1}{2}\left[\left(\tau_A^e + \tau_B^r\right) - \left(\tau_B^e + \tau_A^r\right)\right] + $$
$$\frac{1}{2c}\left[\frac{\left(X_A^i - X_B^i\right)}{\rho_{AB}}\left(V_A^i - V_B^i\right)\left(\delta\tau_A^e - \delta\tau_B^e - \Delta T_{AB}\right) - \right.$$
$$\left. \frac{\left(X_A^i - X_B^i\right)}{\rho_{AB}}V_A^i\left(\tau_{BA} + \Delta\tau_{BA} + \delta\tau_A^r\right) - \frac{\left(X_A^i - X_B^i\right)}{\rho_{AB}}V_B^i\left(\tau_{AB} + \Delta\tau_{AB} + \delta\tau_B^r\right)\right] \tag{5-165}$$

5.4.2 误差分析及改正模型

5.4.2.1 伪距测量间隔影响分析

当星间存在互发互收的观测数据时，可以通过双向数据预处理分离卫星相对钟差和星间几何距离。实际测量中由于信号在卫星间传播存在时延，且各卫星发射信号时刻存在差异，忽略测量噪声、收发零值、多径等误差，互发互收的伪距观测方程[34]为

$$
\begin{cases}
\rho_{\mathrm{BA}}(T_0) = \left| \boldsymbol{r}_{\mathrm{A}}(T_0) - \boldsymbol{r}_{\mathrm{B}}\left(T_0 - \dfrac{\rho_{\mathrm{BA}}}{c}\right) \right| + \Delta t_{\mathrm{A}}(T_0) - \Delta t_{\mathrm{B}}\left(T_0 - \dfrac{\rho_{\mathrm{BA}}}{c}\right) \\
\rho_{\mathrm{AB}}(T_1) = \left| \boldsymbol{r}_{\mathrm{B}}(T_1) - \boldsymbol{r}_{\mathrm{A}}\left(T_1 - \dfrac{\rho_{\mathrm{AB}}}{c}\right) \right| + \Delta t_{\mathrm{B}}(T_1) - \Delta t_{\mathrm{A}}\left(T_1 - \dfrac{\rho_{\mathrm{AB}}}{c}\right)
\end{cases}
\tag{5-166}
$$

其中，$T_1 - T_0$ 为双向测距收发时间间隔。两式相减，得到

$$
\rho_{\mathrm{AB}}(T_1) - \rho_{\mathrm{BA}}(T_0) = \left| \boldsymbol{r}_{\mathrm{B}}(T_1) - \boldsymbol{r}_{\mathrm{A}}\left(T_1 - \dfrac{\rho_{\mathrm{AB}}}{c}\right) \right| - \left| \boldsymbol{r}_{\mathrm{A}}(T_0) - \boldsymbol{r}_{\mathrm{B}}\left(T_0 - \dfrac{\rho_{\mathrm{BA}}}{c}\right) \right| +
$$
$$
\Delta t_{\mathrm{B}}(T_1) - \Delta t_{\mathrm{A}}(T_0) + \Delta t_{\mathrm{B}}\left(T_0 - \dfrac{\rho_{\mathrm{BA}}}{c}\right) - \Delta t_{\mathrm{A}}\left(T_1 - \dfrac{\rho_{\mathrm{AB}}}{c}\right)
\tag{5-167}
$$

信号在两 MEO 卫星间的最大传播时间为 0.17s，但 GEO 到 MEO 间的最大传播时间为 0.23s。忽略在双向测距收发间隔内由星钟加速度引起的钟差，以及由双向传播时间之差产生的高阶小量，则式（5-167）中的钟差部分可简化为

$$
\Delta t_{\mathrm{B}}(T_1) - \Delta t_{\mathrm{A}}(T_0) + \Delta t_{\mathrm{B}}\left(T_0 - \dfrac{\rho_{\mathrm{BA}}}{c}\right) - \Delta t_{\mathrm{A}}\left(T_1 - \dfrac{\rho_{\mathrm{AB}}}{c}\right) =
$$
$$
\Delta t_{\mathrm{B}}(T_1) - \Delta t_{\mathrm{A}}(T_1) - \dfrac{\mathrm{d}\Delta t_{\mathrm{A}}}{\mathrm{d}t\,(T_0 - T_1)} +
$$
$$
\Delta t_{\mathrm{B}}(T_1) + \dfrac{\mathrm{d}\Delta t_{\mathrm{B}}}{\mathrm{d}t\left(T_0 - \dfrac{\rho_{\mathrm{BA}}}{c} - T_1\right)} - \Delta t_{\mathrm{A}}(T_1) + \dfrac{\mathrm{d}\Delta t_{\mathrm{A}}}{\mathrm{d}t\,\dfrac{\rho_{\mathrm{AB}}}{c}} =
\tag{5-168}
$$
$$
2\left(\Delta t_{\mathrm{B}}(T_1) - \Delta t_{\mathrm{A}}(T_1)\right) + \dfrac{\mathrm{d}\Delta t_{\mathrm{B}}}{\mathrm{d}t\left(T_0 - \dfrac{\rho_{\mathrm{BA}}}{c} - T_1\right)} - \dfrac{\mathrm{d}\Delta t_{\mathrm{A}}}{\mathrm{d}t\left(T_0 - \dfrac{\rho_{\mathrm{AB}}}{c} - T_1\right)}
$$

理论分析，如果钟速精度优于 10^{-12}，经过计算钟速的修正，则在 1s 的收发间隔内，式（5-168）中最后两项的误差为 0.001ns。根据目前能查到的文献，采用 UHF 宽波束实现星间链路的 GPS，其双向伪距测量间隔最大为 36s，因此在 36s 收发间隔内，式（5-168）中最后两项的误差为 0.036ns[34-35]。由频率稳定度引起的误差属于高阶项，量纲较小。

对于式（5-168）中的轨道部分，有

$$\left| \boldsymbol{r}_B(T_1) - \boldsymbol{r}_A\left(T_1 - \frac{\rho_{AB}}{c}\right) \right| - \left| \boldsymbol{r}_A(T_0) - \boldsymbol{r}_B\left(T_0 - \frac{\rho_{BA}}{c}\right) \right| = \left| \boldsymbol{r}_B(T_1) - \boldsymbol{r}_A\left(T_1 - \frac{\rho_{AB}}{c}\right) \right| - $$
$$\left| \boldsymbol{r}_B(T_1) - \boldsymbol{r}_A\left(T_1 - \frac{\rho_{AB}}{c}\right) + \boldsymbol{r}_A\left(T_1 - \frac{\rho_{AB}}{c}\right) - \boldsymbol{r}_A(T_0) + \boldsymbol{r}_B\left(T_0 - \frac{\rho_{AB}}{c}\right) - \boldsymbol{r}_B(T_1) \right| \approx \quad （5\text{-}169）$$
$$\frac{\left(\boldsymbol{r}_B(T_1) - \boldsymbol{r}_A\left(T_1 - \frac{\rho_{AB}}{c}\right) \right)}{\left| \boldsymbol{r}_B(T_1) - \boldsymbol{r}_A\left(T_1 - \frac{\rho_{AB}}{c}\right) \right|} \cdot \left(\boldsymbol{r}_A\left(T_1 - \frac{\rho_{AB}}{c}\right) - \boldsymbol{r}_A(T_0) + \boldsymbol{r}_B\left(T_0 - \frac{\rho_{AB}}{c}\right) - \boldsymbol{r}_B(T_1) \right)$$

式（5-169）结果点乘前面的一项为单位矢量；点乘后面的一项与双向收发测距间隔有关，量纲较小，进一步对其展开，可得

$$\left(\boldsymbol{r}_A\left(T_1 - \frac{\rho_{AB}}{c}\right) - \boldsymbol{r}_A(T_0) + \boldsymbol{r}_B\left(T_0 - \frac{\rho_{AB}}{c}\right) - \boldsymbol{r}_B(T_1) \right) \approx$$
$$v_A\left(T_1 - \frac{\rho_{AB}}{c} - T_0\right) + 0.5 a_A \left(T_1 - \frac{\rho_{AB}}{c} - T_0\right)^2 +$$
$$v_B\left(T_0 - \frac{\rho_{AB}}{c} - T_1\right) + 0.5 a_B \left(T_0 - \frac{\rho_{AB}}{c} - T_1\right)^2 + 高阶量 \approx$$

$$(v_A - v_B)(T_1 - T_0) + (v_A + v_B)\frac{\rho_{AB}}{c} + 0.5(a_A + a_B)\left(T_1 - \frac{\rho_{AB}}{c} - T_0\right)^2 + 高阶量 \quad （5\text{-}170）$$

从式（5-170）可以看出，若在数据预处理时利用预报轨道计算收发卫星的位置，则该项的计算误差取决于相对速度的误差。假定相对速度的预报误差为 1mm/s，则 60s 的收发间隔内带来的计算误差为 6cm；若相对速度误差达到 0.5cm/s，则 60s 的收发间隔内带来的计算误差为 30cm，即 1ns[35]。

综合以上分析，根据理论分析，在双向伪距测量间隔不超过 36s 的情况下，由钟差稳定性引起的星间时间同步误差为 0.036ns，由轨道预报速度误差引起的误差为 0.12ns，综合影响优于 0.16ns[33,35]。

5.4.2.2 数据采样频度影响分析

利用北斗实测卫星钟差数据进行星间链路支持下的时间同步仿真分析,将 GEO 近 9 天的实测卫星钟差数据作为星间双向链路计算的钟差结果,仿真不同星间链路采样频度对钟差预报精度的影响结果[35],采样频度对预报的影响如图 5-14 所示。

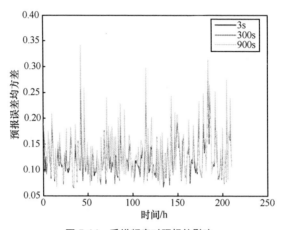

图 5-14　采样频度对预报的影响

增加星间双向观测链路能够提高卫星不可视弧段的时间同步精度,只要选取适当的预报模型和数据量,秒级到 15min 的数据采样频度对时间同步的影响不大,都能够达到优于 0.5ns 的钟差处理与预报精度[32-33,35]。

5.4.2.3 坐标速度精度影响分析

为与纳秒量级的时间比对精度相适应,计算模型的精度必须优于 0.1ns。由于卫星的运动和星载钟之间的非完全同步,为达到要求的计算精度,就必须对卫星的坐标和速度误差提出严格要求。下面对此分别加以讨论。

当卫星位置、速度有误差时,有

$$\begin{cases} X_A^i = X_{A0}^i + \Delta X_A^i \\ V_A^i = V_{A0}^i + \Delta V_A^i \\ X_B^i = X_{B0}^i + \Delta X_B^i \\ V_B^i = V_{B0}^i + \Delta V_B^i \end{cases} \tag{5-171}$$

其中,X_{j0}^i、ΔX_j^i 分别为归算时刻对应的卫星 j(j=A 或 B)的坐标和坐标误差,V_{j0}^i、ΔV_j^i 分别为归算时刻对应的卫星 j 的速度和速度误差。

假设各同类误差独立等精度，可以求得卫星位置和速度误差对计算时延的误差传播方程为

$$\begin{cases} m_{\Delta\tau_{AB}}^2 = A_1^{i2} m_{\Delta X_A^i}^2 + A_2^{i2} m_{\Delta X_B^i}^2 + A_3^{i2} m_{\Delta V_A^i}^2 + A_4^{i2} m_{\Delta V_B^i}^2 \\ m_{\Delta\tau_{BA}}^2 = B_1^{i2} m_{\Delta X_A^i}^2 + B_2^{i2} m_{\Delta X_B^i}^2 + B_3^{i2} m_{\Delta V_A^i}^2 + B_4^{i2} m_{\Delta V_B^i}^2 \end{cases} \tag{5-172}$$

其中，系数 A_j^i、B_j^i（j=1, 2, 3, 4）的表达式为

$$\begin{cases} A_1^i = \dfrac{\left[V_A^i \delta\tau_A^e - V_B^i \left(\delta\tau_A^e + \tau_{AB} + \delta\tau_B^r \right) \right]}{c\rho_{AB}} \\[3mm] A_2^i = -A_1^i + \dfrac{\left(X_A^i - X_B^i \right)^2 \left[V_B^i \left(\delta\tau_A^e + \tau_{AB} + \delta\tau_B^r \right) - V_A^i \delta\tau_A^e \right]}{c\rho_{AB}^3} \\[3mm] A_3^i = \dfrac{\left(X_A^i - X_B^i \right) \delta\tau_A^e}{c\rho_{AB}} \\[3mm] A_4^i = \dfrac{\left(X_A^i - X_B^i \right)\left(\delta\tau_A^e + \tau_{AB} + \delta\tau_B^r \right)}{c\rho_{AB}} \end{cases} \tag{5-173}$$

$$\begin{cases} B_1^i = \dfrac{\left[V_A^i \left(\delta\tau_B^e + \Delta T_{BA} + \tau_{AB} + \delta\tau_A^r \right) - V_B^i \left(\delta\tau_B^e + \Delta T_{AB} \right) \right]}{c\rho_{AB}} \\[3mm] B_2^i = -B_1^i + \dfrac{\left(X_A^i - X_B^i \right)^2 \left[V_B^i \left(\delta\tau_B^e + \Delta T_{AB} \right) - V_A^i \left(\delta\tau_B^e + \Delta T_{AB} + \tau_{BA} + \delta\tau_A^r \right) \right]}{c\rho_{AB}^3} \\[3mm] B_3^i = \dfrac{\left(X_A^i - X_B^i \right)\left(\delta\tau_B^e + \Delta T_{AB} + \tau_{BA} + \delta\tau_A^r \right)}{c\rho_{AB}} \\[3mm] B_4^i = \dfrac{\left(X_A^i - X_B^i \right)\left(\delta\tau_B^e + \Delta T_{AB} \right)}{c\rho_{AB}} \end{cases} \tag{5-174}$$

对于类似于 GPS 的 MEO 卫星，它在地心惯性系的运动速度 V 约为 5.7km/s，卫星间距离 ρ_{AB} 约为 37600km，下面就在此条件下进行分析。

假设设备接收时延和发射时延为 0，卫星间相对钟差为 10ms，可以估算由各种误差源单独的 1m（或 1m/s）误差引起的各时延计算误差，各种误差源对计算时延的影响见表 5-7。

表 5-7　各种误差源对计算时延的影响

误差/ns	$m_{\Delta X_A^i}$ /m	$m_{\Delta X_B^i}$ /m	$m_{\Delta V_A^i}$ /(m·s⁻¹)	$m_{\Delta V_B^i}$ /(m·s⁻¹)
$m_{\Delta\tau_{AB}}$	1×10^{-4}	1×10^{-4}	0	0.4

（续表）

误差/ns	$m_{\Delta X_A^i}$ /m	$m_{\Delta X_B^i}$ /m	$m_{\Delta V_A^i}$ /(m·s^{-1})	$m_{\Delta V_B^i}$ /(m·s^{-1})
$m_{\Delta \tau_{BA}}$	1×10^{-4}	1×10^{-4}	0.45	0.03
$m_{\Delta T_{AB}}$	5×10^{-5}	5×10^{-5}	0.23	0.20

由表 5-7 可见，当忽略设备接收时延和发射时延时，卫星的位置误差对相对钟差影响很小，影响相对钟差的主要因素为卫星的速度误差。在上面的假设下，为达到 1ns 的计算精度，卫星位置误差应当小于 20km，卫星速度误差应当优于 5m/s；为达到 0.1ns 的计算精度，卫星位置误差应当小于 2000m，卫星速度误差应当优于 0.5m/s[34-35]。

5.4.2.4　卫星钟差精度影响分析

由计算模型可以看出，当初始钟差值偏差较大时，将会对计算钟差产生影响，因此，这里需要讨论在不同的误差影响和不同的比对精度下，对初始钟差量级的要求。根据计算模型，各种误差源对计算钟差的影响可表示为

$$m_{\Delta T_{AB}}^2 = \frac{1}{2}m_m^2 + m_E^2 + \frac{1}{4}\left(A_3^{i2}m_{\Delta V_A}^2 + A_4^{i2}m_{\Delta V_B}^2\right) + \frac{1}{4}\left(B_3^{i2}m_{\Delta V_A}^2 + B_4^{i2}m_{\Delta V_B}^2\right) \quad (5\text{-}175)$$

其中，m_m 为计数器的测量误差，m_E 为设备接收时延和发射时延误差，$m_{\Delta V_i}$ 为卫星 i（i=A 或 B）的速度误差。

不同误差和比对精度下对初始钟差的要求见表 5-8，给出了在不同误差影响下，对于不同的比对精度，初始钟差要达到的量级。

由表 5-8 可见，对于 1ns 左右的比对精度，在 0.2ns 的计数器的测量误差、0.5ns 的设备接收时延和发射时延误差和 1m/s 的卫星的速度误差下，初始钟差只要达到亚秒量级[33,35]，这对于高精度的星载原子钟来说是比较容易满足的。也就是说，星载钟之间的相对钟差初始值对比对精度影响很小。

表 5-8　不同误差和比对精度下对初始钟差的要求

比对精度/ns	测量误差/ns	设备时延误差/ns	速度误差/(m·s^{-1})	初始钟差/s
2	0.2	0.5	1	0.75
1	0.2	0.5	1	0.43
0.5	0.1	0.2	0.5	0.31

| 5.5　光纤双向时间比对技术 |

5.5.1　基本原理及数学模型

具体来说,光纤双向时间比对系统是一种单纤双向双波长高精度时间同步系统。时间同步终端通过接收地面时频系统（主站）输出的 1PPS、10MHz 等时间频率信号产生站间时间同步校准中频信号,中频信号进入时间频率信号光发射系统完成电/光转换,转换为光学扩频信息,由光纤双向收发系统传入站间光纤信道;位于从站的光纤双向收发系统将传过来的光学扩频信息输入时间频率信号光接收系统,从站时间同步终端通过接收时间频率信号光接收系统光/电转换输出的由主站发射的站间时间同步校准信号,对其进行测量,完成时间同步的校准。

光纤双向时间比对系统的工作原理与卫星双向时间比对系统相同,只是在卫星双向时间比对系统的基础上使用光纤双向传输链路替代射频信道。

光纤双向时间比对与卫星双向时间比对如图 5-15 所示。

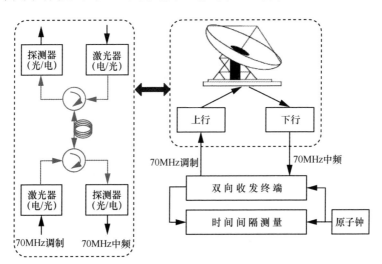

图 5-15　光纤双向时间比对与卫星双向时间比对

利用光发射模块、光接收模块、光隔离器、光环行器等光学器件在两个双向收发终端之间搭建光纤双向传输链路。近端的双向收发终端输出的 70MHz 光学扩频信息依次经过激光器、光隔离器、光环行器、探测器，最终被远端的双向收发终端接收并解码获得时间信息，远端双向收发终端输出的 70MHz 光学扩频信息经过相同的路径到达近端的双向收发终端进行接收解码，该系统使用同一个时频基准源。

　　光纤双向时间比对是通过单纤双向双波长的方式实现的，同一根光纤避免了链路上的路径不对称性，其基本原理[36]是：地面站 A 和地面站 B 同时向对站传输各站原子钟提供的测距信号，被对方接收，从而得到两个时延值，对两个观测数据进行计算获得地面站 A 与地面站 B 的钟差，光纤双向时间比对如图 5-16 所示。

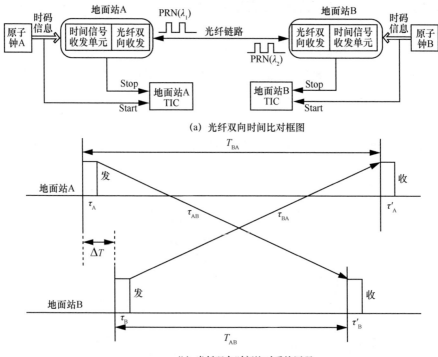

(a) 光纤双向时间比对框图

(b) 光纤双向时间比对系统原理

图 5-16　光纤双向时间比对

　　设地面站 A 测量得到的地面站 B 发射信号到地面站 A 的总时延为 T_{BA}，地面站 B 测量得到的地面站 A 发射信号到地面站 B 的总时延为 T_{AB}，地面站 A 和地面站 B 两地原子钟的瞬时钟差为 $\Delta T = T_B - T_A$，T_A 为地面站 A 发射测距信号时刻，T_B 为地面站 B 发射测距信号时刻。

$$T_{BA} = \Delta T + \tau_B + \tau_{BA} + \tau'_A \qquad (5\text{-}176)$$

$$T_{AB} = -\Delta T + \tau_A + \tau_{AB} + \tau'_B \qquad (5\text{-}177)$$

其中，τ_A 为地面站 A 时间信号发射单元、光纤发射单元（半导体激光器）的发射时延，τ'_A 为地面站 A 时间信号接收单元和光纤接收单元（光电探测器）的接收时延；同样，τ_B 和 τ'_B 分别为地面站 B 的接收时延和发射时延；τ_{AB} 为时间信号由地面站 A 发送到地面站 B 的光纤链路单向传输时延；τ_{BA} 为时间信号由地面站 B 发送到地面站 A 的光纤链路单向传输时延。

由式（5-176）和式（5-177）可得到

$$\Delta T = \frac{1}{2}\Big[(T_{BA} - T_{AB}) + (\tau_B - \tau_A) + (\tau'_A - \tau'_B) + (\tau_{BA} - \tau_{AB})\Big] \qquad (5\text{-}178)$$

当地面站 A 和地面站 B 同一时刻发送 1PPS 信号，由于传输路径相同且传输光信号波长接近，传输时延近似相等，即 $\tau_{BA} \approx \tau_{AB}$，则有

$$\Delta T = \frac{1}{2}\Big[(T_{BA} - T_{AB}) + (\tau_B - \tau_A) + (\tau'_A - \tau'_B)\Big] \qquad (5\text{-}179)$$

地面站 A 和地面站 B 通过交换测量数据 T_{AB} 和 T_{AB}，发送时延和接收时延的差 $(\tau_B - \tau_A) + (\tau'_A - \tau'_B)$ 可预先测定，站间钟差 ΔT 就可计算得到。式（5-178）修正地面站 A、地面站 B 原子钟之间的钟差，可使地面站 B 原子钟与地面站 A 原子钟实现时间的比对。

5.5.2 误差分析及改正模型

5.5.2.1 光纤损耗

光是被限制在纤芯中传输的，光经过一段光纤传输后，光功率会有一定的损失，将这种光功率损失称为光纤损耗。一根光纤的长度越长，光功率的损失就越大，这意味着光功率是随着光纤长度的增加而减小的[37]。光功率随着光纤长度增加而减小的快慢程度，用损耗系数 α 表示

$$\frac{dP(z)}{dz} = -\alpha P(z) \qquad (5\text{-}180)$$

其中，$P(z)$ 为 z 处的光功率。由式（5-180）可以得出

$$P(z) = P(0)e^{-\alpha z} \tag{5-181}$$

其中，$P(0)$ 为 $z = 0$ 处的光功率。可以看出，光纤中的光功率是随着传输距离指数的减小而减小的。损耗系数 α 表示光功率损失的快慢程度，其值越大，光功率损失越快。损耗系数 α 的单位为 km^{-1}。

实际中，常用 α_{dB} 表示光纤的损耗系数，它是指单位长度光纤所引起的光功率减小的分贝数值，其数学表达式为

$$\alpha_{dB} = \frac{10}{L} \lg \frac{P_i}{P_o} \tag{5-182}$$

其中，L 表示光纤长度，单位为 km；P_i 和 P_o 分别为输入光纤和由光纤输出的光功率，以 mW 为单位。α_{dB} 的单位为 dB/km，它和 α 都表示光纤的损耗特性，从它们的定义式可以看出

$$\alpha_{dB} = \frac{10}{z} \lg \frac{P(0)}{P(z)} = 10\alpha \lg e \approx 3.43\alpha \tag{5-183}$$

光信号在光纤中传输时受到光纤损耗的影响，恢复后的模拟信号和数字脉冲幅度都会减小，因此光信号的传输距离在很大程度上由光纤损耗决定。常用的 G.652、G.655 光纤衰减系数在 0.25dB/km 左右，随着光纤制造技术的不断进步，其衰减系数可达到 0.20dB/km。本书中光纤衰减系数按照理论值 0.20dB/km 计算。

5.5.2.2 光纤色散

色散是指不同频率的电磁波以不同的速率在介质中传播的物理现象。不同波长的光束在同一根光纤上向不同方向传输时，由于光纤色散和偏振模色散（Polarization Mode Dispersion，PMD）的存在，其时延并不一致。其中，光纤的双折射现象引起 PMD，光纤所处环境的温度、振动、应力和电磁场等外部影响因素的波动都会引起 PMD 变化。PMD 的理论值通常很小，对于新建的光纤时频传递系统，通过挑选 PMD 值低的光纤将 PMD 控制在 ps 量级。对于已敷设的光纤，PMD 值通常比理论值大数十倍，因此在这些光纤链路上进行光纤时频传递时需要考虑 PMD 的影响，可以采用扰偏器减小由 PMD 引起的试验差波动[38]。

引起往返路径时延差的主要因素是光纤色散。不同波长的光束在同一根光纤中传输具有不同的速率，会导致光纤色散现象。单模光纤的色散主要包括材料色散和

波导色散，二者均和波长具有对应变化关系，通过光时域反射仪（Optical Time Domain Reflectometer，OTDR）可以测得在特定温度下由色散引起的时延差。光纤的色散特性会随着光纤所处环境的温度变化而变化。单模光纤的波导色散和材料色散随光波长的变化曲线如图 5-17 所示[39]。

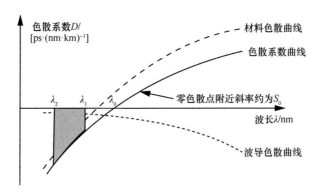

图 5-17　单模光纤的波导色散和材料色散随光波长的变化曲线

在单纤双向双波长时频传递系统中，双向光信号在同一根光纤中传输，克服了物理链路上的不对称性，但是当双向光信号的波长不一致时，光纤的色散特性引起光纤中不同波长的光信号有不同的群速度（群时延），导致双向光信号传输时延产生不对称性。随着传输距离的增加，这种不对称性也相应增大。

在图 5-17 中，λ_0 为光纤零色散点所对应的波长；S_0 为零色散点邻近区域色散系数曲线的斜率。对于零色散光纤 G.652，λ_0 约为 1310nm，而对于色散偏移光纤 G.653，λ_0 约为 1550nm。

在图 5-17 中，由 $\lambda = \lambda_1$、$\lambda = \lambda_2$、$D = 0$ 和色散系数曲线围成的阴影部分面积为在 1km（单位长度）光纤中传输时由光纤色散引起的时延差，计算式为[39]

$$\tau_{\text{diff}} = \left[\frac{1}{2} \cdot S_0 \left(\lambda_2 - \lambda_0 \right) \cdot \left(\lambda_2 - \lambda_0 \right) - \frac{1}{2} \cdot S_0 \left(\lambda_1 - \lambda_0 \right) \cdot \left(\lambda_1 - \lambda_0 \right) \right] \cdot L =$$

$$\frac{1}{2} \cdot S_0 \cdot L \cdot \left[\left(\lambda_2 - \lambda_0 \right)^2 - \left(\lambda_1 - \lambda_0 \right)^2 \right] = \frac{1}{2} \cdot S_0 \cdot L \cdot \left(\lambda_2 - \lambda_1 \right) \cdot \left(\lambda_2 + \lambda_1 - 2\lambda_0 \right)$$

（5-184）

其中，L 为光纤长度。当环境温度发生变化时，可以认为色散曲线将沿水平方向发生平移，λ_0 也将随温度发生变化。由温度变化引起的色散时延变化量可以表示为

$$\Delta \tau_{\text{diff}} = S_0 \left(\lambda_1 - \lambda_2 \right) \cdot \frac{\mathrm{d}\lambda_0}{\mathrm{d}T} \cdot \Delta T \cdot L$$

（5-185）

根据式（5-185），可对由温度引起的色散时延变化进行估算。S_0 的典型值为 0.07ps/(nm²·km)，$d\lambda_0 / dT$ 的值约为 0.03nm/℃[20]。如果光纤架设于地表，那么必须考虑更大范围的温度变化。当温度变化范围高至 40℃ 时，时延变化量 $\Delta\tau_{diff}$ 约为 1ns。以目前光纤双向时间比对波长 1550.12/1550.92nm 为例，$\lambda_1 - \lambda_2 = 0.8$nm，对于 50km 长的光纤、20℃ 的温度变化来说，由色散导致的时延变化量 $\Delta\tau_{diff} = 1.68$ps。

5.5.2.3　光纤温度

温度不仅影响光纤时间频率信号传输系统的稳定性，同时也是引起系统中相位漂移的主要因素。光纤长度与温度之间关系的因数被称为温度系数 T_{CD}，典型值为 1×10^{-6}/℃。影响此系数的最主要因素是折射率。在给定射频信号频率和温度变化量的情况下，光纤末端信号相位的改变量可以按下面的方法计算[40]。

假设 n 为光纤的折射率；L 为光纤长度，则光纤中的光速 v（单位为 m/s）可以按式（5-186）表示，其中 c 为真空中的光传播速率

$$v = \frac{c}{n} \tag{5-186}$$

通过整根长度为 L 的光纤所需的时间（单位为 s）为

$$t = \frac{L}{v} \tag{5-187}$$

当光纤温度改变 $\Delta T(t)$、温度系数为 T_{CD} 时，激光通过光纤改变的时间差 Δt（单位为 s）为

$$\Delta t = t \cdot T_{CD} \cdot \Delta T(t) \tag{5-188}$$

射频信号的一个周期是 $1/f_{RF}$（f_{RF} 为射频信号的频率），其对应的相位是 $\phi = 360°$。将这个相位与 Δt 相比，可以很容易得到在温度改变 ΔT 时，射频信号通过长度为 L 的光纤时的相位变化量为

$$\Delta\phi = 360 \cdot f_{RF} \cdot \Delta t \tag{5-189}$$

例如，从夏季到冬季，温度通常会变化 10℃ 以上。对于 15km 长的光纤，1GHz 的射频信号的相位变化量将达到 2700°，转换成时间则是 7.5ns 的时延。显然，在没有抑制由温度变化引起的相位变化的系统中，信号传输的误差是非常大的。

可以通过控制光纤的温度变化来降低温度变化引起的误差，但是需要将温度变化稳定在 -0.001~0.001℃。这样的要求是很难满足的，至少会使整个系统的体积和

成本大大上升。但是，由温度变化引起的信号相位的变化与信号传输的方向无关。因此，由温度变化导致的相位改变可以通过反馈系统的补偿来消除。

｜ 参考文献 ｜

[1] 高小珣, 高源, 张越, 等. GPS 共视法远距离时间频率传递技术研究[J]. 计量学报, 2008(1): 80-83.

[2] 盛传贞, 张京奎, 应俊俊, 等. 电离层改正模型对 GPS 共视时间传递的影响分析[J]. 现代导航, 2016, 7(4): 246-251.

[3] 何玉晶. GPS 电离层延迟改正及其扰动监测的分析研究[D]. 郑州: 解放军信息工程大学, 2006: 25-44.

[4] 魏子卿, 葛茂荣. GPS 相对定位的数学模型[M]. 北京: 测绘出版社, 1998.

[5] KLOBUCHAR J. Ionospheric time-delay algorithm for single-frequency GPS users[J]. IEEE Transactions on Aerospace and Electronic Systems, 1987, AES-23(3): 325-331.

[6] 张涛. GNSS 载波相位远程时间比对技术研究[D]. 西安: 中国科学院研究生院(国家授时中心), 2016.

[7] 陆华, 孙广, 肖云, 等. 不同电离层模型对北斗共视的精度影响分析[J]. 导航定位与授时, 2017, 4 (1): 53-59.

[8] 广伟. GPS PPP 时间传递技术研究[D]. 西安: 中国科学院研究生院(国家授时中心), 2012.

[9] 周忠谟, 易杰军, 周琪. GPS 卫星测量原理与应用[M]. 北京: 测绘出版社, 1997.

[10] 刘基余. GPS 卫星导航定位原理与方法[M]. 北京: 科学出版社, 2003.

[11] SAASTAMOINEN J. Contributions to the theory of atmospheric refraction[J]. Bulletin Géodésique (1946-1975), 1972, 105 (1): 279-298.

[12] 党亚民, 秘金钟, 成英燕. 全球导航卫星系统原理与应用[M]. 北京: 测绘出版社, 2007.

[13] ZHANG J, GAO J, YU B, et al. Research on remote GPS common-view precise time transfer based on different ionosphere disturbances[J]. Sensors, 2020, 20(8): 2290.

[14] 吴海涛, 李孝辉, 卢晓春. 卫星导航系统时间基础[M]. 北京: 科学出版社, 2011.

[15] 刘洋. 基于载波相位时间差分测速的 GPS/INS 组合导航研究[D]. 徐州: 中国矿业大学, 2016.

[16] 李孝辉, 刘阳, 张慧君, 等. 基于 UTC (NTSC)的 GPS 定时接收机时延测量[J]. 时间频率学报, 2009, 32(1): 18-21.

[17] 刘利, 韩春好. 地心非旋转坐标系中的卫星双向时间比对计算模型[J]. 宇航计测技术, 2004, 24 (1): 34-39, 56.

[18] 杨文可. 高精度站间双向时间频率传递关键技术研究[D]. 长沙: 国防科学技术大学, 2014.

[19] 周必磊, 方宝东, 尤伟. 卫星双向时间传递中的卫星运动误差研究[C]//第二届中国卫星导航学术年会论文集. 上海, 2011: 375-379.

[20] HONGWEI S, IMAE M, GOTOH T. Impact of satellite motion on two-way satellite time and frequency transfer[J]. Electronics Letters, 2003, 39 (5): 482.

[21] 韦栋, 赵长印. SGP4/SDP4 模型精度分析[J]. 天文学报, 2009, 50 (3): 332-339.

[22] 李慧茹, 李志刚. 通过卫星双向双频观测对电离层时延的测定[J]. 时间频率学报, 2005, 28 (1): 29-36.

[23] 何海波. 高精度 GPS 动态测量及质量控制[D]. 郑州: 解放军信息工程大学, 2002.

[24] LIEBE H J. MPM—An atmospheric millimeter-wave propagation model[J]. International Journal of Infrared and Millimeter Waves, 1989, 10 (6): 631-650.

[25] LIEBE H J, LAYTON D H. Millimeter-wave properties of the atmosphere: laboratory studies and propagation modeling[EB]. 1987.

[26] 黄天锡. 电离层电子总量空间相关性研究[C]//中国通信学会卫星通信学术讨论会论文集. 北京: 中国通信学会, 1984.

[27] 李隽, 张金涛. 可搬移卫星双向时间传递系统关键技术研究[C]//第四届中国卫星导航学术年会论文集. 武汉, 2013: 67-70.

[28] PARKER T E, ZHANG V. Sources of instabilities in two-way satellite time transfer[C]//Proceedings of the 2005 IEEE International Frequency Control Symposium and Exposition, 2005. Piscataway: IEEE Press, 2005: 745-751.

[29] 刘利, 朱陵凤, 韩春好, 等. 星地无线电双向时间比对模型及试验分析[J]. 天文学报, 2009, 50(2): 190-196.

[30] 刘晓刚, 张传定. 星地无线电双向法时间比对计算模型及其误差评估[J]. 宇航计测技术, 2009, 26(6): 49-53.

[31] 秦显平, 崔先强, 霍立业, 等. 星地时间比对的原理及实现[J]. 测绘科学与工程, 2006, 26(3): 9-16.

[32] 王元明, 杨福民, 黄佩诚, 等. 星地激光时间比对原理样机及地面模拟比对试验[J]. 中国科学: 物理学, 2008, 38(2): 217-224.

[33] 方琳, 杨旭海, 孙保琪, 等. 基于非同时双向星间链路的自主时间同步仿真分析[J]. 天文学报, 2013, 54(5): 455-466.

[34] 顾亚楠, 王海红, 陈忠贵. 基于星间链路双向测量的时钟同步归算算法[C]//第三届中国卫星导航学术年会电子文集. 2012.

[35] 刘利, 郭睿, 周善石. 卫星导航时间同步与精密定轨[M]. 北京: 国防工业出版社, 2021.

[36] 谭述森. 导航卫星双向伪距时间同步[J]. 中国工程科学, 2006, 8 (12): 70-74.

[37] 梁猛, 刘崇琪, 杨祎. 光纤通信[M]. 北京: 人民邮电出版社, 2015.

[38] 李云霞, 蒙文, 康巧燕, 等. 光纤通信[M]. 北京: 北京航空航天大学出版社, 2016.

[39] 王正勇, 蔚保国, 尹继凯, 等. 远距离高稳定光纤频率传递技术研究[J]. 无线电工程, 2019, 49(8): 670-673.

[40] 潘维斌. LHAASO 实验高精度时间测量系统研究[D]. 北京: 清华大学, 2014.

第 6 章

高精度链路时延标定与传递技术

在时间同步系统信号发射、接收和转发过程中，信号在传输链路中会产生一定的时延。该时延会影响时频同步和测量精度，因此需要对其开展精确的时延标定。根据链路时延类型分类，主要包括星地链路时延、星间链路时延和站间链路时延。高精度链路时延标定与传递技术是保障天地一体化时间统一系统正常运行的重要一环。本章重点介绍高精度时延标定和传递方法，分析影响链路时延的主要因素，并比较分析不同的时延标定方法的特点。

设备时延是指信号经过设备时产生的附加时延，是设备的固有特性。在时间同步系统中，通常根据设备的性质可以分为发射设备时延和接收设备时延。目前，只有发射设备时延能够直接测量，接收设备时延通过测量发射与接收设备的组合时延得到[1-2]。由于系统在处理数据时，需要准确处理时间同步系统中的收发链路时延值，因此收发链路时延是时间同步最主要的误差项之一[3-4]。收发链路时延不仅会影响时频同步的准确度，同时也会影响时间同步系统正常运行工作。

在实际的时间同步系统时延标定工作中，一般分为发射链路时延标定和接收链路时延标定[5-6]。在目前的时延标定技术中，通常采用人工操作高速示波器的方式，获得发射链路时延；而同时采用组合时延扣除发射链路时延的时延传递法，获得接收链路时延[7-10]。

| 6.1 时延定义 |

当信号通过某一传输系统或某一网络时，其输出信号相对于输入信号总会产生滞后时间，这就是时延。而几乎所有的信号传输系统（真空除外）都是有色散的，它随信号频率变化而变化。时延与信号频率的关系称为系统的时延特性。

设备时延是指信号载发射设备或接收设备内部传播所需的时间延迟，该时间延迟是设备自身的固有特性，并且其大小与设计有关。对于不同的设备或系统，根据个体的设计特殊性，其设备时延有着不同的确切定义。在天地一体化信息网络中，通常根据设备的形式可以分为发射设备时延和接收设备时延。

6.1.1　发射设备时延

发射设备时延起点为发射基准时刻前沿，发射设备时延终点在发射天线的相位中心处，发射设备时延示意图如图 6-1 所示。

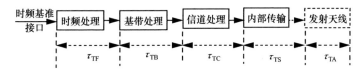

图 6-1　发射设备时延示意图

其中发射设备时延共包括以下 5 个引入时延的主要环节[11-12]。

（1）时频处理时延（τ_{TF}）：时频信号的同步及链路处理时延。

（2）基带处理时延（τ_{TB}）：含时标的数字信号调制和输出的处理时延。

（3）信道处理时延（τ_{TC}）：中频信号到射频信号的变频放大处理时延。

（4）内部传输时延（τ_{TS}）：信号在设备内部经由电缆等环节的传输时延。

（5）天线时延（τ_{TA}）：信号自机箱输出到天线发射相位中心的传输时延。

因此，发射设备时延可表示为

$$T_{发射} = \tau_{TF} + \tau_{TB} + \tau_{TC} + \tau_{TS} + \tau_{TA} \qquad (6\text{-}1)$$

6.1.2　接收设备时延

接收设备时延起点为接收天线的相位中心，终点为接收观测基准时刻前沿。接收设备时延示意图如图 6-2 所示，与发射设备时延近似，接收设备时延也包括以下 5 部分引入时延的主要环节[11-12]。

（1）接收时频处理时延（τ_{RA}）：时频信号的同步及链路处理时延。

（2）接收基带处理时延（τ_{RS}）：含时标的数字信号跟踪处理时延。

（3）接收信道处理时延（τ_{RC}）：射频信号到中频信号的放大变频处理时延。

（4）接收内部传输时延（τ_{RB}）：信号在设备内部经由电缆等环节的传输时延。

（5）接收天线时延（τ_{RF}）：信号自天线相位中心到射频接口的传输时延。

因此，接收设备时延可表示为

$$T_{接收} = \tau_{RF} + \tau_{RB} + \tau_{RC} + \tau_{RS} + \tau_{RA} \qquad （6\text{-}2）$$

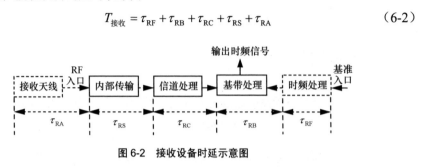

图 6-2　接收设备时延示意图

|6.2　系统链路时延分类 |

时间同步系统时延按照链路分类可分为星地链路时延、站间链路时延和星间链路时延。星地链路时延包括地面上注链路发射时延、卫星上注链路接收时延、卫星 RNSS 下行发射时延及用户终端 RNSS 下行接收时延；站间链路时延包括站间发射时延、卫星转发时延和站间接收时延；星间链路时延包括卫星星间发射时延和卫星星间接收时延。

时间同步系统星地、星间链路时延如图 6-3 所示，时间同步系统时延分类见表 6-1。

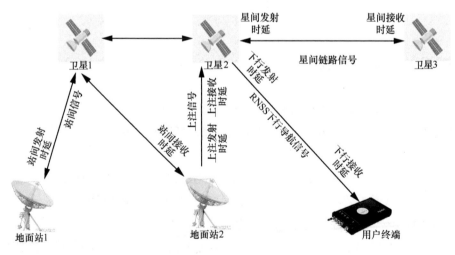

图 6-3　时间同步系统星地、星间链路时延

表 6-1　时间同步系统时延分类

序号	时延类别	时延名称
1	星地链路时延	地面上注链路发射时延
2		卫星上注链路接收时延
3		卫星 RNSS 下行发射时延
4		用户终端 RNSS 下行接收时延
5	站间链路时延	站间发射时延
6		卫星转发时延
7		站间接收时延
8	星间链路时延	卫星星间发射时延
9		卫星星间接收时延

6.2.1　星地链路时延

地面上注链路发射时延为向卫星发射上注信号的地面站链路固有时延，其含义为上注信号从产生时刻到离开地面站的发射时刻之间的时延值。对于地面站 A，地面上注链路发射时延可表示为 $\tau_A^e = t_A^e - t_A^g$，其中，t_A^e 为上注信号发射时刻，t_A^g 为上注信号产生时刻。

卫星上注链路接收时延为卫星链路接收上注信号的固有时延，其含义为上注信号从到达卫星时刻到信号接收完成时刻之间的时延值。对于卫星 S，卫星上注链路接收时延可表示为 $\tau_S^r = t_S^r - t_S^a$，其中，t_S^r 为上注信号接收完成时刻，t_S^a 为上注信号到达时刻。

卫星 RNSS 下行发射时延为卫星链路发射 RNSS 下行导航信号的固有时延，其含义为 RNSS 下行导航信号从产生时刻到离开卫星的发射时刻之间的时延值。对于卫星 S，卫星 RNSS 下行发射时延可表示为 $\tau_S^e = t_S^e - t_S^g$，其中，t_S^e 为 RNSS 信号发射时刻，t_S^g 为 RNSS 信号产生时刻。

用户终端 RNSS 下行接收时延为用户终端接收 RNSS 下行导航信号的固有时延，其含义为 RNSS 下行导航信号从到达用户终端时刻到信号接收完成时刻之间的时延值。对于用户终端 B，RNSS 下行接收时延可表示为 $\tau_B^r = t_B^r - t_B^a$，其中，t_B^r 为 RNSS 信号接收完成时刻，t_B^a 为 RNSS 信号到达时刻。

上述星地链路时延值含义如图 6-4 所示。

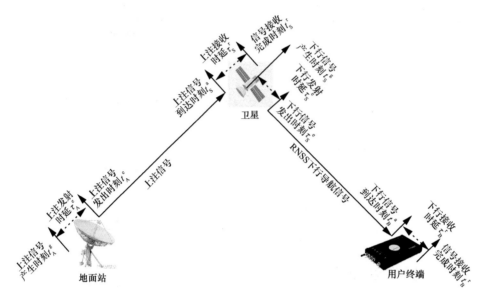

图 6-4　星地链路时延值含义

星地链路时延中的上注接收、发射时延会影响星地时间同步精度，进一步影响时间同步系统的授时服务能力[13-15]；而星地链路中的卫星 RNSS 下行发射时延会影响用户终端的接收测量伪距，从而影响定位服务性能，因此需要对其进行精确的时延标定[16-19]。

6.2.2　星间链路时延

卫星星间链路发射时延为卫星发射星间链路信号的固有时延，其含义为星间链路信号从产生时刻到离开卫星的发射时刻之间的时延值。对于卫星 S，星间链路发射时延可表示为：$\tau_S^e = t_S^e - t_S^g$，其中，t_S^e 为星间链路信号发射时刻，t_S^g 为星间链路信号产生时刻。

卫星星间链路接收时延为卫星接收星间链路信号的固有时延，其含义为星间链路信号从到达卫星时刻到星间链路信号接收完成时刻之间的时延值。对于卫星 S，星间链路接收时延可表示为 $\tau_S^r = t_S^r - t_S^a$，其中，t_S^r 为星间链路信号接收完成时刻，t_S^a 为星间链路信号到达时刻。上述星间链路时延值含义如图 6-5 所示。

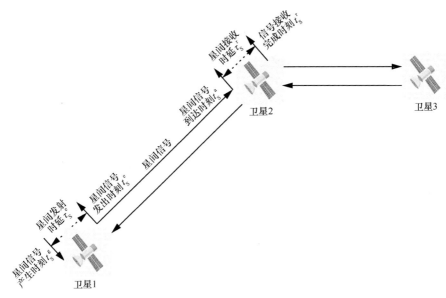

图 6-5　星间链路时延值含义

卫星星间链路发射时延和卫星星间链路接收时延将直接影响星间测距值，进一步影响时频同步的性能，因此需要对其进行精确的时延标定[20-21]。

6.2.3　站间链路时延

站间链路发射时延为站间链路信号的固有时延，其含义为站间链路信号从产生时刻到离开地面站的发射时刻之间的时延值。对于地面站 A，站间链路发射时延可表示为 $\tau_A^e = t_A^e - t_A^g$，其中，t_A^e 为站间信号发射时刻，t_A^g 为站间信号产生时刻。

卫星转发时延为卫星对站信号转发的固有时延，其含义为站间链路信号从到达时刻到离开卫星的转发时刻之间的时延值。对于卫星 S，转发时延可表示为 $\tau_S^r = t_S^t - t_S^a$，其中，t_S^t 为站间链路信号转发时刻，t_S^a 为站间链路信号到达时刻。

站间链路接收时延为地面站接收站间链路信号的固有时延，其含义为站间链路信号从到达地面站时刻到站间信号接收完成时刻之间的时延值。对于地面站 B，站间链路接收时延可表示为 $\tau_B^r = t_B^r - t_B^a$，其中，t_B^r 为站间信号接收完成时刻，t_B^a 为站间信号到达时刻。

上述站间链路时延值含义如图 6-6 所示。

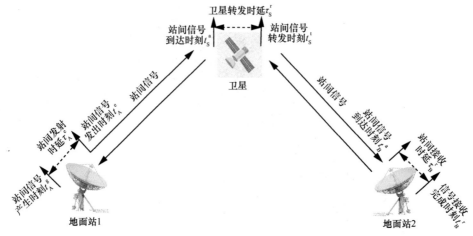

图 6-6 站间链路时延值含义

站间链路发射时延和站间链路接收时延将直接影响站间时间同步，若站间时间不能准确同步，将导致部分卫星播发时间出现偏差，从而影响系统性能，因此需要对其进行精确的时延标定[22]。

综上所述，链路时延是指信号处理或传输设备对信号产生的附加时延，它是设备的固有特性。根据标定方法的不同，链路时延分为单向时延和组合时延。

|6.3 时延直接标定|

设备的单向时延是指被测设备的输入端到输出端产生的附加时延。对于信号传输的电缆、放大器和变频器等设备，单向时延就是设备的群时延。时延直接标定技术一般采用示波器和设备时延测量软件开展时延标定。示波器用于对信号进行采集，设备时延测量软件用于记录和分析设备时延。

利用示波器进行高精度信号时延测量，要求被测信号是周期信号，并且有一个稳定的触发信号。对于时间同步系统来说，1PPS 信号是一个非常稳定的触发信号，测距码是一个周期信号，因此示波器进行单向发射设备时延测量主要依靠这两个信号。只有信号发射设备和信号传输设备的单向时延可以直接测量，而接收设备的单向时延不能直接测量，接收设备时延是通过测量发射与接收设备的组合时延来得到的[11-12]。

6.3.1　发射时延直接标定

发射时延直接标定采用标准的采样设备，在与被测发射设备同源的条件下，以参考 1PPS 为触发信号，对发射设备产生的射频信号进行采样，通过专用的时延分析算法完成对发射时延的精密标定。发射时延直接标定场景如图 6-7 所示。

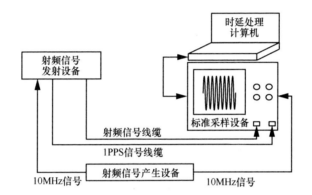

图 6-7　发射时延直接标定场景

由于高速存储示波器属于可校准的仪器设备，具备良好的通道时延一致性，因此标准采样设备一般选用高速存储示波器。根据时延分析算法的不同，可以将时延直接标定方法分为相位翻转点法时延标定和相关峰法时延标定[23]。

6.3.1.1　相位翻转点法时延标定

星地星间链路信号的码相位对应信号的发射时刻。当两个相邻的伪码码片符号相反时，载波相位会在其交界处跳变 180°，这个跳变点称为信号的相位翻转点，对应着伪码序列的码片起始，即码片内相位为 0 处。采用高速存储示波器的相位翻转点法原理如图 6-8 所示，相位翻转点为经过相关峰法搜索得到的码头位置处的翻转点[24-27]。

相位翻转点法对时延的高精度分析依据时域包络法和平方滤波法实现，其具体步骤如下。

1．时域包络法

（1）通过时域搜索得到射频信号的包络点；

（2）将搜索到的射频信号包络点分为两组，分别对两组射频信号包络点进行波形估计，得到 $A(t)$、$B(t)$ 两条曲线，如图 6-8 所示；

（3）$A(t)$、$B(t)$ 两条曲线在射频信号采集时间范围内的交点即相位翻转点。

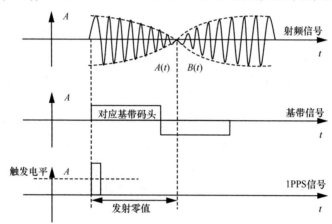

图 6-8　采用高速存储示波器的相位翻转点法原理

2. 平方滤波法

（1）对射频信号 $s(t)$ 进行平方。

$$s^2(t) = \left[p(t)\sin(\omega t + \varphi_0) \right]^2 = p^2(t)\left[1 - \cos(2\omega t + 2\varphi_0) \right]/2 \qquad (6-3)$$

其中，t 为时间，ω 为频率，φ_0 为相位。

（2）对 $s^2(t)$ 进行低通滤波可以得到 $p^2(t)$，对 $p^2(t)$ 进行波形估计，可以得到曲线 $C(t)$。

（3）曲线 $C(t)$ 在该信号采集时间范围内的最小值点即相位翻转点。

翻转点法只利用了信号中局部特征点的信息，在通道特性非理想的情况下，其时延不足以反映整个通道的群时延特性，因而只适用于窄带信号；且翻转点位置的测量精度对示波器的采样率提出了较高的要求。另外，当发射带宽较宽时，信号时域波形的相位翻转点不明显，翻转点位置的估计精度会随之下降甚至无法测量[23]。

6.3.1.2　相关峰法时延标定

相关峰法采用标准采样设备对发射信号进行射频直采，然后将采样信号下变频为基带信号，之后将基带信号与本地提前存储的扩频码做滑动相关运算，最终通过搜索相关运算峰值获得射频信号时延值[28-30]。

相关峰法不仅对二进制相移键控（Binary Phase-Shift Keying，BPSK）信号和四相相移键控（Quadrature Phase-Shift Keying，QPSK）信号有效，而且能够应用于二进制偏移载波（Binary Offset Carrier，BOC）、交替二进制偏移载波（Alternate Binary Offset Carrier，AltBOC）等新体制信号的时延标定。在标定 BOC、AltBOC 等新体制信号的发射时延时，本地存储的扩频码为主码和子载波叠加的运算结果。相关峰法时延标定步骤如下所述。

（1）采集并存储射频信号。射频信号的采集应满足以下 3 个方面要求：①采集射频信号起始时刻为 1PPS 上升沿触发时刻；②所采集到的射频信号长度大于或等于扩频码周期；③采样率尽量高。

（2）将采集到的射频信号下变频为基带信号，设下变频得到的基带信号为 $x(i)$。

（3）将本地存储的扩频码 $\mathrm{prn}(i)=\mathrm{PRN}\left(\left\lceil i\dfrac{fc}{fs}\right\rceil\right), i=1,2,\cdots,\lfloor T\cdot fs\rfloor$ 与步骤（2）所得的基带信号做相关运算，相关计算方法和过程如式（6-4）和图 6-9 所示。

$$r(\tau)=\sum_{i=1}^{N}\mathrm{prn}\left(i+\lfloor T\cdot fs\rfloor-\tau\right)\cdot x(i),\tau=1,2,\cdots,\lfloor T\cdot fs\rfloor+N-1 \qquad (6\text{-}4)$$

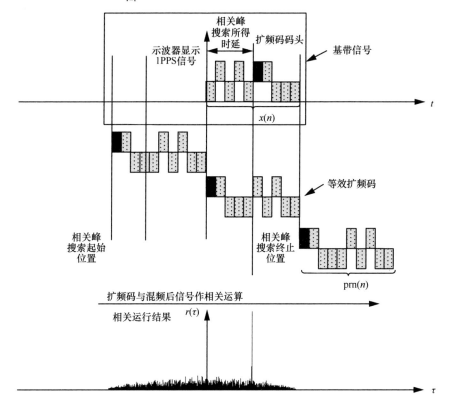

图 6-9　相关峰法时延标定计算过程

（4）根据相关运算结果，搜索相关峰值所在位置，推算得到该支路的发射设备测量时延值，测量时延值扣除与高速存储示波器相连的 1PPS 信号线缆及射频信号线缆的时延值后，最终得到发射设备时延。

设在相关序列 $r(\tau)$ 中最大值出现位置序号为 pos_max，则相关峰搜索推算得到该支路的发射设备测量时延值 td_calc 的具体方法为

$$td\_calc = \frac{pos\_max - N + 1}{fs} \qquad (6\text{-}5)$$

其中，计算得到的发射设备测量时延值 td_calc 单位为 s。

此时，计算时延值与发射设备实际时延值之间的关系如图 6-10 所示，发射设备实际时延 td 需要按照式（6-6）扣除步骤（4）中获得的发射设备与高速存储示波器相连的 1PPS 信号线缆及获得的射频信号线缆的时延值，分别为 $TLine_{1PPS}$ 和 $TLine_{RF}$。

$$td = td\_calc + TLine_{1PPS} - TLine_{RF} \qquad (6\text{-}6)$$

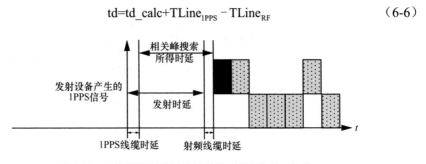

图 6-10　计算时延值与发射设备实际时延值之间的关系

6.3.2　转发时延直接标定

转发时延可采用矢量网络分析仪直接标定，所选用的矢量网络分析仪应具有对可变频两端口网络进行时延测量的能力。矢量网络分析仪转发时延直接标定工作原理如图 6-11 所示。

矢量网络分析仪完成校准后，与被测转发设备同源，测量端口与转发设备的信号输入口、信号输出口相连，配置矢量网络分析仪为群时延测量模式[31-32]。群时延测量的带宽选择应与实际信号带宽匹配，测量并记录转发设备的时延测量结果 $D_{OZ}(i)$。

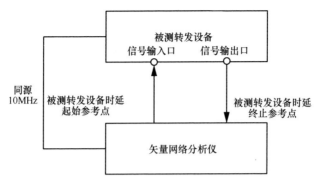

图 6-11　矢量网络分析仪转发时延直接标定工作原理

对所有 $D_{OZ}(i)$ 进行统计处理，$i=1,2,3,\cdots,N$，可得到转发设备时延的测量值 M_{OZ} 和测量不确定度 U_{OZ}。

设备时延测量结果为 $\tau(i)$，$i=1,2,3,\cdots,N$。

设备时延的测量值为

$$M=\frac{1}{N}\sum_{i=1}^{N}\tau(i) \tag{6-7}$$

把所有的 $\tau(i)$ 按每组 100 个数据分为 K 组数据，对每组数据分别进行均值统计，得到

$$E_n=\frac{1}{100}\sum_{i=n\times100+1}^{(n+1)\times100}\tau(i),n=0,1,2,\cdots,K-1 \tag{6-8}$$

测量不确定度为 $U=\max(E_n)-\min(E_n)$，其中，$\max(E_n)$ 为 E_n 的最大值，$\min(E_n)$ 为 E_n 的最小值。

|6.4　时延传递标定|

在时间同步系统中，测量设备时延是一个复杂的过程，仅通过相位翻转点法和相关峰法并不能完成所有的时延测量，必须采用时延传递的方法标定组合时延。时延传递方法就是通过统一的基准设备，与被测设备进行组合时延测量，从而得到各个设备的设备时延，时延传递原理示意图如图 6-12 所示。组合设备时延是指通过组合发射设备与接收设备而得到收发链路的总时延量，接收单向设备时延就是通过组合设备时延得到[33-34]。通过组合不同的发射设备和接收设备，可以得到众多的组合设备时延，这样设备时延得到了传递，从而使得整个系统设备时延达到统一标准[35]。

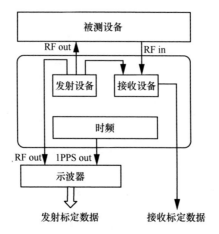

图 6-12　时延传递标定原理示意图

时延传递自身设备的发射设备时延由示波器进行标定，记为 T_0；时延传递的自环链路的组合时延，记为 C_0，则时延传递接收设备时延为 $R_0 = C_0 - T_0$。若被测设备的发射设备时延为 T_1，接收设备时延为 R_1，则一同观测得到组合时延 $T_0 + R_1$ 和 $T_1 + R_0$，即得到被测设备的设备时延。实际上，系统中存在多个频点的设备时延，但其基本原理都是通过将时延传递设备作为基准设备，测量得到被测设备的时延[32]。

6.4.1　发射时延传递标定

发射时延传递标定采用时延传递设备完成对被测发射设备的时延标定，而时延传递设备的接收时延值由标准发射设备进行校准，标准发射设备的发射时延值由高速存储示波器进行校准[31]。总之，被测发射设备时延的标定结果溯源到标准测试仪器，从而保证发射时延传递标定方法的正确性，星地发射设备发射时延传递标定工作原理如图 6-13 所示。

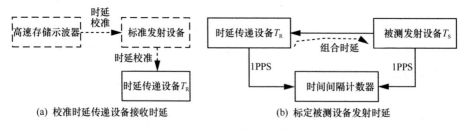

(a) 校准时延传递设备接收时延　　　　(b) 标定被测设备发射时延

图 6-13　星地发射设备发射时延传递标定工作原理

发射时延传递标定的步骤如下所述。

（1）通过高速存储示波器和标准发射设备完成对时延传递设备的接收时延校准，校准后的接收时延为 T_R。

（2）以被测发射设备的 1PPS 信号为开门信号，时延传递设备的 1PPS 信号为关门信号，时间间隔计数器测量的时差为 ΔT。

（3）时延传递设备接收被测发射设备的信号，获得以时延传递设备时延终止参考点为基准的观测伪距 ρ。

（4）同时开展步骤（2）和步骤（3）的测量工作，记录观测伪距 ρ 和时差 ΔT，两者对应相减并扣除接收时延，计算获得发射时延值 T_S 为

$$T_S = \rho - \Delta T - T_R \qquad (6\text{-}9)$$

6.4.2　接收时延传递标定

接收时延传递标定采用时延标定发射设备完成对被测接收设备的时延标定，接收设备接收时延传递标定工作原理如图 6-14 所示。

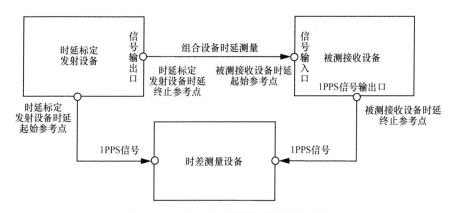

图 6-14　接收设备接收时延传递标定工作原理

被测接收设备时延起始参考点为被测接收设备信号输入口接收伪码测距信号的时刻，被测接收设备时延终止参考点为某参考电平获得的被测接收设备指定时频基准 1PPS 信号前沿的时刻。

时延标定发射设备时延起始参考点为某参考电平获得的时延标定发射设备指定时频基准 1PPS 信号前沿的时刻；时延标定发射设备时延终止参考点为时延标定发

射设备信号输出口输出伪码测距信号的时刻。采用发射设备时延直接测量法进行测量，可得时延标定发射设备时延测量值为 τ_{xt0} ，测量值的不确定度为 u_{xt} 。

时差测量设备能够依据某参考电平测量时延标定发射设备指定时频基准 1PPS 信号与被测接收设备指定时频基准 1PPS 信号前沿的时差， $\tau_d(i) = t_1(i) - t_2(i)$ ， $i=1,2,3,\cdots,N$ ， $t_1(i)$ 为被测接收设备时延终止参考点， $t_2(i)$ 为时延标定发射设备时延起始参考点。当时延标定发射设备与被测接收设备同源时， $\tau_d(i)$ 为一个常数。

时延标定发射设备发射信号，被测接收设备接收信号，进行组合设备时延测量，被测接收设备获得伪距观测量 $\rho_r(i)$ ， $i=1,2,3,\cdots,N$ ，伪距观测值 $\rho_r(i)$ 以被测接收设备时延终止参考点为基准进行测量。

时差测量和组合设备时延测量同时进行，则扣除时差的伪距观测量为 $\rho_{cr}(i) = \rho_r(i) - \tau_d(i)$ 。通过对所有观测值 $\rho_{cr}(i)$ 的统计处理，可得到扣除钟差的伪距的测量值 ρ_{cr0} 和测量系统的不确定度 u_ρ 。

被测接收设备的设备时延的测量值为 $\tau_{cr0} = \rho_{cr0} - \tau_{xt0}$ ，整个测量系统的不确定度由 u_ρ 决定，其中包含了 u_{xt} ，因此，从 u_ρ 中扣除 u_{xt} 后，即被测接收设备的设备时延测量值的不确定度 u_{cr} 。

6.4.3 转发时延传递标定

转发设备转发时延传递标定工作原理如图 6-15 所示。

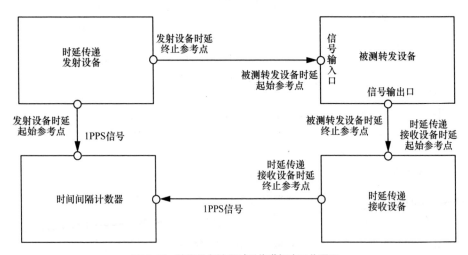

图 6-15 转发设备转发时延传递标定工作原理

时延传递发射设备通过校准可得到设备时延为 M_{XT} ，不确定度为 U_{XT} ；时延传递接收设备通过校准可得到设备时延为 M_{XR} ，不确定度为 U_{XR} 。

时延传递发射设备的 1PPS 信号为开门信号，时延传递接收设备的 1PPS 信号为关门信号，时间间隔计数器测量的时差为 $T_C(i)$ 。

时延传递接收设备接收被测转发设备转发的信号，获得以时延传递接收设备时延终止参考点为基准的含钟差组合时延测量结果 $\tau_{XR}(i)$ 。

所有测量同时进行，则不含钟差的组合时延测量结果为

$$D_{XZ}(i) = \tau_{XR}(i) - T_C(i) \tag{6-10}$$

对所有的 $D_{XZ}(i)$ 进行统计处理， $i = 1,2,3,\cdots,N$ ，可得到组合时延的测量值 M_{XZ} 和测量不确定度 U_{XZ} 。

被测转发设备的设备时延的测量值为

$$M_{OZ} = M_{XZ} - M_{XT} - M_{XR} \tag{6-11}$$

整个测量过程的不确定度由 U_{XZ} 决定，从 U_{XZ} 中扣除 U_{XT} 、 U_{XR} 后，即被测转发设备的时延测量不确定度 U_{OZ} 。

｜6.5　时延标定方法性能比较分析｜

在天地一体化信息网络系统的高精度时延标定中，主要的时延类型包括星地链路时延、星间链路时延和站间链路时延，不同类型的时延按照属性划分为发射时延、接收时延和转发时延。针对不同类型、不同种类的时延，常用的时延标定方法分为时延直接标定方法和时延传递标定方法，下面对不同时延标定方法的特点进行总结。

时延直接标定方法和时延传递标定方法在目前的实际工程中都有所应用，但其应用范围有所差别，时延标定方法应用范围对比分析见表 6-2。

表 6-2　时延标定方法应用范围对比分析

应用范围	直接时延标定		传递时延标定
	翻转点法	相关峰法	
BPSK 信号	√	√	√
QPSK 信号	√	√	√
BOC 信号	√	√	√

（续表）

应用范围	直接时延标定		传递时延标定
	翻转点法	相关峰法	
AltBOC 信号	×	√	√
TD-AltBOC 信号	×	√	√
长码信号	×	√	√
混合信号	×	√	√
小信号	×	√	√

可以看出，除翻转点法外，其他两种标定方法都能够对 BPSK 信号、QPSK 信号、BOC 信号、AltBOC 信号、TD-AltBOC 信号、长码信号、混合信号、小信号的发射时延进行标定，而翻转点法只限于对 BPSK 信号、QPSK 信号及 BOC 信号进行时延标定。

由于 AltBOC 信号和 TD-AltBOC 信号分别属于 8 相位调制信号和 4 相位调制信号，在发射零值位置处不一定存在相位翻转点，故而翻转点法失效，但当 AltBOC 信号和 TD-AltBOC 信号上下边带信号可单独发射时，翻转点法依然有效。

由于长码信号每一个 180° 相位跳变点都是相位翻转点，因此翻转点法无法标定长码信号发射时延绝对零值，但可对其稳定性进行标定。由于混合信号在时域波形中无相位翻转点，故而翻转点法失效，但其他标定方法依然有效。由于小信号在时域波形中相位翻转点不可见，故而翻转点法失效，但其他标定方法依然有效。

不同的时延标定方法在标定精度、标定效率、易实现性、易校准性等方面各有优劣，时延标定方法使用性能对比分析见表 6-3。

表 6-3 时延标定方法使用性能对比分析

使用性能	直接时延标定		传递时延标定
	翻转点法	相关峰法	
标定精度	很高	较高	一般
标定效率	实时，单次标定时间短	实时，单次标定时间长	事后
易实现性	易	易	困难
易校准性	易	易	较困难

在标定精度方面，经过工程实践的对比分析，翻转点法标定精度最高，可达 0.03ns；相关峰法标定精度次之，一般为 0.1 ~ 0.2ns；传递时延标定的标定精度最差，一般为 0.3ns。

在标定效率方面，翻转点法可实现每秒实时标定，并每秒输出一次标定结果；相关峰法可实现实时标定，但由于相关运算算法耗时较长，每隔几秒输出一次标定结果；传递时延标定需要事后处理多个标定数据，才能获得时延标定结果，标定效率偏低。

　　在易实现性方面，翻转点法仅需要高速存储示波器和计算机即可完成，易于实现；相关峰法仅需要高速存储示波器/标准采样设备和计算机即可完成，易于实现；接收机法需要专用的标准采样系统，较难实现；传递时延标定需要专用的时延传递设备，较难实现。

　　在易校准性方面，翻转点法和相关峰法采用高速存储示波器完成，易于校准；接收机法需要的专用标准采样系统属于定制设备，难于校准；传递时延标定采用两级校准的方式，较难校准。

　　综上所述，相关峰法和传递时延标定法的应用范围广，可适用于 BPSK 信号、QPSK 信号、BOC 信号、AltBOC 信号、长码信号、混合信号、小信号等多种信号；而翻转点法仅对 BPSK 信号、QPSK 信号和 BOC 信号有效。在使用性能方面，翻转点法和相关峰法具有较高的标定精度和标定效率，且易于实现和校准；传递时延标定法在标定精度、标定效率、易实现性和易校准性等方面均不及翻转点法和相关峰法。

▌参考文献▐

[1]　KAPLAN E D, HEGARTY C. Understanding GPS: principles and applications[M]. Artech House, 2006.

[2]　魏海涛, 蔚保国, 李刚, 等. 卫星导航设备时延精密标定方法与测试技术研究[J]. 中国科学: 物理学 力学 天文学, 2010, 40(5): 623-627.

[3]　原亮, 王宏兵, 刘昌洁. 天线时延标定在卫星导航技术中的应用[J]. 无线电工程, 2010, 40(10): 32-34, 49.

[4]　刘利, 韩春好. 卫星双向时间比对及其误差分析[J]. 天文学进展, 2004, 22(3): 219-226.

[5]　李德儒. 群时延测量技术[M]. 北京: 电子工业出版社, 1990.

[6]　黄坤超. 时延测量方法研究[D]. 成都: 电子科技大学, 2007.

[7]　尹仲琪, 彭静英, 黄凯东, 等. 时延测量方法的分析与比较[J]. 电讯技术, 2006, 46(4): 213-216.

[8] 朱江, 李振华. 卫星导航接收机时延测定技术研究[J]. 计量学报, 2019, 40(5): 910-913.

[9] 原亮, 楚恒林, 王宏兵, 等. 卫星导航设备组合时延测试方法研究[J]. 中国科学: 物理学力学 天文学, 2011, 41(5): 629-634.

[10] PLUMB J, LARSON K M, WHITE J, et al. Absolute calibration of a geodetic time transfer system[J]. IEEE Transactions on Ultrasonics, Ferroelectrics, and Frequency Control, 2005, 52(11): 1904-1911.

[11] 张金涛, 易卿武, 王振岭, 等. 卫星导航设备收发链路时延测量方法研究[J]. 全球定位系统, 2011, 36(6): 25-27.

[12] 李雯. 转发式卫星测轨系统地面站设备时延标定方法研究[D]. 西安: 中国科学院大学(国家授时中心), 2018.

[13] 蔚保国, 周必磊, 李隽. 卫星导航地面站原子钟及时频系统性能测试与分析[C]//卫星导航精密定轨与时间同步专题研讨会论文集. 2009: 254-258.

[14] 尹继凯, 盛传贞, 树玉泉, 等. 卫星导航精密时间传递系统及应用[M]. 北京: 国防工业出版社, 2021.

[15] 叶玲玲, 楼杨, 孙朝斌, 等. 卫星双向比对中地面站设备时延校正方法[J]. 计算机测量与控制, 2014, 22(2): 572-574.

[16] PETIT G, JIANG Z H, WHITE J, et al. Absolute calibration of an ashtech Z-12T GPS receiver[J]. GPS Solutions, 2001, 4(4): 41-46.

[17] 谢维华, 陈娉娉, 孔敏. 北斗卫星导航系统用户终端时延标定方法[J]. 全球定位系统, 2016, 41(1): 32-36.

[18] 林红磊, 牟卫华, 王飞雪. GNSS 信号模拟器通道零值标定方法研究[C]//第四届中国卫星导航学术年会论文集. 武汉, 2013: 88-93.

[19] 于雪晖, 李集林, 王盾, 等. 星载接收机通道时延实时校准方法[J]. 中国空间科学技术, 2016, 36(5): 57-64.

[20] 崔小准, 康成斌, 刘安邦, 等. 星间链路发射机时延零值的数字标定算法[J]. 宇航学报, 2014, 35(9): 1044-1049.

[21] 徐志乾. 导航星座星间链路收发信机时延测量与标校技术研究[D]. 长沙: 国防科学技术大学, 2011.

[22] 刘吉华, 李志刚, 杨旭海, 等. 卫星转发器的时延变化[J]. 科学通报, 2014, 59(20): 1937-1941.

[23] 李世光, 寇艳红, 杨军, 等. GNSS 信号模拟器通道群时延标定方法[J]. 北京航空航天大学学报, 2015, 41(12): 2328-2334.

[24] LANDIS G P, WHITE J. Limitation of GPS receiver calibrations[C]//Proceedings of the 34th Annual Precise Time and Time Interval (PTTI) Meeting. 2002: 325-332.

[25] LATOUR A D, CIBIEL G, DANTEPAL J, et al. Dual frequency absolute calibration of GPS

receiver for time transfer[C]//Proceedings of European Frequency and Time Forum Piscataway: IEEE Press, 2005: 366-371.

[26] 冯富元. GPS 信号模拟源及测试技术研究和实现[D]. 北京: 北京邮电大学, 2009.

[27] BOULTON P, READ A, WONG R. Formal verification testing of Galileo RF constellation simulators[C]//Proceedings of the 20th International Technical Meeting of the Satellite Division of the Institute of Navigation (ION GNSS 2007). 2007: 1564-1575.

[28] GRUNERT U, THOELERT S, DENKS H, et al. Using of Spirent GPS/Galileo HW simulator for timing receiver calibration[C]//Proceedings of 2008 IEEE/ION Position, Location and Navigation Symposium. Piscataway: IEEE Press, 2008: 77-81.

[29] PROIA A, CIBIEL G. Progress report of CNES activities regarding the absolute calibration method[C]//Proceedings of the 42th Annual Precise Time and Time Interval (PTTI) Systems and Applications Meeting. 2010: 16-18.

[30] PROIA A, CIBIEL G, WHITE J, et al. Absolute calibration of GNSS time transfer systems: NRL and CNES techniques comparison[C]//Proceedings of 2011 Joint Conference of the IEEE International Frequency Control and the European Frequency and Time Forum (FCS). Piscataway: IEEE Press, 2011: 1-6.

[31] 李刚, 魏海涛, 孙书良. 导航设备时延测量技术分析[J]. 无线电工程, 2011, 41(12): 32-35.

[32] 魏海涛, 李刚, 张金涛. 精密时延传递与测试评估技术研究[C]//卫星导航定位与北斗系统应用. 2013: 291-295.

[33] 原亮, 刘成, 付荔. 设备收发组合时延传递测试技术研究[J]. 无线电工程, 2012, 42(11): 29-31.

[34] 魏海涛, 蔚保国, 李刚, 等. 卫星导航设备时延标定方法研究[C]//第一届中国卫星导航学术年会论文集. 2010: 895-903.

[35] 张金涛, 易卿武, 王振岭, 等. 基于时延测量设备的时延测量方法研究[C]//第十三届全国遥感遥测遥控学术研讨会论文集. 2012: 646-649.

第 7 章

天地协同时间服务体系

天地一体化信息网络授时服务以建立统一的时间基准、实现整网时间同步为目的，融合多种泛在授时服务，提供天地协同的多型用户节点体系化授时服务产品，具有融合性和泛在性。根据授时平台及授时性能的不同，天地一体化信息网络授时系统由短波、长波、卫星、网络等授时手段构成，可为用户提供稳定可靠的多种授时服务。同时，天地一体化信息网络部分节点具备授时性能监测能力，对各类授时手段的授时性能进行实时监测和评估，生成授时监测产品，保障授时服务的精度和可靠性。

时间服务是指为确定并保持某种时间尺度，通过授时手段把代表这种尺度的时间信息传递出去，供应用者使用，这一过程也称为授时。目前主要的授时手段包括短波无线电授时、长波无线电授时、卫星授时、电话授时、网络授时等，通过短波、长波、卫星信号、电话信号和网络信号等将基准时间传递给各类用户，使其与时间基准保持同步。为保障用户享受高精度高可靠的授时服务，需要对授时服务性能进行实时监测，及时消除异常的授时服务信号和信息，并告知用户，避免授时服务异常事件发生，进而提升授时服务质量。

随着国家综合 PNT 体系的建设，授时服务逐渐向天、地协同授时服务模式发展，如融合天基 GNSS 卫星和低轨导航增强卫星、地基长波和短波等多种授时和监测手段，为用户提供更高精度、更高完好性的服务。

7.1 时间服务概念与模型

7.1.1 时间服务概念

时间服务是指用广播的方式传递标准时间的过程，即确定、保持某种时间尺度，通过一定方式把代表这种尺度的时间信息传送出去，供应用者使用，即用无线电波播发标准时间信号，供多个用户使用。通常来说，一个授时系统必须具备以下两个条件。

（1）授时系统严格满足国际电信联盟的要求，时间需溯源到国家时间标准，即与国家时间标准统一。

（2）授时系统对用户的使用数量不作限制。不同用户接收并使用由授时系统广播的授时系统时间，均可以实现不同用户本地时间同步到同一时间尺度。

在时间服务中，为满足用户绝对时间需求，需将授时系统时间同步到标准时间，获得高精度的绝对时间基准信息，这就是标准时间同步。以卫星导航系统为例，卫星导航系统以时间作为基本观测量，系统要求建立高精度的时间基准，并且系统内部应具备高精度的时间同步能力。而高精度时间基准的特性主要包括高精度的频率稳定度、频率准确度和时间偏差。卫星导航系统的时间基准是一个相对独立的时间基准，由于各个卫星导航系统的频率稳定度和频率准确度水平有限，因此该时间基准的定义和实现与通用的时间基准存在差别。为了解决用户对标准时间的需求问题，以及与其他时间基准的共用问题，授时系统必须具备与国际标准时间 UTC 的溯源比对能力[1]。

对于卫星导航系统，每一个全球导航卫星系统（GNSS）不仅可溯源至 UTC(k)，且都保持自己系统时间的独立，并将系统时间都溯源到 UTC，然而关于时间产生机制、时间尺度算法和溯源方式对于不同的卫星导航系统都存在特异性，导致任意两个卫星导航系统的系统时间存在一定的差异，一般这种差异的量级约为几十纳秒。这个差异通常被称为系统时间偏差，也可称为系统时差。

为提升用户授时服务的可靠性以及保障授时系统的运行维护，需以授时系统作为监测对象，以输出时间信号和授时电文信息作为主要监测内容，通过对信号和信息的连续监测实现对系统授时精度的可靠评估和对系统异常的准确判断[2]，并将授时服务异常信息和授时性能评估信息传输给用户或系统管理者，避免授时服务故障发生，并为系统管理者提供系统维护数据，这就是授时监测。以卫星授时监测系统为例，应考虑的关键性指标要素[3-4]主要包括以下几类。

（1）系统时间同步误差。对卫星授时监测系统而言，与系统时间同步误差相关的因素主要包括时间同步比对误差和播发时差分辨率。

（2）卫星播发系统误差。卫星系统的播发误差主要是由卫星播发系统造成的时间误差，包括卫星星历预测误差、卫星钟差、转发器时延误差等，其中卫星星历预测误差带来的有效伪距误差在 3ns 左右，数据龄期为零时的典型卫星钟差在 2～3ns，转发器时延误差也在纳秒量级。

（3）传播路径误差。卫星授时监测系统由传播路径引起的误差主要包括电离层传播时延误差、对流层传播时延误差和多路径效应误差。参照 GPS 标准定位服务的典型 UERE 预算结果，电离层延迟残留误差为 21ns，对流层延迟残留误差为 0.6ns，多径效应残留误差为 0.6ns。

（4）接收端误差。卫星授时中与接收机相关的误差，包括观测噪声、天线相位中心偏差、设备零值误差、输出信号精度和时差测量误差。

授时监测和导航信号质量与服务监测方法完全不同，两者缺一不可。导航信号质量与服务监测无须监测站具备时间基准，是测量信号以及信号发射时间与接收时间（伪距）时差。授时监测要求授时监测站建立时间基准，并保持可溯源至 UTC 的状态，以此为基础来测量接收端与 UTC 的时间偏差。

7.1.2 时间服务模型

用户通过授时系统获取时间的时间服务模型如图 7-1 所示，包括标准时间系统、授时系统、授时监测系统和定时用户 4 个部分，通过时间溯源、授时监测和授时服务技术手段获取高精度高可靠的授时服务信息。

定时用户对授时服务的需求包括高精度和高完好性两个方面，授时系统通过时间溯源与标准 UTC 实现同步，定时用户通过接收短波、长波、导航卫星和网络等天基和地基授时系统的信号获取时间信息，实现高精度授时服务；授时监测系统通过接收授时系统的信号对授时性能实时监测与评估，并生成授时精度、授时完好性、授时误差模型等产品，播发给用户和系统管理者：一方面提升用户授时服务的精度、可靠性，另一方面为系统的运行维护提供数据支撑和决策依据。

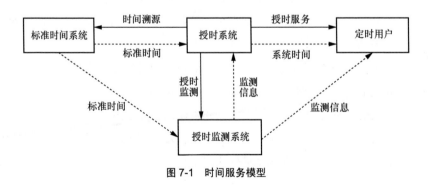

图 7-1 时间服务模型

|7.2 体系架构与服务模式 |

天地一体化信息网络具有节点链路距离远、立体高动态、多型异构等特点，如何实现天、空、地各类节点的多业务协同是天地一体化信息网络发展的重要目标。构建天地一体化信息网络统一的时间基准信息，为网络节点提供统一的运行时序，是天地一体化信息网络稳定可靠运行的重要保障。构建天地协同的时间服务体系，融合长波、短波、卫星导航、网络等授时服务与监测手段，形成天、地协同的体系化授时服务能力，为天地一体化信息网络复杂场景和泛在用户提供高精度、高完好性的授时服务是唯一可行的手段。

7.2.1 体系架构

天地协同授时服务架构由天基授时设施、地基授时设施、天基监测网、地基监测网、监测信息处理中心和用户终端组成，如图 7-2 所示。

天基授时设施包括 GNSS 导航卫星、低轨导航增强卫星等，用户终端通过接收卫星信号实现北斗 RNSS 授时、北斗 RDSS 单向授时和北斗 RDSS 双向授时服务。

地基授时设施包括短波、长波、网络信号等授时设施，依据用户终端能力以及授时需求的不同，获取不同授时手段提供的授时服务。

地基监测网主要由广域/局域内分布的 GNSS/RNSS、北斗 RDSS、短波、长波、电话和网络信号/信息的监测节点组成，并通过通信网络将采集的信息传输到监测信息处理中心。

天基监测网主要由低轨卫星星座的星载接收机对 GNSS 卫星进行数据采集，并通过通信网络将采集的信息传输到监测信息处理中心。

监测信息处理中心基于天基和地基监测网采集的信息，对各类授时服务的精度、完好性、可用性和连续性等指标开展实时监测，并将授时监测产品通过多种手段播发给用户或者授时系统管理者，一方面用于提升用户授时服务可靠性，另一方面为授时系统的运行维护提供依据。

用户终端是用户直接享受授时服务的设备，用于接收授时信号，以及授时服务监测信息，直接面向用户提供授时服务。依据用户终端能力不同，用户可享用 RNSS、北斗 RDSS、短波、长波、电话和网络一种或者多种授时服务。

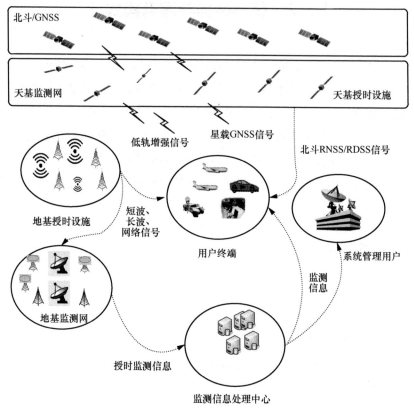

图 7-2　天地协同授时服务架构

7.2.2　时间服务模式

　　用户接收机通过获取授时系统的授时信号，测量解算出系统时间与用户本地时间的偏差，并对用户本地时间进行偏差调整，输出供用户使用的标准信息和信号，通常有标准频率信号、标准时间脉冲信号、时码信息 3 种输出内容。其中，标准频率信号，一般的表现形式为 10MHz 的正弦波；标准时间脉冲信号，在标准时间的秒到来时刻进行输出；时码信息包含年月日时分秒信息，并对秒脉冲发生时刻进行标明。利用授时技术可以对用户时钟和标准时间的偏差进行精确确定，对两个及以上不同地点的时钟同步处理。通常情况下，通过用户获得时间与协调世界时（UTC）

的偏差对授时精度进行评定。

目前的授时方法可分为陆基和星基两类，短波授时、低频时码授时、长波授时等属于陆基授时方法，这些授时系统的发射站位于地面，一般覆盖范围小，精度在 $1\mu s$～$1ms$。星基授时主要是基于卫星导航系统授时，这种授时方法覆盖范围广，实现精度优于 100ns，是目前精度最高的授时方法。与此同时，多种授时技术的精度见表 7-1。

表 7-1　多种授时技术的精度

授时技术	授时精度
电话授时	<30ms
网络授时	<100ms
短波无线电授时	0.5～10ms
长波无线电授时	0.5～10μs
GNSS RNSS 标准授时	10～40ns
北斗 RDSS 单向授时	<30ns
北斗 RDSS 双向授时	<20ns

各类监测系统均需要建立监测授时精度优于各类授时手段一个数量级的时间授时监测系统，以保障标准时间播发信号的可靠性和可用性。北京卫星导航中心保持的 UTC（BSNC）于 2010 年 4 月 29 日通过北斗卫星导航系统正式对外播发。北斗卫星导航系统授时精度为单向 50ns、双向 10ns。2012 年 10 月，长河二号系统播发 UTC（BSNC）。长河二号系统作为一种地基低频脉冲大功率无线电导航系统，包括 6 个导航台，其播发时间精度为 800ns～$1\mu s$，可为中国大部分陆地和中近海域提供服务。

天地协同授时服务通过天基授时设施、地基授时设施协同提供授时服务，以及通过天基监测网和地基监测网联合授时监测，相对于单一手段的授时服务优势主要体现在如下两个方面。

（1）"天基授时设施"+"地基授时设施"天地协同授时服务，有效提高授时服务的连续性与可用性

相对于长波、网络、电话授时手段，GNSS 授时具有覆盖范围广、精度高的特点，但 GNSS 信号容易受干扰和被遮挡，在电磁干扰、水下、地下、遮挡等环境下

应用受限；相对于 GNSS 授时，长波、网络、电话等地基授时手段在地下、遮挡等环境下具有优势，但授时精度较低；综合应用 GNSS、长波、网络、电话等授时手段，兼顾精度和信号可靠性，提升授时服务连续性与可用性。

（2）"天基监测网"和"地基监测网"天地协同 GNSS 联合授时监测，提升授时服务的完好性

获取 LEO 星基 GNSS 监测数据，观测数据受电离层等影响小，提高导航卫星轨道和钟差精度，并有效弥补地基监测网在空间覆盖上的不足；地基与基于低轨星座的天基联合监测和定轨，可有效提高星座定轨精度，进一步提升评估轨道的水平，以及完好性监测能力，实现全球高质量 GNSS 授时服务性能监测。同时，监测信息可以通过低轨卫星和地面通信网络协同播发，实现全球范围无缝高可信授时服务。

天地协同授时服务旨在为全球用户提供高精度、高完好性的授时服务能力，用户端通过 GNSS、长波授时、短波、电话、网络等授时设施获取一种、两种或者多种融合的授时能力，同时获取监测评估系统的监测评估产品提升授时完好性，保障授时应用的可靠性。授时服务的模式包括如下 4 种。

① 普通授时服务

通过短波、长波、导航卫星、网络等授时手段，用户借助授时终端设备获取时间信息。播发方式主要基于授时系统无线电信号、网络信号等；用户包括各类定时用户，如网络通信、电力传输、金融服务和轨道交通等领域的定时用户；服务产品为各类授时系统的电磁或者网络信号。

② 授时精度增强服务

通过授时监测系统获取建立授时偏差的精确模型，对各站监测可见星的授时偏差数据进行处理，生成授时偏差模型参数，实时播发给用户，用户实时接收校正监测信息。播发方式包括通信卫星广播、5G、无线电等，用户包括航空航天领域的纳秒级授时精度用户，服务产品为实时或者事后数据。

③ 授时完好性增强服务

通过授时监测系统获取授时系统、站点、卫星等授时设施的授时完好性信息，实时播发给用户，用户基于收到的信息，提升授时服务可靠性。播发方式包括通信卫星广播、5G、无线电等，用户包括轨道交通、航空航天等领域的高完好性授时服务用户，服务产品为实时数据。

④ 授时数据服务

通过授时监测系统获取授时信号性能、授时精度、授时稳定性、授时误差、授时环境等授时性能参数，以及监测评估报告等，并通过实时、非实时的方式传输给用户，为用户提供丰富的授时监测数据，支撑领域科学研究、授时系统运行维护。播发方式有 FTP、Web 等，用户包括科研用户、系统管理用户等，服务产品为实时或者事后数据、可视化图形等。

7.3　授时服务原理与方法

7.3.1　短波无线电授时

短波波段通常指波长在 10～100m，即频率在 3～30MHz 的无线电波段。短波无线电授时是最早利用短波无线电信号播发标准时间和标准频率信号的授时手段，其授时的基本方法是由无线电台播发时间信号，用户用无线电接收机接收时号，然后进行本地对时。无线电授时自 20 世纪初发展至今，其应用时刻呈现多元性和多样化[5]的特点。由于其覆盖面广、播发方式简单、价格低廉、使用方便等优点受到广大时频用户的欢迎。

短波时号具有以下优点[6]。

- 发射和接收设备简单，成本较低。
- 信号的覆盖范围大，用中等发射功率（发射功率通常低于 20kW）就可以实现全球覆盖。
- 在分配的授时频带中可以采用特殊带宽法，使时间脉冲得到调制。
- 在离发射机 160km 的范围之内，地波信号的精度大体可以与发射控制精度相同。

然而，其也存在明显的缺点。无线电信号受传播介质（如电离层）的影响，远距离反射传播导致接收精度较低。随着传播路径长度和传播速度的变化，接收的载频信号相位产生明显起伏。电离层传播的不稳定性影响了频率比对精度和定时精度，将其分别限制在 $\pm 1 \times 10^{-9}$ 和 500～1000μs。

我国的短波授时台（BPM）由中国科学院国家授时中心于 1970 年建成，经国务院批准于 1981 年正式开始我国的短波授时服务。1995 年实施第一次技术升级改造，采用固态发射机替换电子管发射机。2014 年开始进行第二次技术升级改造，采用副载波进行数据调制，增加时码数据播发功能。BPM 短波授时系统由基准传递系统、时频监测系统、播发控制系统、发射系统等组成[7]，如图 7-3 所示。

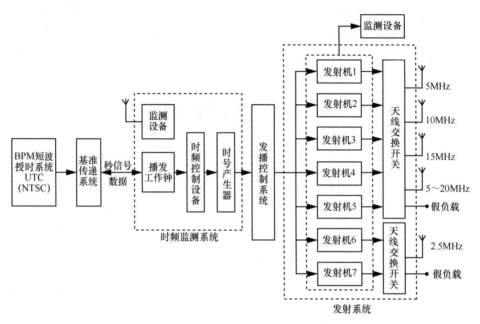

图 7-3　BPM 短波授时系统组成

BPM 短波授时信号以 30min 为周期重复播发 UTC、UT1 时号，以及载波、播发台 ID 识别信号，BPM 短波授时信号播发内容如图 7-4 所示。

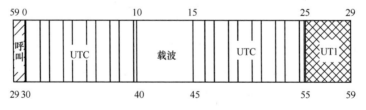

图 7-4　BPM 短波授时信号播发内容

（1）BPM 呼号

每小时的 29min00s～30min00s 和 59min00s～00min00s 为 BPM 电台呼号。其中，前 40s 为莫尔斯电码，后 20s 为普通话广播：BPM 标准时间频率播发台。

（2）UTC 时号

UTC 整秒信号为标准音频 1kHz 调制的 10 个周波，长度为 10ms，第一个周波的起点为 UTC 整秒时刻，BPM UTC 整秒信号波形如图 7-5 所示。

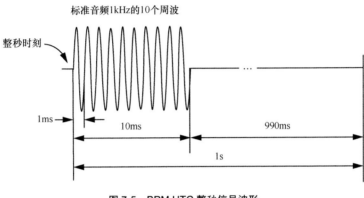

图 7-5　BPM UTC 整秒信号波形

UTC 整分信号为 1kHz 调制的 300 个周波，长度为 300ms，第一个周波的起点为 UTC 整分时刻，BPM UTC 整分信号波形如图 7-6 所示。

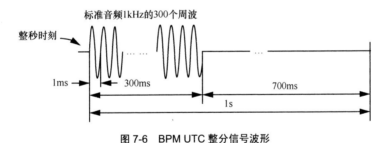

图 7-6　BPM UTC 整分信号波形

（3）UT1 时号

BPM 短波授时台直接播发 UT1 时号，按照 UT1 的预报值播发。UT1 整秒信号为标准音频 1kHz 调制的 100 个周波，长度为 100ms，第一个周波的起点为 UT1 整秒时刻。UT1 整分信号为 1kHz 调制的 300 个周波，长度为 300ms，第一个周波的起点为 UT1 整分时刻。

（4）无调制载波

BPM 短波授时台播发不加音频调制的载频信号，为短波校频用户提供标准频率信号。

BPM 采用 4 个频率播发时间信号，BPM 授时台播发时刻[8]见表 7-2。为避免与我国周边国家短波授时台信号相互干扰，经国际电信联盟无线电通信部门（International Telecommunication Union-Radiocommunication on Sector, ITU-R）认可，BPM 的 UTC 时号超前 20ms 播发。

表 7-2　BPM 授时台播发时刻

发射频率/MHz	UTC 时间	北京时间
2.5	07:00—次日 01:00	15:00—次日 09:00
5.0	00:00—24:00	00:00—24:00
10.0	00:00—24:00	00:00—24:00
15.0	01:00—09:00	09:00—17:00

BPM 短波授时台 UTC 时号的播发时刻准确度优于±50μs，载频信号准确度优于 $1×10^{-12[9]}$，UT1 时号的播发时刻与 UT1 预报时刻的偏差小于±300μs，信号覆盖半径约 3000km。

7.3.2　长波无线电授时

长波无线电授时主要媒介为地波信号和天波信号组成的无线电信号，频率范围主要分布在 30～300kHz。其中地波、天波信号的覆盖范围分别为 1000km、2500km，通过地表或者电离层区域传递时间频率。尽管长波授时信号接收系统较为复杂，但其传播路径较为稳定，同时具备微秒量级的较高授时精度，10^{-12}量级的校频精度。

长波无线电授时是伴随着长波导航发展起来的高精度授时方法。最典型的长波导航系统是罗兰–C 系统，该系统是低频脉冲无线电双曲线导航系统，最初用于海上航行的船只和舰艇的导航定位。罗兰–C 导航台链通常由 1 个主台和 2 个以上的副台组成，主台以 M 命名，副台以 W、X、Y、Z 命名[10]。用户同时接收主副台的信号，得到本地与主副台的距离差，并绘制两条双曲线的交点即本地坐标。

为对同一台链的不同发射台进行区分，脉冲组应按照规定的组重复周期（Group Repetition Interval, GRI）进行发射，发射台不能同时播发信号，确保各台信号到达本台链覆盖区内的顺序保持不变，不同台链以 GRI 作为识别依据，罗兰–C 台链的脉冲组重复周期和发射时延示意图如图 7-7 所示。其中，副台脉冲组由间隔 1ms 的

8 个脉冲组成，主台脉冲组比副台脉冲组多 1 个间隔 2ms 的脉冲，便于对主副发射台进行区分。

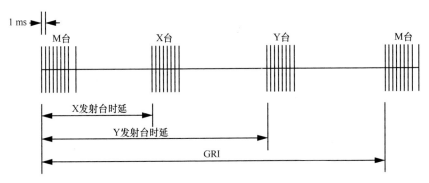

图 7-7　罗兰–C 台链的脉冲组重复周期和发射时延示意图

我国在 20 世纪 70 年代开始建设专门用于时频传递的罗兰–C 体制长波授时台，呼号为 BPL，信号覆盖我国整个陆地和近海海域。BPL（长波授时台）由中国科学院国家授时中心负责运行，位于陕西省蒲城县，与位于陕西省西安市临潼区的时频基准通过微波信道联系[11]，BPL（长波授时台）播发系统如图 7-8 所示。

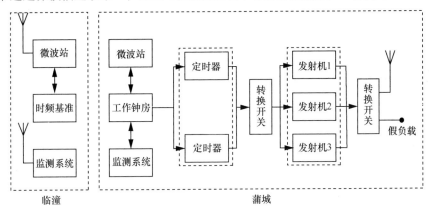

图 7-8　BPL（长波授时台）播发系统

（1）时频基准

时间频率基准，主要由数台铯原子钟、氢原子钟，以及时差测量设备和综合原子时计算等软硬件组成，通过卫星双向时间比对和 GPS 共视法向 BIPM 溯源。

（2）工作钟房

播发工作钟为铯原子钟，它的时间信号和频率信号经过传输放大后传送至定时器，定时器按照规定的信号格式和编码要求，产生播发所需的各种信号。

（3）发射机组

BPL（长波授时台）配置了 3 台大功率脉冲发射机，一台工作，一台热备份，一台冷备份，发射机峰值功率大于 2MW。

（4）发射天线

BPL（长波授时台）发射天线为四塔顶负载倒锥形天线，由 4 座 206m 高的铁塔支撑。塔顶负载线网由边长为 396.4m 的外正方形、边长为 206m 的内正方形及外正方形的两条对角线组成。天线的下引线为主辐射体，它由 8 根导线组成，下引线的上端分别接在顶部的内、外正方形的 8 个角上，下端在离地面 7m（可调节到 4.8m）处收拢于中心塔，由中心塔通向发射机，天线场地下铺有辐射状浅埋地网。

（5）微波站

为避免发射机强电磁场对基准钟组的干扰，BPL（长波授时台）的时频基准位于陕西省西安市临潼区，距离发射台约 70km。通过双工微波信道，实现基准对于工作钟的高精度控制。

（6）监测系统

监测系统在时频基准所在地陕西省西安市临潼区和发射台所在地陕西省蒲城县，对 BPL 信号的发射时刻和载频相位等主要参数进行监测。

7.3.3　卫星无线电授时

卫星无线电授时是指利用卫星传递标准时间信息。卫星授时信号覆盖范围大，传送精度高，传播衰减小，是目前被广泛采用的高精度授时方法。从轨道类型看，授时卫星有低轨、中轨、高轨和同步轨道 4 种。高度越高，信号的覆盖范围越大。当卫星达到同步高度时，其信号差不多可覆盖全球。然而，信号强度随高度的升高而减弱。卫星授时的方式大体有两种：转发式和有源式，前者只转发地面注入站的时频信号，后者为卫星本身载有的原子钟。

7.3.3.1　RDSS 单向授时

卫星无线电定位服务（Radio Determination Service of Satellite，RDSS）授时包括单向授时和双向授时两种模式[12]。以北斗卫星导航系统为例，北斗 RDSS 单向授时是由卫星转发器转发地面控制中心发送的出站信号给用户，即由北斗地面控制中心的主原子钟控制并产生卫星导航信号的频率、编码速率、相位、导航电文，并由地面控制中心上行发送至北斗卫星导航系统，北斗卫星导航系统将信号下行转发到用户端，终端输出 1PPS 和日期 TOD 时间信息，完成北斗 RDSS 单向授时[12]，北斗 RDSS 单向授时示意图如图 7-9 所示。

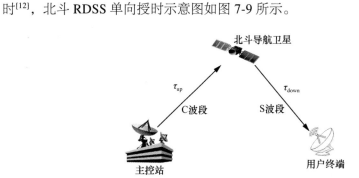

图 7-9　北斗 RDSS 单向授时示意图

地面控制中心发送的出站信号的时标信息与前一个 BDT 整秒存在一定时延，记为 τ_{int}。信号经过上行时延 τ_{up}、下行时延 τ_{down} 和其他时延 τ_{other}（对流层、电离层、Sagnac 效应和转发器等产生的时延）之后到达用户，用户以本地时钟 1PPS 为参考测出两者时差 τ_{total}，北斗 RDSS 单向授时原理如图 7-10 所示。则用户与地面控制中心的钟差 Δt_{BDT} 为

$$\Delta t_{BDT} = \tau_{total} - \tau_{int} - (\tau_{up} + \tau_{down} + \tau_{other}) \qquad (7\text{-}1)$$

用户终端根据 BDT 与 UTC 的时间偏差 Δt_{BDT_UTC} 和闰秒信息 Δt_{leap}，可进一步得到与 UTC 的时间偏差 Δt_{UTC} 为

$$\Delta t_{UTC} = \Delta t_{BDT} + \Delta t_{BDT\_UTC} + \Delta t_{leap} \qquad (7\text{-}2)$$

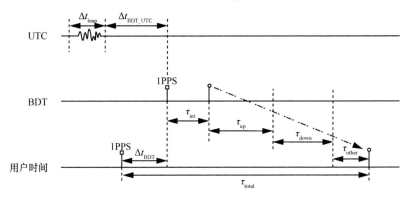

图 7-10　北斗 RDSS 单向授时原理

7.3.3.2 RDSS 双向授时

北斗 RDSS 双向授时是一种特许用户主动发起授时申请的授时模式，要求用户终端同时具备接收和发射信号的能力。用户终端向地面控制中心发射定时申请信号，由地面控制中心计算出用户终端的时差，并通过出站信号经卫星转发给用户端，从而实现高精度授时[12-13]，北斗 RDSS 双向授时示意图如图 7-11 所示。

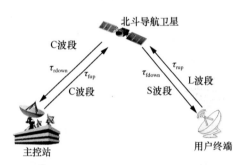

图 7-11 北斗 RDSS 双向授时示意图

时标信息经由地面控制中心发送，且需要经过两次上行、下行传输处理，然后重新回到地面控制中心，如：假设用户终端转发时延及卫星转发时延均已经标定，地面控制中心发射时延和接收时延分别记为 τ_{fz} 和 τ_{rz}，则信号双向传输时延 τ_{dual}、正向传输时延 τ_f、反向传输时延 τ_r 分别为

$$\tau_{dual} = \tau_f + \tau_r + \tau_{fz} + \tau_{rz} \qquad (7\text{-}3)$$

$$\tau_f = \tau_{fup} + \tau_{fdown} + \tau_{fz} \qquad (7\text{-}4)$$

$$\tau_r = \tau_{rup} + \tau_{rdown} + \tau_{rz} \qquad (7\text{-}5)$$

如果卫星位置在信号双向传输的过程中保持不变，则两次正、反向传输时延基本相同。实际上，卫星在（$\tau_{fdown} + \tau_{rup}$）这段时间内发生较大频率漂移，将导致正、反向传输时延存在一定时延偏差 τ_{diff}。地面控制中心根据卫星星历和用户坐标可解算出 τ_{diff}，并进一步得到信号正向传输时延，为

$$\tau_f = \tau_{fup} + \tau_{fdown} + \tau_{fz} = \frac{\tau_{dual} + \tau_{diff} + \tau_{fz} - \tau_{rz}}{2} \qquad (7\text{-}6)$$

因此，用户根据接收的正向传输时延参数，可算出本地钟与 BDT 的时间偏差，为

$$\Delta t_{BDT} = \tau_{total} - \tau_f - \tau_{int} \qquad (7\text{-}7)$$

北斗 RDSS 双向授时原理如图 7-12 所示[12]。

RDSS 双向授时利用相同的往返路径，大大削弱了信号传播过程中的对称性误差，如对流层时延、电离层时延和卫星星历误差等，因此，北斗 RDSS 双向授时精度可达 10ns。

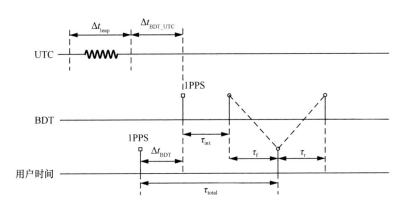

图 7-12 北斗 RDSS 双向授时原理

7.3.3.3 RNSS 授时

按照 GNSS 授时方法原理和实现过程，可分为标准单站法、差分法、事后 PPP 法和实时 PPP 法。

（1）标准单站法

标准单站法原理是使用接收机伪距观测值和广播星历，模型化对流层延迟和电离层延迟，基于标准单点定位方法解算接收机坐标和钟差，改正与世界协调时的偏差，并对本地晶体振荡器进行调整，输出秒脉冲信号。当接收机位置固定时，观测方程中仅剩下接收机钟差参数，使用单颗卫星就能解算接收机钟差。当接收机位置不确定时，需要至少观测 4 颗卫星用于解算接收机坐标和接收机钟差。

目前，GNSS 授时型接收机通常采用这种标准单站方法，其授时精度为 10～20ns[14]，主要受导航卫星广播星历误差和伪距观测值精度影响[15-16]。随着广播星历精度的逐步提升，标准单站法的效果也有望得到改善。

（2）差分法

差分法是两个位于不同地点的接收机同时观测 GNSS 卫星，通过组成差分观测方程来求解接收机相对坐标和相对钟差参数，并对频率源进行调整，从而达到与参考时钟同步的效果。当接收机坐标已知时，共视一颗观测卫星就能够实现时频同步，当接收机坐标未知时，需要共视 4 颗以上的观测卫星。

由于差分观测方程消除了卫星轨道误差和卫星钟差、电离层延迟、对流层延迟、地面潮汐改正等误差项，时间同步精度要高于标准单站法。如果只使用伪距观测值，差分法时间同步精度可达到 3～5ns[17]。当使用伪载波相位观测值时，时间同步精度优于 1ns[18]。随着观测站距离的增加，大气延迟等误差项相关性逐渐减弱，使得时间同步精度有所降低。

（3）事后 PPP 法

事后 PPP 法基于单个观测站数据，使用事后精密星历文件中的卫星轨道和钟差，改正固体潮、天线相位中心偏差等系统误差，独立解算高精度接收机坐标、接收机钟差、大气延迟和模糊度参数。基于钟差数据对接收机时钟进行调整，就能够实现本地时间与导航系统参考时间的同步。当两个观测站同时进行事后 PPP 处理，并将接收机钟差进行比对，可达到与差分法类似的站间时频同步效果。

事后 PPP 法独立解算卫星钟差，不依赖于共视观测站，不受距离限制，并且精细化处理了模型中的各种误差源，其时间传递精度能够优于 1ns[19]。但事后精密星历通常无法实时获取，这决定了该方法只适用于装备了较高精度等级原子钟的 GNSS 授时实验室，这是因为原子钟经过校准后，可在一定时间内保持稳定。

（4）实时 PPP 法

实时 PPP 法与事后 PPP 法类似，区别在于使用了实时的精密星历产品。通常情况下，实时精密星历由地面分析中心向用户通过互联网播发。用户也可以根据实时观测网络数据，自主解算卫星轨道和卫星钟差，从而建立一种广域高精度授时服务系统。

由于当前实时精密星历产品精度较高，其中 GPS 卫星轨道径向误差优于 3cm，卫星钟差误差优于 0.2ns，实时 PPP 法授时精度同样优于 1ns[20]。然而，由于实时 PPP 法仍然存在对外部实时精密星历产品的依赖性问题，自主解算的实时精密星历同样需要无线互联网等通信手段，不能满足军事应用以及地面通信网络无法覆盖的应用场景。

在上述 GNSS 授时方法中，差分法需要共视导航卫星，因此也被称为共视法。而标准单站法、事后 PPP 法和实时 PPP 法只需要处理视野内的观测卫星，统称为全视法。综上所述，GNSS 授时方法技术特点对比见表 7-3。

表 7-3　GNSS 授时方法技术特点对比

授时模式	授时方法	依赖项	实现手段	授时精度
共视法	差分法	广播星历、同步观测、伪距、载波	差分定位	优于 5ns
全视法	标准单站法	广播星历、伪距	标准单点定位	10～20ns
	事后 PPP 法	事后精密星历、伪距、载波 地面通信网络	精密单点定位	优于 1ns
	实时 PPP 法	实时精密星历、伪距、载波 地面通信网络	精密单点定位	优于 1ns

　　基于精密单点定位的 GNSS 授时方法具有精度高、不受距离限制等优点，但是过度依赖于地面分析中心和通信网络，限制了其应用场景。北斗三号 PPP 服务在确保定位精度水平的前提下，解决了对地面分析中心和通信网络的依赖问题，具有较高的应用推广价值。结合北斗三号 PPP 服务和精密单点定位授时法优势，本章介绍了一种基于 B2b 信号的精密单点授时方法（B2b Signal based Precise Point Timing，B2b-PPT），本书以该方法为例对 RNSS 授时原理进行介绍。基于 B2b 信号的精密单点授时方法工作基本原理示意图如图 7-13 所示。

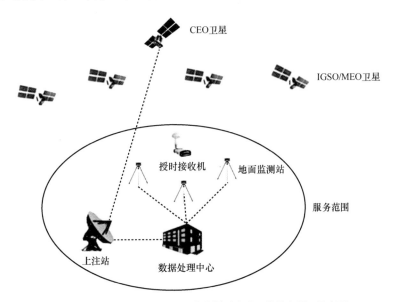

图 7-13　基于 B2b 信号的精密单点授时方法工作基本原理示意图

　　基于北斗三号 B2b 信号的精密单点授时服务系统可分为地面段、卫星段和用户段。地面段包括监测站、数据处理中心和上注站，监测站接收北斗导航卫星观测数据，在数据处理中心进行定轨和钟差解算，通过上注站将 B2b SSR 信息调制到上行信号，并注入卫星段的 GEO 卫星。卫星段由 GEO、IGSO 和 MEO 卫星组成，GEO 卫星接收注入站的 B2b SSR 信息，并将其播发给地面用户，覆盖范围为中国及周边地区。用户段为授时接收机，同时接收导航卫星观测值和 B2b 信号，基于 B2b-PPT 算法求解本地接收机钟差，对并本地时钟进行调整，输出高精度秒脉冲信号和频率信号，从而完成精密单点授时。

用户段实现精密单点授时的核心是 B2b-PPT 算法，采用无电离层组合伪距和载波相位作为观测方程

$$
\begin{aligned}
P_\mathrm{r}^s &= \rho_\mathrm{r}^s + c \cdot \delta t_\mathrm{r} - c \cdot \tilde{\delta} t_\mathrm{p}^s + m_\mathrm{r}^s \cdot \mathrm{ztd}_\mathrm{r} + \varepsilon_\mathrm{P} \\
L_\mathrm{r}^s &= \rho_\mathrm{r}^s + c \cdot \delta t_\mathrm{r} - c \cdot \tilde{\delta} t_\mathrm{p}^s + m_\mathrm{r}^s \cdot \mathrm{ztd}_\mathrm{r} + B_\mathrm{r}^s + \varepsilon_\mathrm{L}
\end{aligned}
\tag{7-8}
$$

式（7-8）中，P_r^s 和 L_r^s 分别为无电离层伪距和载波相位观测量；ρ_r^s 为接收机到卫星的几何距离，卫星位置为 B2b 实时星历中的卫星轨道；δt_r 为接收机钟差，$\tilde{\delta} t_\mathrm{p}^s$ 为 B2b 实时星历中的卫星钟差，c 为光速；m_r^s 为对流层延迟投影函数，ztd_r 为天顶方向对流层延迟；B_r^s 为无电离层组合相位模糊度，不具备整数特性，不对其进行固定[21]；ε_P 和 ε_L 则分别为伪距和载波相位观测噪声，包含未被模型化的其他误差。受多路径影响的观测值被认为是粗差，在后续数据处理中进行识别和处理。

首先，对式（7-8）进行线性化处理，卫星到接收机之间的几何距离 ρ_r^s 是坐标向量的二范数，可以通过一阶泰勒公式线性展开为

$$
\rho_\mathrm{r}^s = \rho_{0,\mathrm{r}}^s + \mathrm{d}x \cdot \Delta x + \mathrm{d}y \cdot \Delta y + \mathrm{d}z \cdot \Delta z
\tag{7-9}
$$

式（7-9）中，$\rho_{0,\mathrm{r}}^s$ 为卫星到接收机之间的近似几何距离，$\mathrm{d}x$、$\mathrm{d}y$ 和 $\mathrm{d}z$ 为卫星到接收机的方向余弦。Δx、Δy 和 Δz 为接收机坐标增量，即未知坐标参数。当授时接收机固定在已知坐标点时，可对坐标参数进行约束。当授时接收机处于静止状态时，需要将坐标当作常数参数进行估计。当授时接收机处于运动状态时，坐标参数应作为白噪声参数进行解算。

在线性化观测方程后，B2b-PPT 算法数据处理流程依次包括数据预处理、粗差处理和参数估计。数据预处理分为周跳探测和误差源模型化改正：使用 TurboEdit 方法对周跳进行识别，不进行修复[22]。改正相对论效应、相位缠绕、地球自转、固体潮、海潮、极移潮等系统误差源[23-24]。由于 B2b 实时星历轨道指向卫星天线相位中心，无须对卫星天线进行相位中心改正。采用卡尔曼滤波算法依次对每个历元的

观测值进行实时处理，基于验后残差探测粗差，对观测值进行降权处理。卡尔曼滤波参数估计和粗差处理迭代运行，到所有观测值粗差处理完成或者迭代次数超过阈值为止，这种处理方法能够显著提高定位与授时的完好性[25]。

授时接收机与普通接收机相比，区别在于能够根据接收机钟差对本地时钟进行调整，并输出 1PPS 信号和频率信号。基于北斗三号 PPP 服务和 B2b 信号，本节介绍一种精密单点授时接收机，B2b-PPT 接收机内部结构及工作流程示意图如图 7-14 所示。

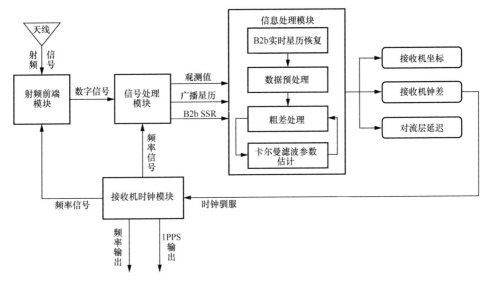

图 7-14　B2b-PPT 接收机内部结构及工作流程示意图

由图 7-14 可知，B2b-PPT 接收机主要由射频前端模块、信号处理模块、信息处理模块和接收机时钟模块组成。射频前端模块根据本地时钟频率信号，接收来自天线的模拟射频信号，经下变频、滤波和采样后得到中频数字信号。信息处理模块对数字信号进行解调和环路跟踪捕获，获得观测值、广播星历和 B2b SSR 信息。信息处理模块主要完成 B2b 实时星历恢复、数据预处理、粗差处理和卡尔曼滤波参数估计，输出接收机坐标、接收机钟差和对流层延迟。

由于 B2b-PPT 接收机能够实时确定接收机钟差，不依赖高稳定原子钟，采用恒温晶体振荡器或者芯片式原子钟即可满足精密单点授时要求，从而降低硬件成本。根据接收机钟差对接收时钟模块进行时钟驯服，包括调频和调相两种方式[26-27]。对于恒温晶体振荡器来说，通常是将调整量转化为电压变化量[28]，而芯片式原子钟则提供了调频和调相的控制接口。

当 B2b-PPT 接收机时钟为恒温晶体振荡器时，时钟驯服分为粗调和精调两个阶段。在粗调阶段，根据钟差数据计算钟漂，进而得到频率偏差，并转换为电压调整量对恒温晶体振荡器进行控制。在频率调整完成后，使用软件调相的方法对相位偏差进行调整。粗调后的晶体振荡器仍然存在微小误差，使用锁相环的原理对其进行精调，从而避免调整量过大产生的相位噪声。当 B2b-PPT 接收机时钟为芯片式原子钟时，只需要根据钟差和钟漂数据计算频率调整量和相位调整量，并对芯片式原子钟进行调整，时钟驯服过程相对简单。恒温晶体振荡器的时钟驯服精度受限于其短期频率稳定度、压控电压分辨率和电压范围，而芯片式原子钟的驯服精度则依赖于频率调整范围和分辨率。不考虑硬件限制的情况下，时钟驯服后的授时精度等价于 B2b-PPT 方法钟差解算精度。

在授时过程中，导航信号经过电缆以及接收机通道会产生时延，通常称为硬件延迟，这会对授时结果造成影响，必须对其进行校准。硬件延迟校准方法分为绝对校准法和相对校准法。绝对校准法是将导航模拟器与授时接收机接入同一个时频基准，授时接收机连接导航模拟器输出信号，通过比较伪距观测值差值确定硬件延迟。相对校准法是将已校准和未校准的授时接收机 1PPS 信号同时接入时间间隔计数器，测量相对时延[29]。恒温、恒压环境下的接收机硬件延迟具有较好的稳定度，因此在授时前对其校准和改正是可行的。

7.3.4　网络授时

以互联网为基础的网络授时技术，衍生于计算机网络技术的快速发展。其采用客户机/服务器的交互方式，校准计算机内置时间系统，同时提供参考信号以供网络内所有终端设备使用。目前，一般通过网络时间协议（Network Time Protocol，NTP）和精确网络时间协议（Precise Time Protocol，PTP）进行网络同步。

NTP 作为应用层协议，主要可将网络中的计算时间同步到标准时间，起初由美国特拉华大学（University of Delaware）的 David L. Mills 教授设计，可为局域网提供毫秒量级的高精度的时间校准。NTP 主要由客户机/服务器模式、主/被动对称模式和广播模式 3 种工作模式构成。

1. 客户机/服务器模式

首先，客户机向服务器传输一个 NTP 数据包，其中包含了该数据包离开客户机的时间戳信息、该数据包到达服务器的时间戳信息、交换数据包的源地址和目的地址信息、数据包离开时的时间戳信息，然后立即将数据包返回给客户机。客户机在接收相应数据包时再填入数据包返回时的时间戳信息。客户机基于这些时间参数就能计算出数据包交换的网络时延和客户机与服务器的时间偏差，客户机/服务器模式如图 7-15 所示[30]。

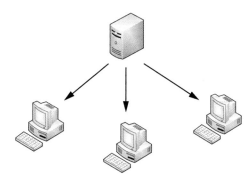

图 7-15　客户机/服务器模式

2. 主/被动对称模式

该模式相对于客户机/服务器模式的区别是在该模式下客户机和服务器均可同步对方或被对方同步。该模式取决于客户机/服务器谁先发出申请，若一方先发出申请建立连接，则该方工作在主动模式下，另一方工作在被动模式下，主/被动对称模式如图 7-16 所示[31]。

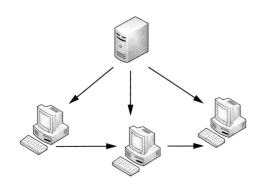

图 7-16　主/被动对称模式

3. 广播模式

在该模式下，服务器不受客户机工作模式的影响，且总是主动发出时间信息。基于此时间信息，客户机对自身的时间频率进行调整，此时网络时延被忽略，因此精度相对略低，但基本满足秒量级应用需求。

NTP 时间同步是基于服务器和客户机之间交互传输的时间戳来实现的，客户机/服务器模式下的 NTP 时间同步原理如图 7-17 所示[31-32]。

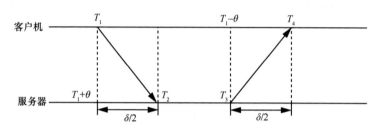

图 7-17 NTP 时间同步原理

在图 7-17 中的各符号含义如下。

T_1：NTP 数据包离开客户机时的时间戳。

T_2：服务器收到 NTP 数据包时的时间戳。

T_3：NTP 数据包离开服务器时的时间戳。

T_4：客户机收到 NTP 数据包时的时间戳。

δ：服务器与客户机单次完整通信网络传输时延。

θ：客户机与服务器的时间偏差。

根据图 7-17 可知，T_2 和 T_4 的表达式分别为

$$T_2 = T_1 + \theta + \delta / 2 \tag{7-10}$$

$$T_4 = T_3 - \theta + \delta / 2 \tag{7-11}$$

进一步整理可得服务器与客户机单次完整通信网络传输时延、客户机与服务器的时间偏差分别为

$$\delta = (T_2 - T_1) - (T_3 - T_4) \tag{7-12}$$

$$\theta = \frac{(T_2 - T_1) - (T_3 - T_4)}{2} \tag{7-13}$$

NTP 数据包含两种报文，分别为时钟同步报文和控制报文。控制报文主要用于网络管理层面，不作为时钟同步功能的必备基础。时钟同步报文是基于 IP 和 UDP

的应用层协议，封装于 UDP 报文中，NTP 时钟同步报文格式见表 7-4。

表 7-4　NTP 时钟同步报文格式

2	5	8	12	24	32
LI	VN	Mode	Stratum	Poll	Precision
Root delay					
Root Dispersion					
Reference Identifier					
Reference Timestamp					
Originate Timestamp（64）					
Receive Timestamp（64）					
Transmit Timestamp（64）					
Authenticator（Optional）（160）					

在表 7-4 中，NTP 时间同步报文主要字段说明如下。

①闰秒提示（Leap Indicator，LI）：长度为 2bit，用来指示当天最后 1min 内是否需要插入或删除 1 个闰秒。00 表示正常；01 表明最后 1min 有 61s；LI 表明最后 1min 有 59s；11 表示时钟没有同步。

②版本号（Version Number，VN）：长度为 3bit，标准 NTP 的版本号。

③Mode：长度为 3bit，表示当前 NTP 工作模式，NTP 报文 Mode 字段值对应见表 7-5。

表 7-5　NTP 报文 Mode 字段值对应

Mode 字段值	字段含义
000	未定义模式
001	主动对称体模式
010	被动对称体模式
011	客户机模式
100	服务器模式
101	广播模式或多播模式
110	表示此报文为 NTP 控制报文
111	预留位内部使用

④Stratum：长度为 12bit，表示系统时钟的层数，取值范围为 1~16，它定义了时钟的准确度。层数为 1 的时钟准确度最高，一般为主参考源（如原子钟）。准确度从层数 1~16 依次递减，层数为 16 的时钟处于未同步状态。

⑤Poll：长度为 24bit，代表轮询时间，即两个连续 NTP 报文之间的时间间隔。值为 n 代表时间间隔为 2^n。

⑥Precision：长度为 32bit，表示系统时钟的精度。

⑦Root Delay：本地到主参考时钟源的往返时延。

⑧Root Dispersion：系统时钟相对于主参考时钟的最大误差。

⑨Reference Identifier：参考时钟源的标识，见表 7-6。

表 7-6　Reference Identifier 的标识对应

Stratum	代码	段含义
0	DCN	DCN 路由协议
0	NIST	NIST 公共调制解调服务
0	TSP	TSP 时间戳协议
0	DTS	数字时间服务
1	ATOM	原子钟
1	VLF	VLF 无线系统
1	callsign	通用无线电
1	LORC	LORAC-C 无线导航系统

⑩Reference Timestamp：系统时钟最后一次被设定或更新的时间。

⑪Originate Timestamp：NTP 请求报文离开发送端时发送端的本地时间。

⑫Receive Timestamp：NTP 请求报文到达接收端时接收端的本地时间。

⑬Transmit Timestamp：应答报文离开应答者时应答者的本地时间。

⑭Authenticator（Optional）：验证信息。

由于 NTP 难以满足通信、航天、测量仪器和工业控制等领域对时间同步日益提高的需求。2000 年年底，美国安捷伦实验室的 John Eidson 及来自其他公司和组织的 12 名成员开发并起草了 IEEE 1588 标准。2002 年，IEEE 1588 标准通过了美国电气电子工程师学会（Institute of Electrical and Electronics Engineers，IEEE）的批准成为正式协议 IEEE 1588 协议，简称 PTP，是一套用于网络测量和控制系统中的精确时钟同步标准，同步精度能够达到亚微秒量级[33]。对于 PTP 时间同步而言，建立

并引入标准 UTC 时间，将数据进行预处理，剔除粗差，处理数据断点，并进行
信号与标准时间信号之间的时差比对测量，将测量信息传输至监测信息处理平
监测信息处理平台对时间信息进行实时监测与评估，并生成授时性能时间偏差、
OE、连续性、可用性和完好性等授时监测产品，并通过网络播发给用户，满足
管理用户和大众用户需求。

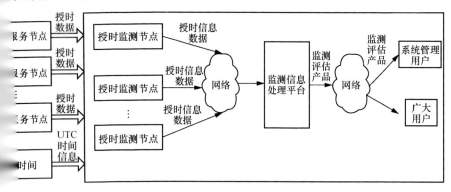

图 7-18　授时监测服务基本原理

授时精度

于卫星导航授时方法，用户设备通过接收导航信号获得导航系统时间，然后
时间与导航系统时间进行比较得到本地时钟与北斗系统时间的偏差，进一步
立解算求解出位置和时间。

设接收机接收到第 j 颗卫星的信息，信号发射时刻与卫星钟时间分别为 t_{BT} 和
收机采样时刻和用户钟时间分别为 t_{BR} 和 t_{UR}，Δt_{SB} 为第 j 颗卫星钟与信号发
时间偏差，可利用导航电文播发的星钟参数进行修正，Δt_{UB} 为利用第 j 颗卫
用户钟与接收机采样时刻的时间偏差，$\tilde{\rho}$ 为接收机测量伪距。于是有

$$\frac{\tilde{\rho}}{c} = t_{UR} - t_{ST} = \frac{\rho^j}{c} + \Delta\tau + \Delta t_{UB} - \Delta t_{SB} \tag{7-14}$$

^{j} 为第 j 颗卫星到接收机的真实空间距离，c 为光速，$\Delta\tau$ 代表卫星钟差、
差、对流层误差、硬件延迟和接收机噪声等。

j 颗导航卫星计算得到的用户钟差估计值为

$$\Delta t_{UB} = \frac{\tilde{\rho}}{c} - \frac{\rho^j}{c} = \Delta\tau + \Delta t_{SB} \tag{7-15}$$

可以计算出第 j 颗卫星对应的用户钟与导航系统时间的偏差 Δt_{UB}，由

一个主从时钟的组织结构是首要前提，基于最优主时钟算法确

关系。主时钟是同步时间的发布者；从时钟是同步时间的接收

时间同步，需要通过与主时钟交换同步报文。

7.4 授时监测原理与方法

高精度、高可靠授时的前提是要保证良好的卫星质量，

对授时系统的卫星信号及授时服务的性能进行实时监测，剔

数据并发出告警，以保证授时的高精度与高可靠；另外，通

可以对授时系统健康状态进行评估，进一步支持系统的运行

对于不同授时手段，授时监测对象各不相同，如卫星、

监测授时信号、授时服务性能，而对于网络授时，除了需

还需要监测 NTP 服务器性能及网络状态等信息[34-36]。但对

监测，授时精度、系统时性能、时间偏差、服务连续性和

必不可少。

随着低轨导航增强技术的发展，基于低轨卫星的星基

航增强数据进行授时监测成为可能。利用低轨卫星进行

地面 GNSS 监测站搬到天上，利用低轨卫星全球覆盖的特

行全天候、全弧段、高精度的监测。与地基监测相比，

影响较小，具备跟踪弧段长、多重覆盖和多路径效应较

低轨卫星联合精密定轨和钟差解算以及全球电离层监测

获取更高的时间精度，以及 GNSS 卫星授时完好性实时

7.4.1 地基监测

地基监测站点可引入标准时间，进一步与 UTC 时

统时准确度、漂移率、稳定度、服务可用性、服务连

统，还可以对 GNSS 时间偏差、协调世界时偏差（UT

地基授时监测主要由在区域内分布的授时监测站

平台等组成，授时监测服务基本原理如图 7-18 所示。

$\Delta t_{\mathrm{UR}} - \Delta t_{\mathrm{UB}}$ 就得到接收机采样时刻的导航系统时间 t_{BR}。将采样时刻的导航系统时间与标准时间比较，就可以获取导航系统授时精度。

采用时间比对系统开展授时精度监测评估方法如下。

在监测站部署具有 1PPS 信号输出功能的 GNSS 授时型接收机和高精度数字钟，将两路 1PPS 信号比较可获得本地时间和导航系统时间差，高精度数字钟通过卫星共视方法与标准时间 UTC 实现同步，通过 GNSS 系统时差监测软件获得 UTC 与导航系统的时差，上述 3 种时差综合即可获得标准时间与从接收机获得时间的时差，从而实现北斗授时精度监测评估。GNSS 授时精度监测评估原理如图 7-19 所示。

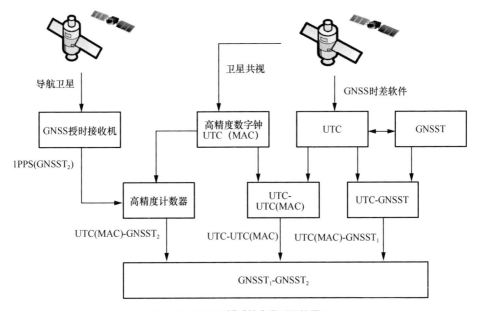

图 7-19　GNSS 授时精度监测评估原理

（1）计算 UTC（MAC）与 GNSST$_2$ 获得的系统时间的时差

将高精度数字钟输出的秒信号 UTC（MAC）作为计数器的开门信号，从北斗接收机获得 GNSST$_2$ 秒脉冲，作为计数器的关门信号，可从计数器中获得 $\tau_{\mathrm{M,C}} = \mathrm{UTC(MAC)} - \mathrm{GNSST}_2$，$\tau_{\mathrm{M,C}}$ 为高精度数字钟 1PPS 信号与从北斗授时接收机获得的 1PPS 信号时差；UTC(MAC) 为本地监测站高精度数字钟保持的时间，GNSST$_2$ 为被评估的导航系统时间。

（2）计算 UTC（MAC）与 UTC 的时差

从卫星共视设备中可以获得 $\tau_{\mathrm{N,M}} = \mathrm{UTC} - \mathrm{UTC}$（MAC），为监测站本地时间系

统保持的时间与导航系统时间保持的时间差。

（3）计算 UTC 与 GNSST$_1$ 的时差

通过多站监测可获得 $\tau_{N,C} = UTC - GNSST_1$，即监测站本地保持的时间与导航系统保持的时间时差。BDT$_1$ 为北斗系统保持的系统时间。

（4）计算 GNSST$_1$ 和 GNSST$_2$ 的时差

$\tau_{C_1,C_2} = GNSST_1 - GNSST_2 = \tau_{M,C} + \tau_{N,M} - \tau_{N,C}$，为导航系统时间与从接收机获得导航系统时间的时差。

7.4.1.2 系统时性能

系统时性能通常以准确度、漂移率和稳定度等指标描述卫星导航系统时间性能。而对系统时性能监测需要基于星地双向时间同步和卫星共视两种方法求解 GNSST-UTC，两种方法基本原理如下。

- 星地双向时间同步：两地面站在同时向某颗 GEO 卫星通信转发器发射信号，并同时接收对方发射的经过这颗卫星转发的信号，之后测量出信号传播的时延。在此基础上，利用两站的观测值（即传播时延）计算时间偏差。
- 卫星共视：不同于星地双向时间同步，共视法属于单向法，两地面站（GNSS 主控站）同时接收某颗 GEO 卫星发射的时间信号，把两站测定的信号传播时延通过某数据链路传回数据处理中心，从而计算出两站时间偏差。

在求得 GNSS-UTC 时间序列的基础上，需要用以下 3 个指标对系统时间性能进行评估。

（1）准确度

准确度表征的是测量值或计算值与理想值的符合程度。频率准确度指被测频率或计算频率与频率定义值的一致程度，其定义式为

$$\sigma'_t = \frac{f_x - f_0}{f_0} \tag{7-16}$$

其中，σ'_t 为频率准确度，f_0 为测量频标的标称频率，f_x 为其实际频率值，实验室一般进行多次测量求得。实际测量中通常取初始标准作为次级标准的参考值，一般要求参考标准准确度要比被测标准高一个量级，设备测量误差要比被测标准准确度低一个量级或是其 1/3。频率准确度可以采用最小二乘法进行线性拟合。

（2）稳定度

在频率稳定度的测量数据处理中，当日频率漂移率和日频率稳定度处于一个数量级时，计算日频率稳定度应扣除日频率漂移率的影响。为改正日频率漂移率对日频率稳定度的影响，通常采用哈达玛方差（Hadamard Variance）代替阿伦方差计算日频率稳定度。设存在一组频率偏差数据 $\{y_n, n = 1, 2, \cdots, M\}$，数据采样间隔为 τ_0，采样个数为 M，则该序列的哈达玛方差值 $H\sigma_y^2(\tau)$ 可表示为

$$H\sigma_y^2(\tau) = \frac{1}{6(M'-2)} \sum_{i=1}^{M'-2} [\overline{y}_{i+2m}(m) - 2\overline{y}_{i+m}(m) + \overline{y}_i(m)]^2$$

$$\overline{y}_{i+m}(m) = \frac{1}{m} \sum_{j=1}^{i+m-1} y_j$$

(7-17)

其中，τ 为序列平滑时间，$\tau = m\tau_0$，$\overline{y}_i(m)$ 值的个数为 M'，$M' = \mathrm{int}(M/m)+1$。

7.4.1.3　时间偏差与 UTCOE

以导航系统授时为例，GNSS 时间偏差精度监测就是将多个 GNSS 之间的时间差直接测量出来，本节以广泛应用的基于 1PPS 测量的 GNSS 时间偏差监测原理进行介绍。GNSS 时间偏差监测流程如图 7-20 所示，采用两台授时接收机（如 GPS 和 BDS），两台接收机接入标准时间频率信号（如 10MHz 信号），两台接收机 1PPS 输入端输出 GPST-1PPS 和 BDS-1PPS，然后利用精密时间间隔计数器（SR620）比对 GPST-1PPS 和 BDS-1PPS 之间的时差信息，从而得到系统时差信息。

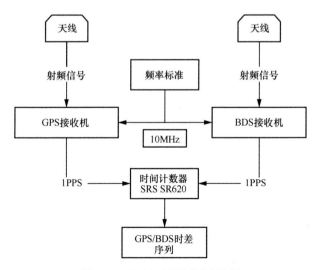

图 7-20　GNSS 时间偏差监测流程

UTCOE 用于监测卫星导航系统时与协调世界时偏差的误差，UTCOE 监测方法与 GNSS 时间偏差监测类似，基于 1PPS 的测量方法，协调世界时偏差监测原理如图 7-21 所示。

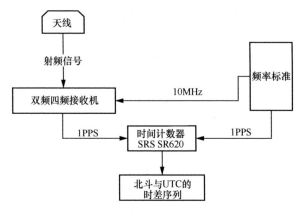

图 7-21 协调世界时偏差监测原理

7.4.1.4 授时服务连续性

授时服务连续性指在一段时间内和服务区域内，卫星导航系统提供连续服务性能的能力。假设在第 L 个地区，测试时间段为 $[t_{\text{start}}, t_{\text{end}}]$，用户机采样间隔记为 T，则系统服务的连续性指标 Con_l 计算式为

$$\text{Con}_l = \frac{\sum_{t=t_{\text{start}},\text{inc}=T}^{t_{\text{end}}-\text{Top}} \left\{ \prod_{k=t,\text{inc}=T}^{t+\text{Top}} \text{bool}(\text{EPE}_k \leqslant f_{\text{Acc}}) \right\}}{\sum_{t=t_{\text{start}},\text{inc}=T}^{t_{\text{end}}-\text{Top}} \text{bool}(\text{EPE}_k \leqslant f_{\text{Acc}})} \tag{7-18}$$

其中，若 k 时刻授时精度 EPE_k 满足一定标准 f_{Acc}，则布尔函数取 1，否则取 0。对于卫星导航系统一般统计每小时系统服务的连续性指标（基本统计单位），即常取 Top 为一小时。

式（7-18）可用来计算单一测试点服务精度的连续性，若统计整个服务区内系统服务精度的连续性，则需要统筹考虑覆盖区内测试点在时间和空间上的相关性，以加权计算方法来统计覆盖区内服务连续性，其计算式为

$$\overline{\text{Con}} = \frac{a_1 \text{Con}_1 + a_2 \text{Con}_2 + \cdots + a_n \text{Con}_n}{a_1 + a_2 + \cdots + a_n} \tag{7-19}$$

其中，a_n 表示每个区域采集的有效数据个数。

7.4.1.5 授时服务可用性

授时服务可用性分为瞬时可用性和服务可用性。

（1）瞬时可用性

用 $a(l,t)$ 表示瞬时可用性，定义其为特定系统在特定时间 t、特定区域 l 满足性能需求的概率。一般来说，瞬时可用性是一个介于 0 和 1 之间的概率值。

（2）服务可用性

如采用授时精度作为可用性判据，则特定区域在时间段为 $[t_{\text{start}}, t_{\text{end}}]$ 内授时服务的可用性指标 Ava_l 计算式为

$$\text{Ava}_l = \frac{\displaystyle\sum_{t=t_{\text{start}},\text{inc}=T}^{t_{\text{end}}} \text{bool}\left(\text{EPE}_k \leqslant f_{\text{Acc}}\right)}{1 + \dfrac{t_{\text{end}} - t_{\text{start}}}{T}} \tag{7-20}$$

则覆盖区内系统授时服务可用性的计算式为

$$\overline{\text{Ava}} = \frac{a_1\text{Ava}_1 + a_2\text{Ava}_2 + \cdots + a_l\text{Ava}_l}{a_1 + a_2 + \cdots + a_l} \tag{7-21}$$

其中，a_l 表示每个区域采集的有效数据个数。

7.4.2 天基监测

天基监测是利用低轨卫星星载接收机接收 GNSS 卫星信号，通过星上自主监测或通过星间、星地链路将监测信息进行传输，并进行综合处理，实现对 GNSS 授时性能监测评估。统一的时空基准是实现低轨卫星全球高精度授时性能监测评估的前提，GNSS 和低轨卫星联合精密定轨技术采用一步法定轨解算 GNSS 卫星的轨道与钟差、低轨卫星的轨道与钟差，是 GNSS 和低轨卫星获取高精度时空基准开展 GNSS 授时性能监测评估的关键技术之一。同时，星基 GNSS 完好性监测可在 GNSS 服务性能异常时及时发布告警信息，是提升导航授时可信度的重要手段。

7.4.2.1 GNSS 和低轨卫星联合精密定轨

低轨天基监测的基本理论指利用低轨星载 GNSS 数据与部分地面 GNSS 监测数据，实现 GNSS 和低轨卫星联合精密定轨和钟差解算以及全球电离层监测。联合精

密定轨一般采用动力学法或简化动力学法。

低轨卫星星座具有全球覆盖的特性，可以有效降低 GNSS 卫星精密定轨对地面站的依赖性，提高 GNSS 卫星精密定轨的精度。GNSS 和低轨卫星联合精密定轨，即把地面站 GNSS 观测数据与星载 GNSS 观测数据进行有效融合，一方面可以实现 GNSS 卫星的全弧段跟踪，降低 GNSS 卫星精密定轨与地面站的依赖；另一方面低轨卫星星座的加入可以显著提高定轨的几何构型，进而提高 GNSS 卫星精密定轨的精度，尤其能够显著提高北斗 GEO、IGSO 卫星的定轨精度。低轨卫星联合 GNSS 卫星定轨，采用一步法定轨，可以同时解算 GNSS 卫星的轨道与钟差、低轨卫星的轨道与钟差，以及其他诸如地球重力场、大气阻力系数、光压系数等参数。国际上已经对此进行了近 20 年的研究，显示在加入低轨卫星后，GNSS 星座的定轨精度得到了不同程度的提升。

低轨卫星和 GNSS 卫星联合精密定轨的数学模型可以表示为

$$\Phi_{j,r}^{s} = \rho_{r}^{s} + c(\mathrm{d}t_{r} - \mathrm{d}t^{s}) + c(B_{j,r} - b_{j}^{s}) + T_{r}^{s} - \mu_{j}t_{r}^{s} - \lambda_{j}N_{j,r}^{s} + \varepsilon_{\Phi_{j,r}^{s}} \qquad (7\text{-}22)$$

$$P_{j,r}^{s} = \rho_{r}^{s} + c(\mathrm{d}t_{r} - \mathrm{d}t^{s}) + c(D_{j,r} - d_{j}^{s}) + T_{r}^{s} + \mu_{j}t_{r}^{s} + \varepsilon_{P_{j,r}^{s}} \qquad (7\text{-}23)$$

$$\Phi_{j,\mathrm{leo}}^{s} = \rho_{\mathrm{leo}}^{s} + c(\mathrm{d}t_{\mathrm{leo}} - \mathrm{d}t^{s}) + c(B_{j,\mathrm{leo}} - b_{j}^{s}) - \mu_{j}t_{\mathrm{leo}}^{s} - \lambda_{j}N_{j,\mathrm{leo}}^{s} + \varepsilon_{\Phi_{j,\mathrm{leo}}^{s}} \qquad (7\text{-}24)$$

$$P_{j,\mathrm{leo}}^{s} = \rho_{\mathrm{leo}}^{s} + c(\mathrm{d}t_{\mathrm{leo}} - \mathrm{d}t^{s}) + c(D_{j,\mathrm{leo}} - d_{j}^{s}) + \mu_{j}t_{\mathrm{leo}}^{s} + \varepsilon_{P_{j,\mathrm{leo}}^{s}} \qquad (7\text{-}25)$$

其中，上标 s 表示 GNSS 卫星；下标 j、r 和 leo 分别表示观测值的频率 f_j、接收机以及低轨卫星；ρ_{r}^{s} 为卫星 s 至接收机 r 间的几何距离，ρ_{leo}^{s} 为卫星 s 至低轨卫星间的几何距离；T_{r}^{s} 为测站对流层天顶延迟；t_{r}^{s} 为频率 f_1 的地面站斜路径电离层延迟，t_{leo}^{s} 为频率 f_1 的低轨卫星斜路径电离层延迟，$\mu_j = f_1^2 / f_j^2$ 为频率 f_j 与频率 f_1 间电离层转换因子；$\mathrm{d}t_r$、$\mathrm{d}t^s$ 和 $\mathrm{d}t_{\mathrm{leo}}$ 分别为接收机端、卫星端和低轨卫星的钟差；$B_{j,r}$ 和 $D_{j,r}$ 分别为接收机端的相位和伪距的硬件延迟，$B_{j,\mathrm{leo}}$ 和 $D_{j,\mathrm{leo}}$ 分别为低轨卫星端的相位和伪距的硬件延迟，b_j^s 和 d_j^s 则分别为 GNSS 卫星端的相位和伪距的硬件延迟；$\lambda_j N_{j,r}^s$ 为吸收了接收机端初始相位偏差 $\varphi_{j,r}$ 和卫星端初始相位偏差 φ_j^s 以 λ_j 为波长的整周未知数，$\lambda_j N_{j,\mathrm{leo}}^s$ 为相应的低轨卫星端的整周未知数；$\varepsilon_{\Phi_{j,r}^s}$ 和 $\varepsilon_{P_{j,r}^s}$ 分别为地面站相位和伪距的观测噪声、多路径效应及未模型化的误差的综合量，$\varepsilon_{\Phi_{j,\mathrm{leo}}^s}$ 和 $\varepsilon_{P_{j,\mathrm{leo}}^s}$ 为相应低轨卫星端的误差。

为了消除电离层延迟的影响，一般采用无电离层模型计算，则式（7-22）～

式（7-25）可变为

$$\Phi_{IF,r}^{s} = \rho_{r,IF}^{s} + c(\mathrm{d}t_r - \mathrm{d}t^s) + c(B_{IF,r} - b_{IF}^{s}) + T_r^s - \lambda_{IF}N_{IF,r}^{s} + \varepsilon_{\Phi_{IF,r}^{s}} \qquad (7\text{-}26)$$

$$P_{IF,r}^{s} = \rho_{r,IF}^{s} + c(\mathrm{d}t_r - \mathrm{d}t^s) + c(D_{IF,r} - d_{IF}^{s}) + T_r^s + \varepsilon_{P_{IF,r}^{s}} \qquad (7\text{-}27)$$

$$\Phi_{IF,leo}^{s} = \rho_{leo}^{s} + c(\mathrm{d}t_{leo} - \mathrm{d}t^s) + c(B_{IF,leo} - b_{IF}^{s}) - \lambda_{IF}N_{IF,leo}^{s} + \varepsilon_{\Phi_{IF,leo}^{s}} \qquad (7\text{-}28)$$

$$P_{IF,leo}^{s} = \rho_{leo}^{s} + c(\mathrm{d}t_{leo} - \mathrm{d}t^s) + c(D_{IF,leo} - d_{IF}^{s}) + \varepsilon_{P_{IF,leo}^{s}} \qquad (7\text{-}29)$$

其中，与频率 j 相关的变量均变为无电离层组合下标 IF。

低轨卫星与 GNSS 卫星联合定轨的过程中，地面站坐标通常已知，因此将其固定。由于式（7-26）～式（7-29）是高度非线性函数，将其线性化可得

$$l_{IF,r}^{s} = \boldsymbol{e}_r^s \cdot \boldsymbol{\varphi}(t,t_0)R_0^s + c(\mathrm{d}t_r - \mathrm{d}t^s) + c(B_{IF,r} - b_{IF}^{s}) + M_r^s\mathrm{ZTD}_r - N_{IF,r}^{s} + \varepsilon_{\Phi_{IF,r}^{s}} \qquad (7\text{-}30)$$

$$p_{IF,r}^{s} = \boldsymbol{e}_r^s \cdot \boldsymbol{\varphi}(t,t_0)R_0^s + c(\mathrm{d}t_r - \mathrm{d}t^s) + c(D_{IF,r} - d_{IF}^{s}) + M_r^s\mathrm{ZTD}_r + \varepsilon_{P_{IF,r}^{s}} \qquad (7\text{-}31)$$

$$l_{IF,leo}^{s} = \boldsymbol{e}_{leo}^s \cdot \boldsymbol{\varphi}(t,t_0)R_0^s - \boldsymbol{e}_{leo}^s \cdot \boldsymbol{\varphi}(t,t_0)_{leo}R_0^{leo} + c(\mathrm{d}t_{leo} - \mathrm{d}t^s) + c(B_{IF,leo} - b_{IF}^{s}) - N_{IF,leo}^{s} + \varepsilon_{\Phi_{IF,leo}^{s}}$$

$$(7\text{-}32)$$

$$p_{IF,leo}^{s} = \boldsymbol{e}_{leo}^s \cdot \boldsymbol{\varphi}(t,t_0)R_0^s - \boldsymbol{e}_{leo}^s \cdot \boldsymbol{\varphi}(t,t_0)_{leo}R_0^{leo} + c(\mathrm{d}t_{leo} - \mathrm{d}t^s) + c(D_{IF,leo} - d_{IF}^{s}) + \varepsilon_{P_{IF,leo}^{s}} \qquad (7\text{-}33)$$

其中，$\boldsymbol{e}_r^s$ 表示地面站到 GNSS 卫星的单位向量，$\boldsymbol{e}_{leo}^s$ 表示低轨卫星到 GNSS 卫星的单位向量；R_0^s 和 R_0^{leo} 分别表示 GNSS 卫星和低轨卫星的初始状态，包括 GNSS 卫星和低轨卫星在初始历元处的位置、速度、光压参数、大气阻力系数以及经验加速度等；$\boldsymbol{\varphi}(t,t_0)$ 和 $\boldsymbol{\varphi}(t,t_0)_{leo}$ 分别表示 GNSS 卫星和低轨卫星的状态转移矩阵；M_r^s 表示对流层映射函数，ZTD_r 为地面站上空天顶对流层延迟。考虑多系统 GNSS 情况下的系统间偏差 ISB，则联合定轨的待估参数为

$$X = [R_0^s, R_0^{leo}, \mathrm{d}t_r, \mathrm{d}t_{leo}, \mathrm{d}t^s, \mathrm{ZTD}_r, \mathrm{ISB}, N_{IF,r}^{s}, N_{IF,leo}^{s}] \qquad (7\text{-}34)$$

卫星精密定轨的数据处理是一个复杂的过程，其大概流程可总结为：首先获取观测数据、广播星历和其他必要的文件/参数（如地球自转参数先验值、天线相位中心改正等）；然后对码伪距和载波相位观测数据进行数据预处理，获取干净的观测数据；同时通过广播星历获取卫星初始动力学轨道参数，并在此基础上进行轨道积分，获取卫星初始轨道。基于上述干净的观测数据、卫星轨道和预处理日志文件，建立非差观测方程和动力学参数方程。建立钟差、模糊度等历元参数消除后的法方程，并进行参数估计后，恢复消去的历元参数。进行残差分析，如果残差大于阈值，

则进行残差编辑和参数更新，迭代进行参数估计，直至残差小于阈值。固定卫星模糊度，获取精确的卫星动力学轨道参数等。

7.4.2.2　基于低轨卫星的 GNSS 完好性监测与增强服务

天基完好性监测服务只需要低轨卫星对中高轨卫星形成 5 重以上的覆盖，不需要所有低轨卫星均搭载完好性监测接收机。完好性监测接收机，对中高轨卫星的信号完好性、电文完好性以及系统完好性进行监测，并借助低轨卫星之间的星间链路交互完好性信息，通过多星冗余监测，生成完好性信息，实时下发 DIF、AIF、SIF 等完好性信息给地面用户。此外，完好性监测接收机实时解算中高轨卫星信号伪距、载波相位、载噪比、轨道误差、钟差误差、空间信号精度等进行监测，由地面综合多星多类监测数据，完成快变完好性参数，并上注低轨卫星播发，服务于全球用户，提高定位授时服务可靠性。

（1）实时完好性参数 DIF 解算

利用低轨卫星和高轨卫星进行精密定轨，可以获得高精度的轨道信息，利用星间链路观测数据可以获得实时高精度钟差信息。将精密轨道和精密钟差与广播星历计算的轨道和钟差进行比较，可以得到轨道和钟差的预报误差。若预报误差大于 4.42 倍的慢变完好性 SISA 参数，则实时完好性参数 DIF 置 1。

（2）实时完好性参数 AIF 解算

由于低轨卫星所处的空间环境受大气和环境误差影响较小，统计计算一个滑动窗口内多个低轨卫星对同一颗高轨卫星的伪距残差，并统计中值，若大于 4.42 倍的 SISMA，则给出告警信息。

（3）实时完好性参数 SIF 解算

利用低轨接收机收到的北斗卫星观测数据，通过星间链路，下传到地面控制处理中心，结合地面监测网的观测数据，利用多站多星的伪距和相位观测值，对卫星的伪距与相位漂移误差进行监测，实现对信号可靠性的完好性判定，对内存中的 SIF 进行复核验证，若 SIF 置 1，但漂移率正常且 AIF 与 DIF 正常，则将 SIF 置回 0。

（4）快变完好性参数 SISMAI 解算

获取内存中低轨卫星对中高轨卫星的伪距观测数据，根据中高低轨卫星的精密星历星钟求解对应时刻的几何距离，从而解算每秒中高轨卫星的空间信号误差，通过多项式拟合的方法，解算 SISMA，并通过索引表获取 SISMAI 参数。

| 参考文献 |

[1] 孙海燕, 王丰, 马煦, 等. GNSS 时频检测系统时间直接溯源及评定[J]. 数字通信世界, 2015(4): 16-19.

[2] 王长瑞. 卫星授时-时间同步性能检测研究[J]. 电气应用, 2015, 34(19): 40-45.

[3] 张大众, 郑作亚, 谷守周, 等. 北斗卫星导航系统 RNSS 授时监测方法研究[J]. 测绘科学, 2019, 44(11): 43-51, 73.

[4] 王天. 北斗卫星导航系统授时性能评估研究[D]. 西安: 长安大学, 2014.

[5] 华宇. 软件无线电短波定时接收机的研究[D]. 西安: 中国科学院研究生院(国家授时中心), 2002.

[6] 曹婷. 基于数字电视广播信号的授时技术研究[D]. 西安: 西安科技大学, 2010.

[7] 蒙智谋, 车爱霞, 雷渝, 等. 升级改造后的 BPM 授时发播系统[J]. 时间频率学报, 2014, 37(4): 221-227.

[8] 左兆辉, 淮鸽, 戴群雄. 短波授时在高精度授时领域的应用[J]. 计算机与网络, 2021, 47(24): 55-58.

[9] 梁益丰, 许江宁, 吴苗, 等. 高精度授时技术发展现状分析[J]. 现代导航, 2018, 9(5): 331-334, 347.

[10] 刘音华, 李孝辉, 刘长虹, 等. 地基长波授时系统/GNSS 组合定位技术研究[J]. 时间频率学报, 2017, 40(3): 161-177.

[11] 中国科学院国家授时中心, 中国科学院基础科学研究局. BPL/BPM 长短波授时系统的运行与发展[J]. 中国科学院院刊, 2011, 26(2): 227-229, 118, 243.

[12] 沙海, 占建伟, 王建辉, 等. 北斗卫星导航系统授时方法的比较与研究[C]//第四届中国卫星导航学术年会论文集. 2013.

[13] 陈伏州, 沈飞, 马志荣, 等. 基于北斗 RDSS 系统的双向定时模块: CN204515361U[P]. 2015.

[14] 郭树人, 蔡洪亮, 孟轶男, 等. 北斗三号导航定位技术体制与服务性能[J]. 测绘学报, 2019, 48(7): 810-821.

[15] 于合理, 郝金明, 田英国, 等. GNSS 单站授时系统性偏差分析[J]. 大地测量与地球动力学, 2017, 37(1): 30-34.

[16] 贺成艳, 郭际, 郝振圆, 等. 北斗卫星导航系统伪距偏差特性及减轻措施研究[J]. 电子学报, 2021, 49(5): 920-927.

[17] 许龙霞, 李孝辉, 陈婧亚. 一种高精度 GNSS 单向授时方法实现研究[J]. 时间频率学报, 2016, 39(4): 290-300.

[18] LEE S W, SCHUTZ B E, LEE C B, et al. A study on the common-view and all-in-view GPS time transfer using carrier-phase measurements[J]. Metrologia, 2008, 45(2): 156-167.

[19] 于合理, 郝金明, 刘伟平, 等. 附加原子钟物理模型的 PPP 时间传递算法[J]. 测绘学报, 2016,

45(11): 1285-1292.

[20] GE Y L, ZHOU F, LIU T J, et al. Enhancing real-time precise point positioning time and frequency transfer with receiver clock modeling[J]. GPS Solutions, 2018, 23(1): 1-14.

[21] GU X T, ZHU B C. An improved method of ambiguity resolution in GNSS positioning[J]. Chinese Journal of Electronics, 2019, 28(1): 215-222.

[22] 张小红, 曾琪, 何俊, 等. 构建阈值模型改善 TurboEdit 实时周跳探测[J]. 武汉大学学报 (信息科学版), 2017, 42(3): 285-292.

[23] WANG S, WANG D, GUAN Y X. An improved ionosphere delay correction method for SBAS[J]. Chinese Journal of Electronics, 2021, 30(2): 384-389.

[24] MONTENBRUCK O, STEIGENBERGER P, PRANGE L, et al. The multi-GNSS experiment (MGEX) of the international GNSS service (IGS)–achievements, prospects and challenges[J]. Advances in Space Research, 2017, 59(7): 1671-169.

[25] CAI B G, WU B Q, LU D B. Survey of performance evaluation standardization and research methods on GNSS based localization for railways[J]. Chinese Journal of Electronics, 2020, 29(1): 22-23.

[26] 李铎, 吴红卫, 顾思洪. GPS 驯服 CPT 原子钟方法研究[J]. 电子学报, 2018, 46(5): 173-178.

[27] 伍贻威, 龚航, 朱祥维, 等. 原子钟两级驾驭算法及在建立 GNSS 时间基准中的应用[J]. 电子学报, 2016, 44(7): 1742-1750.

[28] 施闯, 张东, 宋伟, 等. 北斗广域高精度时间服务原型系统[J]. 测绘学报, 2020, 49(3): 269-277.

[29] 周渭, 偶晓娟, 周晖, 等. 时频测控技术[M]. 西安: 西安电子科技大学出版社, 2006.

[30] 黄沛芳. 基于 NTP 的高精度时钟同步系统实现[J]. 电子技术应用, 2009, 35(7): 122-124.

[31] 张锴. NTP 及其在电信时间同步网络中的应用[J]. 邮电设计技术, 2006(5): 45-49.

[32] 赫美琳, 高明惠, 祝瑞辉, 等. 一种基于 NTP 的伪卫星时间同步方法[J]. 数字通信世界, 2018(4): 12-13.

[33] JOHN C EIDSON. Recent advances in IEEE 1588 technology and its applications[J]. Agilent Technologies, 2005.

[34] 戴群雄, 戎强, 易卿武. 北斗高精度定时型用户机关键技术及应用[J]. 中国科技成果, 2020, 21(11): 39-41.

[35] 易卿武, 蔚保国, 王彬彬, 等. 一种基于北斗三号 B2b 信号的精密单点授时方法[J]. 电子学报, 2022, 50(4): 832-840.

[36] 郭晓松, 陈亮, 盛传贞, 等. RNSS 授时监测与异常诊断方法研究[C]//第八届中国卫星导航学术年会论文集. 2017.

第 8 章

时间统一发展趋势与应用前景

天地一体化信息网络是我国科技创新 2030 重大项目，也是重要的国家基础设施建设项目，意在推进天基信息网、未来互联网、移动通信网等的全面融合，形成覆盖全球的重大信息网络。天地一体化信息网络具有立体空间全覆盖性，可以向各种环境条件下的用户提供完全、无缝和不间断的通信连接，集中体现了未来网络泛在化、异构化和宽带化的特点。建设天地一体化信息网络，对于我国在太空资源开发、深空探测、边远环境活动、应急通信等诸多领域的发展有着十分重要的战略性意义。时间统一技术作为天地一体化信息网络的重要支撑技术，是信息网络能够正常服务必须重视的关键环节。本章围绕时间统一技术的未来发展趋势及应用前景进行介绍。

8.1 发展趋势

天地一体化信息网络既是信息化、智能化和现代化社会的战略性基础设施，也是推进科学发展、转变经济发展方式、实现创新驱动的重要手段和保障国家安全的重要支撑。时间统一作为天地一体化信息网络的重要核心技术，必将在相关技术、硬件设备以及应用等多方面获得更大的发展空间。

8.1.1 频率标准的提升促进秒的重新定义

国际单位制规定的 7 个基本物理量中，时间的测量准确度最高、应用最广。每一次时间频率测量极限的突破，都推动着基础科学的发展，影响着人们对物质世界的认知深度。在计量领域，以原子钟为代表的时间频率基准引领了计量量子化时代。自 1967 年以来，SI 秒的定义一直依赖于铯原子超精细跃迁频率。历经多年发展，铯原子频率标准定义秒的相对不确定度已经达到 10^{-16} 水平[1]。正是基于时间定义的量子化变革，人类才实现了卫星导航定位，其精度更是达到了厘米级，成就了数万亿美元的卫星导航定位产品与服务市场，为人们的生活方式带来了巨大的革新[2-3]。

随着频率测量的发展，光学频率标准（Optical Frequency Standards, OFS）在相

关研究中表现出了卓越的性能，已经超越铯原子频率标准，其不确定度达到了 10^{-18} 量级，比现有最好的铯原子喷泉钟高 2 个数量级，并有望得到进一步改进[4-5]。无论是对于实际应用还是基础研究，更精确的秒定义以及相应的原子钟都将带来无可估量的益处。除了卫星导航领域，更精确的时钟还可以被作为探索新物理学的灵敏探测器，比如探测构成宇宙中大部分物质的"暗物质"、物理学基本常数检验、相对论检验等基础物理学研究，以及探测发生在遥远太空中天体并合所产生的极微弱的引力波；此外，更精确的时钟还可以帮助我们更好地了解地壳应力的变化，从而更好地预测如火山爆发等自然事件。

现今，国际相关研究团队正致力于提高光学频率测量的稳定性，朝着对秒重新定义这一目标前进。国际时间频率咨询委员会（CCTF）在 2015 年决定对秒的重新定义做出规划，并在 2020 年开展了在线问卷调查。调查结果显示学术界和工业界都将在秒的重新定义中受益，但新的定义需要考虑诸多因素，如新定义与当前定义的一致性、对现有计时精度的改进程度、以及被相关利益团体接纳的可能性等。2022 年第 27 届国际计量大会（CGPM）中，CCTF 审查了重定义秒需达到的必要标准，并咨询了用户和利益相关者，特别是彻底研究了定义时间尺度所需的技术现状，建议在 2030—2034 年完成对秒的重新定义。可以预见的是，未来对秒的重新定义，将对人类生活相关的众多领域（通信、卫星导航、电力、交通、金融等）产生更加积极的影响。

8.1.2　国际参考时间尺度向实时连续演进

协调世界时（UTC）是现今通用的国际参考时间尺度，由 BIPM 综合全球 80 多个机构维持的原子钟数据得出。2018 年第 26 届 CGPM 上，决议 2 中明确表示"UTC 是唯一推荐的国际参考时间尺度，也是大多数国家民用时间的基础"。然而，UTC 以原子时的秒长为基准，以世界时 UT1 的时刻为参考。为实现时间信号的实时播发，国际电信联盟决定于 1975 年 1 月 1 日开始实行闰秒调整，以保持协调世界时 UTC（基于原子钟）与世界时 UT1（基于地球自转）之间的一致性，并沿用至今。

闰秒的出现，赋予了原子时实际的物理意义，并通过协调世界时满足了实时性强、准确度高的应用需求，在实施初期十分实用。然而，通过不定期地插入闰秒使得 UTC 不是一个连续的时间尺度，在诸多领域的应用中逐渐显现出问题——如卫星导航系统、现代通信系统以及金融市场行业等，并且在闰秒操作的过程中也会耗费大量人力物力。鉴于闰秒在现代应用中的弊端，国际电信联盟和 BIPM 组织了关于闰秒未来的研究和讨论，并提出以下 4 种闰秒改革的方案[6]。

（1）保持现有闰秒机制，不做调整。这主要是考虑闰秒已经实行多年，相关应用在软硬件方面已经有较完整的支持；另一个重要的原因是在天文研究、卫星运控等应用中还需要与 UT1 相关的 UTC。

（2）扩大 UT1-UTC 的容差。通过增大 UTC 与 UT1 之间的差值，扩大闰秒调整的时间间隔。当前的闰秒调整间隔为 0.9s，如果将这个值扩大，通过一次闰几秒或闰分等方式实现 UTC 与 UT1 之间的时差控制，既可以保持 UTC 与 UT1 之间的联系，又可避免频繁闰秒。

（3）重新定义秒长。此方案认为现有秒长定义的时间间隔太短，需要对其进行重新定义。由于秒长作为基本单位，在计量学以及基本物理单位中的地位相当特殊，与其他基本物理单位关联紧密，一旦改变将会对度量衡产生很大影响，因此该方案可行性较低。

（4）中止闰秒。在当前 UTC 和 TAI 时差的基础上不再进行闰秒，持续保持 UTC 和 TAI 两个时间尺度，二者之差自此成为常数。该方案使 UTC 变为一个连续的时间系统，却导致 UTC 和 UT1 之间的偏差逐渐增大，进而对以地球自转为参考和以平太阳时为参考的应用造成混乱。

历经多次讨论与调查，CCTF 于 2022 年第 27 届 CGPM 上对 UTC 的未来发展提出草案，建议仍将 UTC 视作唯一的国际参考时间，并认可 UTC 的定义和各时间实验室实现的 UTC(k)，但要扩大 UT1-UTC 的容差固定值。这一建议意味着 UTC 将继续被视为唯一的参考时间，不仅避免了其不连续性或使用多个时间尺度导致的问题，而且不会对大众用户的日常生活产生影响。同时，该草案在未来的能源运输、电信和卫星导航等高科技系统的正确运行中将产生重要影响。

8.1.3　国家时间频率基础设施向天地协同体系发展

时间频率在国防和国民经济建设中具有极其重要的地位。独立自主、完备可靠的时间频率体系关乎国家安全和核心利益，是国家主权的一部分，是大国地位的重要标志。现代国家的时间频率体系由 4 个部分组成，分别是秒长基准、时标基准、授时系统和时频应用。

（1）秒长基准

秒长国家计量基准是直接复现秒定义的实验装置，输出的标准频率具有最高计量学特性，它是经国家审查、批准作为统一全国秒长量值（频率量值）最高依据的计量器具。随着光学频率标准的不确定度已经远超铯原子频率标准，秒定义即将被修改，届时，根据新的秒定义复现秒长的装置将成为新的秒长国家计量基准。

（2）时标基准

建立国家时间频率体系，需要不断完善守时钟组，更新原子时算法，建立供电和数据监测系统，做好内部比对和国际比对等，以提高原子时标基准的准确度和稳定度。原子时标国家计量基准——UTC(NIM)，是由守时实验室建立的国家时间频率计量基准，是国家时间频率体系的核心。UTC(NIM)对上通过参加国际原子时合作实现时间频率量值国际溯源，对下作为国内时间频率量值的源头进行量值传递。随着国际上取消"闰秒"的呼声越来越高，UTC(NIM)必将回归原子时，成为连续的、广泛使用的世界通用时标。

（3）授时系统

现今主流的授时方式是利用 GNSS 系统实现的，其他的授时方式包括国家授时中心的无线电导航授时系统，以及一些授时实验室建设的其他授时手段（如电话，网络等）。近年来，多家科研机构大力研究和发展伺服光纤链路高保真传输时间频率、蜂窝光纤互联网授时、基于 PTP 的高可靠授时系统以及增强罗兰导航授时系统等，稳步推进国家综合 PNT 的建设以及天地协同的国家时间频率体系的发展[7-8]。

（4）时频应用

时频应用位于时间频率行业的产业链下游，主要涉及国防科技领域和国民经济领域。其在国防安全、通信、电力、交通、金融等关系国计民生行业的关键部门中主要以立法的形式纳入各国的法制计量范围，由相关口口部门强制管理。如今，天地一体化信息网络、国家综合 PNT 体系等一系列国家重大工程项目对于准确、统一的时频应用需求正在推动国家建立开放统一的时间频率体系。

国家时间频率体系不是独立存在的，它是国家计量体系的有机组成部分，其建设与运行受到国家计量法律法规的约束。目前，我国正在建设和完善以卫星导航系统授时为主导，以无线、网络等授时手段为辅助的天地协同的国家时间频率体系，建设内容包含守时、授时、用时、计量校准与监测等。国家时间频率体系如图 8-1

所示，主要由秒长基准、时标基准、授时系统和时频应用构成。共建国家时间频率体系的关键是建立权威有效的管理机制，在"一个体系、内外有别，统筹规划、扬优补短、合作共赢"原则下，整合现有资源，构建独立准确、开放统一的国家时间频率体系，既能满足科学研究、经济发展、国防安全和人民福祉的需要；又能在非常时期保持独立准确运行，完成国家使命。

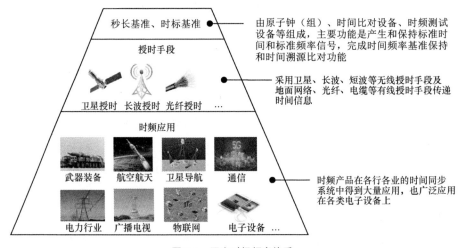

图 8-1 国家时间频率体系

|8.2 应用前景展望|

时空信息是人类赖以生存的基本信息，席卷全球的大数据时代浪潮需要时空信息的全面支撑[9]。时间统一技术作为天地一体化信息网络建设中的重要一环，其在国防、航空航天、信息通信、交通运输等诸多行业中起着至关重要的作用。伴随着当代社会向着互联网+、智能制造等方向的不断发展，时间统一被赋予了更高的使命。

8.2.1 时间统一在各行业领域中的泛在应用

随着对现代行业需求的深度挖掘，诸如多导航授时、煤矿、远洋运输、输油管道等行业或应用对全域覆盖、安全可靠等提出更高的需求，仅仅依靠地面时间和空间基准网络已经很难满足行业需求。特别是对于涉及国计民生行业的物联网应用，满足广域的覆盖需求是亟待解决的问题。同时，全球快速响应境外远端信息及时回传，以及"一带一路"倡议等国家发展战略的需求，也亟须全球化机动宽带信息支持。正是在这样的背景下，天地一体化信息网络成为国际关注的前沿，而时间统一技术也在其中扮演着越来越重要的角色。

天地一体化信息网络主要由天基信息网络和地基通信网络组成，业务覆盖范围包括通信、导航和遥感等应用领域，而这些领域与人类的日常生产、生活之间的联系早已密不可分。各领域无论是自身还是融合，均离不开时间同步技术的支撑，如：卫星导航系统中导航和定位都离不开高精度的时间和频率同步；移动通信中载波频率的稳定，上、下行时隙的对准，高质量的可靠传送，基站之间的切换、漫游等都需要精确的同步控制；高速交通时间同步系统为运营调度指挥、业务系统设备提供统一的标准时间信息，从而保证飞机、列车的安全高速运行。

然而，天地一体化信息网络覆盖的各个领域用于实现时间统一所采用的技术大多基于私有或特定的技术手段和协议，难以实现互联互通，而且非标准化的方案也限制了泛在信息产业的发展。天地一体化信息网络的未来建设中，势必对各行业领域涉及的共性技术提出统一的要求，如各种网络间交互协议的统一和信息的共享，授时类设备的兼容性、集成化和低功耗化等。时间统一作为支撑天基、地基网络运行以及泛在信息网络的关键技术，也必将在建设过程中迎来发展。为此，构建泛在信息网络、统一技术手段和协议、提升设备通用性，对于促进社会经济向高效、优质的方向发展具有深远意义。

8.2.2　时间统一的"中国制造"应用

时间统一技术一直是制造业赖以存在和发展的基础技术。制造业作为国民经济的主体，是立国之本、兴国之器、强国之基。十八世纪中叶开启工业文明以来，世界强国的兴衰史和中华民族的奋斗史一再证明，没有强大的制造业，就没有国家和民族的强盛。大力发展时间统一技术，打造具有国际竞争力的制造业，是我国提升综合国力、保障国家安全、建设世界强国的必由之路。

改革开放以来，伴随着时间统一技术的革新和进步，我国制造业持续快速发展，建成了门类齐全、独立完整的产业体系。然而，我国的制造业以及作为基础支撑的时间统一技术与世界先进水平相比仍然大而不强，在自主创新能力、资源利用效率、产业结构水平、信息化程度、质量效益等方面差距明显，使得制造业转型升级和跨越发展的任务紧迫而艰巨。

"中国制造"第一个十年规划和路线中明确十大重点发展领域：新一代信息技术、高档数控机床和机器人、航空航天装备、海洋工程装备及高技术船舶、先进轨道交通装备、节能与新能源汽车、电力装备、新材料、生物医药及高性能医疗器械以及农业机械装备。促进重点领域涉及的各个行业实现转型或升级，不仅需要在相关专业的瓶颈技术上有所突破，也需要拓宽思路，考虑多种技术的融合与集成应用，这为时间统一技术提供了丰富的应用场景和空间。作为底层支撑技术，时间统一在重点领域中举足轻重，也势必在推动实现"中国制造"的规划蓝图中大有作为。

8.2.3　时间统一的智慧型社会应用

时间统一与如今发展迅速的智慧型社会息息相关。智慧社会是建设创新型国家的重要一环，是满足人民日益增长的美好生活需要的重要基础。其内涵丰富、覆盖面广，是一项复杂的系统工程。以物联网、大数据、云计算、人工智能为基本技术支撑的智慧型社会，对于提供广覆盖、高速率和安全可靠的信息基础设施，推动智慧公共服务深入发展具有重要作用。建设智慧城市意味着推进上述系统与技术的科学协作与高效运行，实现城市可持续发展，而这些系统与技术的实现和发展均离不开时间统一技术的支撑。

过去，我国智慧公共服务主要采取分散建设方式，在广覆盖、高速率的时间统一服务方面涉及较少，这在初始阶段有利于智慧公共服务快速发展。但是，随着智慧公共服务进入深入发展、高质量发展阶段，社会关系越来越多地打破空间和时间限制，分散化建设方式存在的问题日益显露。例如，分散的智慧公共服务系统彼此之间的数据难以完成共享交换，导致运营成本增加，并给用户体验带来诸多不便。建设智慧型社会，亟须结合全面覆盖各行业领域的时间统一服务建立统一的公共服务和数据共享交换平台。这不仅有助于推动智慧公共服务深入发展，实现基本公共服务均等化、便捷化；而且有助于推动监管信息共享，提高监管效率，并促进建立包容创新的审慎监管制度，实现对新产业新业态既具弹性又有规范的管理。

时间统一为建立智慧型社会提供技术保障，而智慧型社会也为时间统一提供广阔的应用空间，二者相辅相成，如：物联网系统中，时间同步系统是无线传感器网的重要组成部分，传感器数据融合和传感器节点自身定位等都要求节点之间始终保持同步；大数据和云计算平台中，时间同步技术使数据产生与处理系统的所有节点具有全局的、统一的标准时间，从而使系统中的所有各种消息、事件、节点、数据等具备正确的逻辑性、协调性以及可追溯性；区块链作为智慧型社会的关键技术，其去中心化的特征要求在公证书生成的过程中，公证各方行动在线高度同步，以保证数据文件的真实性与司法效力。因此，我国建立智慧型社会的东风，为时间统一技术打开了广阔的应用空间，也将时间统一技术提升至更高的地位。

8.2.4　时间统一的现代化国防应用

自古以来，时间作为战争中制胜的三要素（天时、地利、人和）之一，一直是作战决策必须重视的因素。党的十九大报告指出，要加快军事智能化发展，提高基于网络信息体系的联合作战能力、全域作战能力。预示着时间统一技术将在现代化国防中发挥更重要的作用。当前，世界军事强国都在争相研究智能化作战理论，打造智能化军队，抢占军事智能技术制高点[10-11]。面对智能化战争的挑战，必须准确剖析智能化战争的本质特征，以把握未来战争发展方向和时代脉搏。

从现代军事视角看，战争形式先后经历了蒸汽机、内燃机等为代表的机械化时代以及以互联网、精确制导等为代表的信息化时代，并向着以深度学习、自主决策等为代表的智能化时代转变。得益于精确可靠、广泛覆盖的时间统一服务，智能化载荷、智能化平台、智能化系统等在现代化国防战场中构成新型作战力量，并催生多种新型作战样式，如无人蜂群战、认知控制战、智能算法战等。随着智能化作战系统、装备以及智能化后装保障系统广泛应用于部队[12-13]，并逐渐成为战场的中坚力量，未来的作战方式将向着自适应作战、集群消耗作战以及同步并行作战方向发展，而这些典型的作战场景，对天地一体化信息网络提供的多种服务需求，特别是对时间统一服务的需求日益高涨。

智能化战争制胜的关键是以快制胜。智能化战争的快与信息化战争的快已不在一个量级，反应慢就会丧失先机，陷入被动挨打的局面。信息化战争通过加快信息的传输速度，实现信息优势达成决策优势和行动优势。而智能化战争的快，是信息传输速度、决策速度和行动速度同步加快，OODA 循环全程加速，从而极大地提高了智能化作战体系的时间利用效率和战场反应速度。信息化时代的"秒杀"很可能到智能化时代就是"毫秒杀"、"微秒杀"乃至"纳秒杀"。除了保障作战先机，时间和频率也是国防科研试验测量系统中十分重要的参数。国防科研试验的特点决定其测量系统分布在辽阔的地域，甚至还包括天基测量系统。

为使由测量设备和系统组成的测量系统能协调一致地工作，必须实现全系统的时间和频率的统一。所以，不论是在国防实战还是在科研试验中，建立完备的时间统一体系，争夺时间优势，提高战场协同能力和反应速度必将在未来智能化战争中发挥重要作用。

| 参考文献 |

[1] 纪亮. 中国计量院成功研制出铯原子喷泉基准钟(NIM6)[N]. 中国计量, 2020-2(9).

[2] 郭海荣, 杨元喜. 导航卫星原子钟时域频率稳定性影响因素分析[J]. 武汉大学学报: 信息科学版, 2009, 34(2): 218-221.

[3] 刘铁新, 翟造成. 卫星导航定位与空间原子钟[J]. 全球定位系统, 2002, 2(2): 7-17.

[4] HINKLEY N, SHERMAN J A, PHILLIPS N B, et al. An atomic clock with 10^{-18} instability[J]. Science, 2013, 341(6151): 1215-1218.

[5] USHIJIMA I, TAKAMOTO M, DAS M, et al. Cryogenic optical lattice clocks[J]. Nature Photonics, 2015, 9(3): 185-189.

[6] 董绍武, 吴海涛. 关于闰秒及 UTC 未来问题的讨论[J]. 仪器仪表学报, 2008, 29(8): 22-25.

[7] 吴苗, 邸建琛, 许江宁, 等. 增强罗兰导航授时系统应用及发展[J]. 海洋测绘, 2022, 42(4): 44-49.

[8] 刘志春, 高峰, 陆柏霖. 基于 PTP 的高可靠时间授时系统应用[J]. 电子技术, 2022, 51(8): 42-45.

[9] 蔚保国. 构建天地一体化定位导航授时信息网[N]. 光明日报, 2018-5-10(13).

[10] 乔广鹏, 英建彬, 王玉帅. 从复杂性视角看智能化战争[J]. 军事文摘, 2022(10): 22-27.

[11] 吴明曦. 智能化战争时代正在加速到来[J]. 学术前沿, 2021(10): 35-55.

[12] 蔚保国, 戎强. 无人智能化全球后装保障体系研究[C]//无人智能化保障体系建设主题研讨会优秀论文选编. 2018.

[13] 汪李峰, 杨学军. 战术场景互联网—未来智能化战场的神经系统[J]. 指挥与控制学报, 2021, 7(4): 359-364.

名词索引